EUL VERLAG

Schriften zu Familienunternehmen

Herausgegeben vom Wittener Institut für Familienunternehmen

Band 2
Tom A. Rüsen, Arist von Schlippe und Torsten Groth (Hrsg.)
Familienunternehmen – Exploration einer Unternehmensform
Lohmar – Köln 2009 • 324 S. • € 62,- (D) • ISBN 978-3-89936-850-5

Band 3
Felix Georg Fabis
Konflikte im Familienunternehmen – Instrumente zur Vermeidung und Lösung
Lohmar – Köln 2009 • 132 S. • € 43,- (D) • ISBN 978-3-89936-868-0

Band 4
Florian Berthold
Familienunternehmen im Spannungsfeld zwischen Wachstum und Finanzierung
Lohmar – Köln 2010 • 332 S. • € 54,- (D) • ISBN 978-3-89936-895-6

Band 5
Christopher D. Iliou
Corporate Governance und mittelständische Familienunternehmen – Ein nur scheinbarer Widerspruch
Lohmar – Köln 2010 • 108 S. • € 42,- (D) • ISBN 978-3-89936-910-6

Band 6
Tilman Hepperle
Stiftungen als Instrumente zur Lösung von Schnittstellenkonflikten in Familienunternehmen – Eine empirische Untersuchung
Lohmar – Köln 2011 • 140 S. • € 43,- (D) • ISBN 978-3-8441-0061-7

Band 7
Christian Prym
Familienunternehmen und Beteiligungskapital
Lohmar – Köln 2011 • 240 S. • € 56,- (D) • ISBN 978-3-8441-0070-9

Band 8
Katharina Wolf
Internationalisierungsstrategien von deutschen Familienunternehmen
Lohmar – Köln 2011 • 324 S. • € 62,- (D) • ISBN 978-3-8441-0084-6

JOSEF EUL VERLAG

Schriften zu Familienunternehmen · Band 8

Herausgegeben vom Wittener Institut für Familienunternehmen

Dr. Katharina Wolf

Internationalisierungsstrategien von deutschen Familienunternehmen

Mit einem Geleitwort von Prof. Dr. Rudolf Wimmer, Universität Witten/Herdecke

EUL VERLAG

Bibliografische Information der Deutschen Nationalbibliothek

Die Deutsche Nationalbibliothek verzeichnet diese Publikation in der Deutschen Nationalbibliografie; detaillierte bibliografische Daten sind im Internet über <http://dnb.d-nb.de> abrufbar.

Dissertation, Universität Witten/Herdecke, 2011

ISBN 978-3-8441-0084-6
1. Auflage Oktober 2011

Titelmotiv: Florian Danner, 2011, www.floriandanner.com

JOSEF EUL VERLAG GmbH
Brandsberg 6
53797 Lohmar
Tel.: 0 22 05 / 90 10 6-6
Fax: 0 22 05 / 90 10 6-88
E-Mail: info@eul-verlag.de
http://www.eul-verlag.de

Bei der Herstellung unserer Bücher möchten wir die Umwelt schonen. Dieses Buch ist daher auf säurefreiem, 100% chlorfrei gebleichtem, alterungsbeständigem Papier nach DIN 6738 gedruckt.

Geleitwort

Dass die Weltwirtschaft einen zunehmend höheren Integrationsgrad aufweist, der die unterschiedlichen Weltregionen in ihren wirtschaftlichen Aktivitäten mehr und mehr miteinander verzahnt und damit subtile, hochkomplexe wechselseitige Abhängigkeiten stiftet, ist inzwischen common sense. Die durch die jüngste Finanzmarktkrise ausgelösten realwirtschaftlichen Verwerfungen gerade im internationalen Kontext haben dieses hohe Verflechtungsniveau allen Akteuren ein weiteres Mal drastisch vor Augen geführt. Mit diesen historisch wohl unumkehrbaren Entwicklungen, die nur unzureichend mit dem Begriff der Globalisierung erfasst werden, sind wirtschaftliche Rahmenbedingungen entstanden, die auf der Ebene des einzelnen Unternehmens nur mehr in sehr begrenzten Ausnahmefällen ohne Gefährdung der eigenen Zukunftsfähigkeit ernsthaft negiert werden können. Was bedeutet das Ganze nun für Familienunternehmen? Wie gehen Unternehmen dieses Typs mit den Herausforderungen der Internationalisierung um? Sind sie für diese Herausforderungen besser oder schlechter gerüstet als Nicht Familienunternehmen? Lassen sich bezogen auf diese Fragen überhaupt nennenswerte Unterschiede beobachten? Die bisherige Forschung zur Internationalisierungsdynamik von Unternehmen ist mehrheitlich an der Praxis usamerikanischer Unternehmen orientiert. Im Fokus stehen dabei primär börsennotierte Publikumsgesellschaften, die sich in ihrer Unternehmenspolitik in erster Linie an den Erwartungen der Kapitalmärkte orientieren müssen. Die spezifischen Internationalisierungsmuster von familiengeführten Unternehmen sind im Vergleich dazu bislang noch kaum erforscht. Die diesbezügliche Praxis liegt vielfach noch ganz im Dunkeln. Hier tut sich für das noch junge Feld der Familienunternehmensforschung ein weites Spektrum an hochinteressanten Fragestellungen auf. Wenn es in diesem Kontext um Internationalisierung geht, dann liegt der Fokus allerdings nicht nur auf der Exporttätigkeit. Heute steht vielmehr die Investitionsneigung in fremden Märkten sehr viel mehr im Vordergrund des Beobachtungsinteresses. In dem Ausmaß aber in dem die eigene Organisation (durch eigene Vertriebstöchter, durch Produktionsstätten, durch die Gründung von Joint Ventures, etc.) in fremde Wirtschaftsräume ausgedehnt wird, handelt man sich immer hohe Folgekosten hinsichtlich einer erheblichen Steigerung der eigenen Binnenkomplexität ein. Diese enormen Rückkoppelungseffekte in die eigene Organisation und Führungspraxis gilt es stets im Blick zu haben, wenn der Gang in die Internationalität zur Entscheidung ansteht. Wie gut sind gerade Familienunternehmen für diesen unvermeidlichen Komplexitätsaufbau gerüstet? Wir wissen letztlich über den charakteristischen Umgang von Familienunternehmen mit der aktuellen Internationalisierungsdynamik noch herzlich wenig. In diese spezifische Lücke platziert die Autorin der vorliegenden Doktorarbeit ihr ehrgeiziges Forschungsanliegen. Im Mittelpunkt ihres Interesses steht dabei die Frage: „Wie gehen deutsche Familienunternehmen beim Internationalisierungsprozess vor und wie organisieren sie ihre ausländischen Unternehmensaktivitäten?" (S. 6). Sie will mit ihrer Forschungsfrage herausfinden, ob es bestimmte Merkmale von Familienunternehmen gibt, die den Umgang mit den spezifischen Herausforderungen des Gangs in die Internationalität prägen; wenn ja, welche dieser Merkmale und Muster sich identifizieren lassen und wie sich diese auswirken. Sie will mit ihrer Untersuchung des Weiteren überprüfen, welchen Beitrag der aktuelle Stand der Internationalisierungsforschung zum Verständnis der familienunternehmensspezifischen Bewältigungsmuster leistet. Wie groß ist der diesbezügliche Erklärungsgehalt und in welchen Punkten braucht es eine gezielte Weiterentwicklung dieses Theorierepertoires (vor allem mit Blick auf das Besondere an Familienunternehmen)? Das hier verfolgte Forschungsanliegen verlangt zweifelsohne eine tragfähige empirische Untermauerung. Wenn es um Mustererkennung geht, dann bietet sich eine dafür maßgeschneiderte qualitative Herangehensweise an. In diesem Sinne hat die Autorin acht Fallstudien erarbeitet, die als explorative Studien jenes Material liefern, aus dem sie letztlich ihr Hypothesengerüst für die Einschätzung der Internationalisierungsmuster deutscher Familienunternehmen gewinnt.

Zu diesen Mustern zählt z.B. die Beobachtung, dass Familienunternehmen ihre Internationalisierungsschritte selten ganz bewusst strategisch planen sondern, dass solche Prozesse in aller Regel opportunitätsgetrieben sind. Eine andere Auffälligkeit ist wohl darin zu sehen, dass diese Unternehmen in fremden Märkten zunächst über vertrauenswürdige Personen Sicherheit gewinnen, mit deren Hilfe in einem schrittweisen Vorgehen erste Markterfahrungen gewonnen werden. Eine erhebliche Vorsicht im Expansionsprozess und der lernorientierte Umgang mit dem unvermeidlichen Nichtwissen im internationalen Geschehen ist bei den untersuchten Fallunternehmen durchgängig beobachtbar. Außerdem zeigt sich, dass sich jene Familienunternehmen auf der internationalen Bühne besonders erfolgreich bewegen, die es geschafft haben, aus Rückschlägen zu lernen und die ein gewisses Durchhaltevermögen an den Tag legen.

All dies sind ja unternehmenspolitische Verhaltensmuster, die durchaus als charakteristisch für familiengeführte Unternehmen anzusehen sind. Insofern gelingt es der Autorin, die Theoriediskussion bezogen auf den Internationalisierungsprozess von Unternehmen um wichtige familienunternehmenstypische Faktoren zu ergänzen. Eine Schlüsselrolle spielt in diesem Kontext zweifelsohne der Begriff der „psychischen Entfernung", wie er in den einschlägigen Arbeiten der Universität Uppsala entwickelt worden ist. Es geht dabei um die zentrale Frage, wie Unternehmen angesichts der empfundenen Fremdheit und Ungewissheit Schritt für Schritt Sicherheit in der Bearbeitung fremder Märkte gewinnen. Mit großer Überzeugungskraft kann die Autorin zeigen, dass Familienunternehmen gerade für diese Herausforderungen in der Regel gut benennbare Bewältigungsmuster ausprägen. Dies kann eine gute Erklärung dafür abgeben, warum gerade Deutschland eine solch' bemerkenswert große Zahl familiengeführter Weltmarktführer aufweist.

Univ. Prof. Dr. Rudolf Wimmer im August 2011

Vorwort

„Die Erfahrung ist wie eine Laterne im Rücken; sie beleuchtet stets nur das Stück Weg, das wir bereits hinter uns haben.“

Konfuzius

Mein besonderer Dank gilt meinem Doktorvater, Prof. Dr. Rudolf Wimmer, der mir immer mit Rat und Tat zur Seite stand. Desweitern möchte ich von ganzem Herzen meinen Eltern danken, ohne deren lebenslange Unterstützung ich heute nicht da stünde, wo ich bin. Auch möchte ich meinem Freund Michael für den Rückhalt und die Unterstützung danken, die er mir gibt und meiner Freundin Julia, die während des Studiums wie auch heute immer an meiner Seite ist.

Dr. rer. pol. Katharina Wolf im September 2011

Das WIFU

Das Wittener Institut für Familienunternehmen (WIFU) ist in Deutschland der Pionier und Wegweiser akademischer Forschung und Lehre zu Besonderheiten von Familienunternehmen. Bereits bei der Institutsgründung 1998 wurde das Fundament der konsequent interdisziplinären Ausrichtung des WIFU gelegt: drei Lehrstühle – Betriebswirtschaftslehre, Psychologie/Soziologie und Rechtswissenschaften – bilden das wissenschaftliche Spiegelbild der Gestalt von Familienunternehmen. Dadurch hat sich das WIFU eine einzigartige Expertise im Bereich Familienunternehmen erarbeitet. Seit 2004 ermöglichen die Institutsträger – ein exklusiver Kreis von über 40 Familienunternehmen – dass das WIFU auf Augenhöhe als Institut von Familienunternehmen für Familienunternehmen agieren kann. Das WIFU nutzt diese europaweit einzigartigen Voraussetzungen, um Forschung und Lehre über diese besondere Organisationsform konsequent voranzutreiben und innovative Problemlösungsansätze zu erarbeiten. Mit aktuell zwölf Professoren leistet das WIFU mittlerweile seit über 12 Jahren einen signifikanten Beitrag zur generationenübergreifenden Zukunftsfähigkeit von Familienunternehmen.

Inhaltsübersicht

Inhaltsverzeichnis

Abbildungsverzeichnis

Tabellenverzeichnis

Abkürzungsverzeichnis

AHK	Auslandshandelskammer
BDI	Bund deutscher Industrie
BIP	Bruttoinlandsprodukt
d.h.	das heißt
EU	Europäische Union
F&E	Forschung und Entwicklung
FBR	Family Business Review
IfM	Institut für Mittelstandsforschung
IT	Informationstechnologie
IWF	Internationaler Währungsfond
JV	Joint Venture
Kap.	Kapitel
KMFU	Kleine und mittlere Familienunternehmen
KMU	Kleine und mittlere Unternehmen
MNC	Multinational company
MNU	Multinationales Unternehmen
o.A.	ohne Angabe
o.V.	ohne Verfasser
OEM	Original Equipment Manufacturer
u.a.	unter anderem
UNCTAD	United nations conference on trade and development
USD	US Dollar
VW	Volkswagen
WIFU	Wittener Institut für Familienunternehmen

1 Problemstellung und Zielsetzung

1.1 Internationalisierung von Familienunternehmen – ein wichtiges und dennoch kaum erforschtes Gebiet

Im Jahre 1996 wurde das Wort Globalisierung von der Gesellschaft für deutsche Sprache zu einem der einflußreichsten, meist verwendeten und kontrovers diskutiertesten Begriffe gewählt.[1] Auch weiterhin ist das Schlagwort Globalisierung ein häufig gebrauchtes, missbrauchtes, uneinheitlich definiertes und daher nebulöses Wort, welches die öffentliche Diskussion in der Vergangenheit geprägt hat und sicherlich auch in der Zukunft Spuren hinterlassen wird.[2] Für viele Menschen steht Globalisierung heute, ähnlich wie der Begriff „Kapitalismus“ Ende des 19. Jahrhunderts, stellvertretend für eine Reihe von sozialen, politischen wie auch wirtschaftlichen Problemen, die nur schwer greifbar sind. Die unterschiedlichen Meinungen zu dieser Thematik haben zu einer regelrechten Globalisierungskontroverse in Öffentlichkeit und Wissenschaft geführt.[3]

Diese Tatsachen verdeutlichen, wie wichtig es ist, die verschiedenen Dimensionen, in denen die Globalisierung Einzug hält, zu unterscheiden. Beispielhaft soll hier die Klassifizierung von Beck (2007) verwendet werden, der „die *kommunikationstechnische*, die *ökologische*, die *ökonomische*, die *arbeitsorganisatorische*, die *kulturelle* … [und] die *zivilgesellschaftliche* Dimension“[4] unterscheidet. Aus ökonomischer Sicht können wiederum die Dimensionen Märkte, Industrien und Unternehmen untergliedert werden. In der vorliegenden Arbeit liegt das Hauptaugenmerk auf dem letztgenannten Aspekt, da es sich hierbei um die internationalen Aktivitäten von Firmen handelt.[5] Jedoch spie-

---

1 Vgl. [Wort (2009), S. 1]

2 Vgl. [Beck (2007), S. 42]

3 Vgl. [Caspers (1999), S. 46]

4 [Beck (2007), S. 42] Auch bei der Unterscheidung der Dimensionen gibt es unterschiedliche Ansätze. Autoren wie beispielsweise Steger und Kummer (2002) unterscheiden ökonomische, “soziale, politische, technologische und ökologische” Dimensionen. [Steger & Kummer (2002), S. S. 193]

5 Vgl. [Casillas, Acedo et al. (2007), S. 45 f.] Globalisierung der Märkte steht laut der Autoren für die weltweit zunehmende Homogenisierung der Bedürfnisse der Kunden, Hersteller und Zulieferer. Globalisierung der Industrien wiederum bezeichnet den Trend, dass diese nicht mehr durch nationale Grenzen beschränkt sind.

len auch die anderen Dimensionen eine wichtige Rolle, da jedes Unternehmen in seine Umwelt eingebettet ist und in dieser agiert.

Der Versuch, den Beginn der ökonomischen Globalisierung zu datieren, gestaltet sich schwierig. Nach Marx kann der Ursprung auf den Beginn des modernen Kapitalismus im 15. Jahrhundert zurückgeführt werden. Andere sehen ihn jedoch erst mit dem zunehmenden Auftreten internationaler Konzerne oder dem Niedergang des Ostblocks. Bei all diesen unterschiedlichen Ansichten zum Thema Globalisierung und stark divergierenden Definitionen stellt sich die Frage, was der kleinste gemeinsame Nenner dieser Kontroverse ist.[6] Nach Beck (2007) ist es die Tatsache, dass „eine zentrale Prämisse der Ersten Moderne umgestoßen [wurde], nämlich die Vorstellung, in *geschlossenen und gegeneinander abgrenzbaren Räumen von Nationalstaaten und ihnen entsprechenden Nationalgesellschaften zu leben und zu handeln.*“[7] Der weltweit ansteigende Integrationsgrad führt zu einer beschleunigten Internationalisierung der weltwirtschaftlichen Austauschbeziehungen. Dies wiederum geht mit einer Ausweitung des Beobachtungs- und Aktionshorizonts von Firmen einher.[8] Der starke Einfluss der veränderten Umwelt wird darin deutlich, dass in der Vergangenheit auf Grund von Faktoren wie weitgehend heterogenen Produktanforderungen unterschiedlicher Regionen, unterentwickelten Telekommunikationsmöglichkeiten sowie hohen Transportkosten Unternehmen meist durch regionale oder nationale Grenzen beschränkt waren. Mit voranschreitender wirtschaftlicher Globalisierung jedoch nimmt der Einfluss dieser Parameter ab, was neue Chancen eröffnet, gleichzeitig aber auch einen zunehmenden Internationalisierungsdruck zur Folge hat, dem sich Firmen heute nicht mehr entziehen können.[9]

Als so genannter Exportweltmeister hat der Wirtschaftsstandort Deutschland mit seinen Unternehmen bisher stark von der Globalisierung profitiert und sich gut auf die veränderten Rahmenbedingungen eingestellt. Dies ist vor allem auf den hohen Offenheitsgrad zurückzuführen.[10] Während der deutsche Anteil am Weltwarenexport 1983 noch bei

[6] Vgl. [Beck (2007), S. 43-44]

[7] [ebd., S. 44] Globalisierung läutet demnach das Ende der Einheit einer nationalen Gesellschaft und ihres Staates ein und beschreibt die zunehmende Öffnung. Hierdurch entstehen allerdings nicht nur neuartige Möglichkeiten und Verbindungen, sondern auch Konflikte und Probleme [ebd., S. 46-47]. Für weitere Merkmale der Globalisierung siehe auch [Steger & Kummer (2002), S. 183-185]

[8] [Wimmer, Domayer et al. (2005), S. 27]

[9] Vgl. [Tallman (2001), S. 464 f.]; vgl. [Porter (1986), S. 29]

[10] Vgl. [Börner (2007), S. 466]; vgl. [Plattner (2007), S. 95]

169 Milliarden US Dollar (USD) lag, betrug dieser im Jahre 2007 schon 1,3 Billionen. Dies bedeutet einen Anstieg um 1,1 Billionen, sprich fast eine Verachtfachung innerhalb von 24 Jahren. Die Tatsache, dass der prozentuale Anteil der hiesigen Wirtschaft nur von 9,2 auf 9,7% angewachsen ist, zeigt, wie stark das internationale Handelsvolumen insgesamt angestiegen ist.[11] Diese Zahlen verdeutlichen, dass Internationalisierung für Firmen heutzutage nicht mehr nur eine Option ist, sondern die entscheidende Strategie, um im weltweiten Wettbewerb mitzuhalten und von diesem zu profitieren.[12] Aus diesem Grund ist die Internationalisierungsstrategie, bei der strategische Entscheidungen in Bezug auf die internationale Unternehmenstätigkeit getroffen werden, von äußerster Wichtigkeit.[13] Sie ist Teil der Unternehmensstrategie und damit eine der wichtigsten Aufgaben der Unternehmensführung. Strategie steht in dieser Arbeit für einen anhaltenden Prozess, in dem in der Vergangenheit getroffene strategische Selbstfestlegungen immer wieder von neuem auf ihr momentanes Übereinstimmen mit der sich laufend verändernden Umwelt überprüft und darauf folgend möglicherweise korrigiert werden.[14] Wichtig hierbei ist eine kritische Auseinandersetzung mit der gegenwärtigen Identität des Unternehmens im Hinblick auf mögliche zukünftige Chancen und Risiken, die sich durch eine ständig verändernde Umwelt ergeben.[15]

In der Literatur finden sich verschiedene Theorien, die versuchen zu erklären, wie der Internationalisierungsprozess sowie die Organisation der internationalen Unternehmenstätigkeit vonstatten gehen.[16] Diese Modelle wurden allerdings hauptsächlich anhand von Untersuchungen bei großen Kapitalmarktunternehmen entwickelt und haben daher zum Ziel, speziell deren Internationalisierungsverhalten zu erforschen.[17] Überdies wurden vor allem Theorien älteren Datums anhand von Analysen mit amerikanischen Unternehmen erstellt.[18] Dies lässt Zweifel an ihrer Erklärungskraft für einen für die deutsche Wirtschaft äußerst bedeutenden Unternehmenstyp, nämlich Familienunter-

[11] Vgl. [Trade (2009), S. 10] Die Zahlen des Jahres 2007 wurden verwendet, da auf Grund der Finanz- und Wirtschaftskrise der weltweite Export ab 2008 erheblich zurückgegangen ist. Dies sollte jedoch keinen dauerhaften Trend darstellen, wie sich bereits im Verlauf des Jahres 2010 zeigte.

[12] Vgl. [Van Witteloostuijn, Dikova et al. (2008), S. 6]

[13] Vgl. [Morrison & Roth (1993), S. 808-810]

[14] Vgl. [Miles & Snow (1986), S. 13]

[15] Vgl. [Wimmer & Glatzel (2009), S. 194-196]; vgl. [Wimmer, Domayer et al. (2005), S. 114]

[16] Vgl. [Buckley & Casson (1998), S. 542-544] Für eine genauere Erläuterung dieser Theorien siehe Kap. 2.2 und 2.3.

[17] Vgl. [Ruzzier, Hisrich et al. (2006), S. 480 f.]; vgl. [Coviello & Martin (1999), S. 43]

[18] Vgl. [Fillis (2001), S. 767]

nehmen, aufkommen.[19] Diese Unternehmensform unterscheidet sich durch ihre Eigentumsstruktur sowie ihre spezifischen Eigenschaften, die aus der Kopplung und Koevolution von Familie, Eigentum und Unternehmen resultieren. Frühere Untersuchungen bezüglich der Strategie von Familienunternehmen haben zudem gezeigt, dass sich diese Aspekte auf ihr strategisches Verhalten auswirken.[20]

Das höchstwahrscheinlich unzulängliche Zutreffen der prominenten Internationalisierungstheorien auf deutsche Familienunternehmen ist nur ein Grund für die Relevanz dieser Arbeit. Ein weiterer ist die Tatsache, dass der Bereich Internationalisierung von Familienunternehmen bisher in der Wissenschaft kaum Beachtung gefunden hat.[21] Dabei ist es durchaus nicht so, dass diese Unternehmensform nicht von der Globalisierung und dem zunehmenden Druck zur internationalen Geschäftstätigkeit betroffen wäre.[22] Der Eintritt in ausländische Märkte sowie die Organisation der dortigen Tätigkeiten stellt eine der wichtigsten Aufgaben für Familienunternehmen dar.[23] Die wenigen bisher existierenden Studien hierzu weisen jedoch sehr unterschiedliche Ergebnisse auf und ermöglichen daher keinen Schluss auf die Internationalisierungsstrategie von Familienunternehmen.[24] Auch diese beiden Punkte sprechen für die Dringlichkeit wissenschaftlicher Forschung auf diesem Gebiet.

Resümierend lässt sich festhalten, dass die Internationalisierung von deutschen Familienunternehmen ein durch die fortschreitende Globalisierung wichtiges und dennoch in der Wissenschaft kaum erforschtes Gebiet darstellt. Einen Schritt in diese Richtung zu machen, ist die grundlegende Zielsetzung der vorliegenden Arbeit.

1.2 Zielsetzung und Forschungsaufbau

Die vorliegende Arbeit verfolgt vier Untersuchungsziele:

---

19 Für weitere Ausführungen zu der Bedeutung von Familienunternehmen für die deutsche Wirtschaft siehe Kap. 3.1.

20 Vgl. [Fernández & Nieto (2005), S. 77-81] Für weitere Ausführungen zu den spezifischen Eigenschaften von Familienunternehmen sowie deren strategischem Verhalten siehe Kap. 3.3.

21 Vgl. [Graves & Thomas (2008), S. 151]; vgl. [Claver, Rienda et al. (2007), S. 1 f.] Eine genauere Darstellung der bisherigen Ergebnisse zur Internationalisierung von Familienunternehmen kann Kapitel 3.4 entnommen werden.

22 Vgl. [Börner (2007), S. 467]; vgl. [Eden (2002), S. 38 f.]

23 Vgl. [Ruzzier, Hisrich et al. (2006), S. 161 f.]

24 Siehe Kap. 3.4.1.1.

1. Die ausführliche Diskussion bereits etablierter Theorien zum Prozess der Internationalisierung sowie der internationalen Organisationsaufstellung von Unternehmen im Allgemeinen.

2. Die Vorstellung des Forschungsfeldes der Familienunternehmen, mit Hauptaugenmerk auf deren spezifischen Eigenschaften und ersten Erkenntnissen zu ihrem internationalen Verhalten.

3. Die empirische Untersuchung von Internationalisierungsstrategien von deutschen Familienunternehmen, aufbauend auf den theoretischen Erkenntnissen. Hierdurch sollen Hypothesen gebildet und letztendlich eine grundlegende Theorie abgeleitet werden.

4. Die Aufstellung von Empfehlungen für Familienunternehmen sowie Denkanstöße für weiterführende Forschungsarbeiten.

Aus den oben ausgeführten Untersuchungszielen lässt sich die folgende Forschungsfrage ableiten: Wie gehen deutsche Familienunternehmen beim Internationalisierungsprozess vor und wie organisieren sie die ausländischen Unternehmenstätigkeiten? Um dieser Fragestellung nachgehen zu können, werden folgende Unterfragen zu beantworten sein: Inwiefern treffen die bereits bestehenden Theorien im Forschungsfeld der Internationalisierung auf deutsche Familienunternehmen zu und haben die spezifischen Eigenschaften dieses Organisationstyps Einfluss auf ihr internationales Vorgehen?

Um diese Forschungsfragen beantworten zu können, ist auf Grund der derzeit noch unzureichenden theoretischen Erkenntnisse über die Internationalisierung von Familienunternehmen, speziell von deutschen Unternehmen, eine empirische Untersuchung unerlässlich. Aus diesem Grund wurde eine explorative Studie mit induktivem Forschungsdesign und qualitativ zirkulärem Ansatz durchgeführt. Im Kern wurden hierfür Fallstudien über acht deutsche Familienunternehmen und deren Auslandsaktivitäten erstellt und ausgewertet. Diese empirische Untersuchung hat Neuheitscharakter, da sie die einzige ihrer Art ist. Dies betrifft sowohl die Fragestellung und Zielsetzung als auch die empirische Forschungsarbeit. Hierdurch leistet sie einen wichtigen Beitrag im Bereich Internationalisierungsstrategien zur Familienunternehmensforschung.

1.3 Gang der Untersuchung

Die vorliegende Arbeit ist entsprechend der Forschungsfrage sowie der Zielsetzungen und dem Forschungsaufbau gestaltet und gliedert sich in sechs Kapitel. Abbildung 1.1 illustriert den Gang der Untersuchung.

Zu Beginn wird in *Kapitel 2* die Internationalisierung von Unternehmen aus der theoretischen Perspektive betrachtet. Hierfür werden zuerst verschiedene Formen von Markteintrittsstrategien beleuchtet (Kap. 2.1). In Kapitel 2.2 werden fünf Theorien zum Prozess der Internationalisierung, sprich der Aufnahme einer internationalen Geschäftstätigkeit, dargelegt und kritisch diskutiert. Sobald Unternehmen in verschiedenen Ländern präsent sind, stellt sich die Frage, wie ihre Auslandseinheiten organisiert werden sollten, um einen Wettbewerbsvorteil zu erzielen. Aus diesem Grund werden in Kapitel 2.3 unterschiedliche Unternehmensarchitekturen aufgezeigt, die genau dies zum Ziel haben. Zuletzt folgt ein Resümee (Kap. 2.4), welches die wichtigsten Erkenntnisse des Kapitels zusammenfasst.

Kapitel 3 wird die Internationalisierung von deutschen Familienunternehmen im Kontext des Forschungsfeldes beleuchten. Hierzu wird zunächst die hohe nationale wie auch internationale Bedeutung dieser Form von Unternehmen verdeutlicht (Kap. 3.1). Ein Überblick zur besseren Orientierung im jungen und dennoch vielfältigen Forschungsbereich Familienunternehmen wird gegeben (Kap. 3.2). Des Weiteren wird die Kontroverse bezüglich der Definition von Familienunternehmen dargelegt und hieraus eine für diese Arbeit gültige Begriffsbestimmung abgeleitet. In einem weiteren Schritt wird die Kopplung und Koevolution der drei Teile des Familienunternehmens, nämlich Familie, Unternehmen und Eigentum, näher erläutert. Nachfolgend (Kap. 3.3) werden die spezifischen Eigenschaften von Familienunternehmen anhand von sechs Dimensionen, die von Wimmer, Domayer et al. (2008) vorgeschlagen wurden, herausgearbeitet.[25] Kapitel 3.4 zeigt den derzeitigen Stand der Forschung zur Internationalisierung von Familienunternehmen. Da es hierzu jedoch bisher nur wenige Erkenntnisse gibt, wird dieser Teil

[25] Vgl. [Wimmer, Domayer et al. (2005), S. 112-188] Wimmer, Domayer et al. (2005) schlagen sechs Dimensionen vor, um die Unternehmensführung in Familienunternehmen näher zu beleuchten und Managern hierbei Hilfestellung zu geben. Für die vorliegende Arbeit wurden aus jedem Bereich die spezifischen Eigenschaften dieses Unternehmenstyps herausgearbeitet, auf die Wimmer, Domyer et al. (2005) ihre Anregungen zur Unternehmensführung stützen. Diese wurden durch weitere Literaturrecherche ergänzt und ausgebaut.

durch Untersuchungsergebnisse aus dem Bereich der kleinen und mittleren Unternehmen (KMU) ergänzt. Der letzte Teil dieses Kapitels (Kap. 3.6) wird die aus der theoretischen Grundlage (Kap. 2 und 3) gewonnenen Erkenntnisse zusammenfassen und Leitfragen für die empirische Untersuchung ableiten.

Abbildung 1.1: Aufbau der Untersuchung

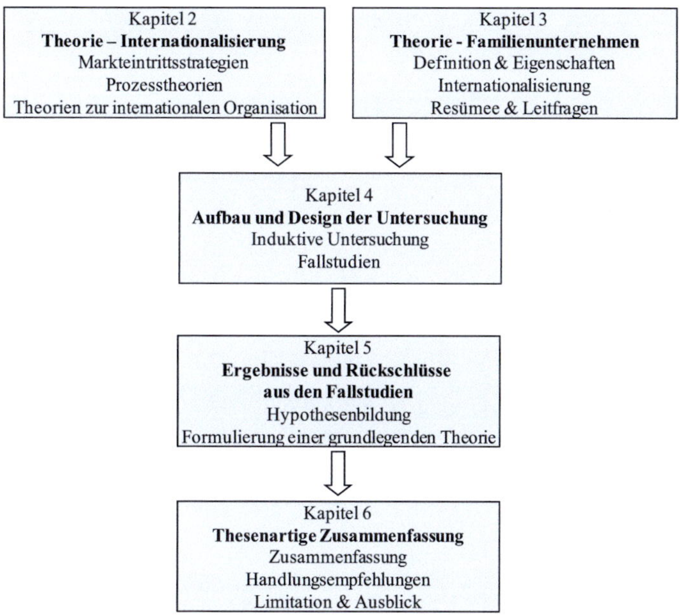

Quelle: Eigene Darstellung

Das Ziel von *Kapitel 4* ist es, dem Leser die methodischen Grundlagen der empirischen Untersuchung zu vermitteln. Daher werden im ersten Unterkapitel (Kap. 4.1) die Ziele der Forschungsarbeit sowie die gewählte Strategie dargestellt. Darauf folgt die Begründung für die Wahl der Forschungsmethode (Kap. 4.2) und das Vorgehen bei der Datenerhebung (Kap. 4.3). In Kapitel 4.4 wird schlussendlich die Methode der Datenauswertung erläutert. Die Ergebnisse der empirischen Untersuchung werden in *Kapitel 5* präsentiert. Hierbei werden die drei Themengebiete Internationalisierungs-prozess (Kap. 5.1), internationale Organisationsaufstellung (Kap. 5.2) und Einfluss der Unternehmenseigenschaften (Kap. 5.3) analysiert. Die hieraus abgeleiteten Hypothesen werden in Kapitel 5.4 zu einer grundlegenden Theorie zur Internationalisierung von deutschen Familienunternehmen verdichtet.

Das letzte Kapitel dieser Arbeit, *Kapitel 6*, fasst die gewonnenen Erkenntnisse zusammen und stellt den Beitrag der Untersuchung heraus (Kap. 6.1). Überdies werden in Kapitel 6.2 Handlungsempfehlungen für die Unternehmenspraxis gegeben. In Kapitel 6.3 wird die Begrenzung der vorliegenden Forschungsarbeit dargelegt und weiterführender Forschungsbedarf aufgezeigt.

2 Internationalisierung aus der theoretischen Perspektive

Es existiert eine Vielzahl an Studien, die nach den Gründen für eine internationale Geschäftstätigkeit forschen. Hieraus ergibt sich ein weites Spektrum an möglichen Motiven.[26] Die konkreten Treiber für eine Organisation sind häufig von der Unternehmensart, der Größe sowie der Branche abhängig. Überdies sind in den meisten Fällen mehrere Treiber gleichzeitig relevant.[27] Die Internationalisierungsmotive, die in der Literatur diskutiert werden, lassen sich in Push- und Pull-Faktoren unterteilen. Pull-Faktoren verdeutlichen Zwänge, die reaktiv zur Internationalisierung treiben. Push-Faktoren hingegen stellen positive, motivierende Aspekte dar, die ein Unternehmen zur Aufnahme oder Verstärkung des internationalen Engagements veranlassen. Es wird also pro-aktiv gehandelt. Des Weiteren können Motive auch nach unternehmensinternen und -externen, also vom ausländischen Markt ausgehenden Beweggründen, unterteilt werden.[28] Die so entstehende Matrix ist in Tabelle 2.1 zu sehen.[29]

Die aufgezeigten Push-Faktoren verdeutlichen, dass Unternehmen sich heutzutage nicht mehr für oder gegen die Internationalisierung entscheiden können. Ganz im Gegenteil sind sie häufig einem Zwang ausgesetzt, wollen sie im internationalen Wettbewerb erfolgreich sein.

Zu beachten ist, dass sich die Bedeutung einiger Internationalisierungsmotive im Laufe der Zeit verändert hat. So wird beispielsweise der Zugang zu Ressourcen sowie billige Faktorpreise, etwa bei der Produktion, in älteren Werken hervorgehoben.[30] Heutzutage zeigt sich jedoch, dass Aspekte wie das Potenzial ausländischer Märkte oder ein bereits gesättigter Binnenmarkt weitaus wichtiger sind.[31]

---

[26] So zum Beispiel die Studie von KPMG [KPMG (2007), S. 14-18] oder der Europäischen Kommission [EU-Kommission (2003a), S. 29-34]

[27] Vgl. [Wiesner (2005), S. 67]

[28] Vgl. [Albraum, Strandskov et al. (2001), S. 56]; vgl. [Gutmann & Kabst (2000), S. 184 f.]

[29] Die Matrix soll einen Überblick über häufig genannte Motive geben, jedoch nicht als abschließende Aufzählung verstanden werden.

[30] Vgl. [Dunning (1993), S. 57 f.]

[31] Vgl. [Brockmann, Classen et al. (2008), S. 486]; vgl. [Behr (2004), S. 70-73]

Tabelle 2.1: Internationalisierungsmotive

	Intern	**Extern**
Pull- Faktoren	Sicherung eigener Arbeitsplätze	Marktpotenziale
	Standort- und Kostenvorteile erschließen	Internationales Fachwissen
	Konkurrenzvorteile	Imagegewinn
		Standorte für weitere Expansion erschließen
Push-Faktoren	Risikostreuung	Erhaltung von Marktanteilen
	Sicherung der Ressourcen	Wettbewerbsdruck
	Kostendruck	Abhängigkeit von internationalen Abnehmern
	Ausnutzung der Ressourcen und Kapazitäten	Gesättigter Heimatmarkt

Quelle: Eigene Darstellung in Anlehnung an Albraum, Strandskov et al. (2001), S. 56

Die Frage, die sich nach dieser kurzen Erörterung bezüglich der Motive stellt, ist, wie Unternehmen bei der Internationalisierung vorgehen. Diesen Sachverhalt aus der wissenschaftlichen Perspektive zu klären, ist Ziel von Kapitel 2. Hierfür werden unterschiedliche Markteintrittsstrategien (Kap. 2.1) dargelegt, da diese wichtig für das Verständnis späterer Kapitel sind. Hierauf folgt der Hauptteil des Kapitels, nämlich die Betrachtung der Theorien zum Prozess der Internationalisierung (Kap. 2.2) sowie jene, die die Organisation der internationalen Unternehmenstätigkeit (Kap. 2.3) zu erklären versuchen. In der Literatur finden sich zahlreiche Modelle zu diesen beiden Themengebieten, die mehr oder minder bekannt sind und durchweitere Forschungsarbeiten überprüft wurden. In der vorliegenden Untersuchung wird der Fokus auf jenen liegen, die in Bezug auf die Beantwortung der Forschungsfrage als dienlich erscheinen. Die Vorauswahl wurde dahin gehend getroffen, ob die jeweilige Theorie in der Internationalisierungsliteratur als bedeutend angesehen wird und in der bisherigen Forschung zur Internationalisierung von Familienunternehmen oder KMUs Einzug gefunden hat.

2.1 Markteintrittsstrategien

Markteintrittsstrategien beschreiben strategische Optionen, die Firmen beim Eintritt in neue, im Falle dieser Arbeit ausländische Märkte zur Verfügung stehen. Es ist möglich, um noch weiter zu gehen, zwischen Markteintritts- und Marktbearbeitungsstrategien zu unterteilen. Es handelt sich hierbei jedoch lediglich um eine begriffliche Unterscheidung. Mit Markteintrittsstrategie ist die jeweils gewählte Methode eines Unternehmens für die Aufnahme der Unternehmenstätigkeit in einem neuen Markt gemeint. Diese sollte zur verfolgten Strategie in anderen Märkten passen, kann aber zu einem späteren Zeitpunkt im Rahmen der Marktbearbeitungsstrategie geändert werden.[32] In diesem Kapitel wird in Hinblick auf die später folgenden Theorien zum Prozess der Internationalisierung von Markteintrittsstrategien die Rede sein. In der Literatur wird meist zwischen sieben Markteintrittsstrategien unterschieden.[33] Diese werden in Abbildung 2.1 dargestellt.

In der Abbildung wird anhand von zwei Gesichtspunkten eine Unterteilung vorgenommen: Die vertikale Achse spiegelt die ansteigende Kontroll- und Steuerungsfähigkeit wider, die ein Unternehmen über sein Auslandsengagement hat. Die Horizontale verdeutlicht die zunehmende Ressourcenbeanspruchung der Markteintrittsformen. Dies bedeutet, dass höher angesiedelte Markteintrittsmethoden zwar auf der einen Seite mehr finanzielle und personelle Ressourcen in Anspruch nehmen, auf der anderen Seite aber den Vorteil für das investierende Unternehmen aufweisen, zunehmend Kontrolle ausüben zu können. Zugleich muss jedoch auch beachtet werden, dass die Komplexität der Strategien zunimmt. So ist Export leichter zu managen als eine eigene Tochtergesellschaft.

Generell werden in der Literatur die sieben Formen in die Gruppen Export, Vertragsvereinbarungen und ausländische Direktinvestitionen unterteilt.[34] Dieser Unterscheidung wird auch dieses Kapitel folgen. Die Markteintrittsstrategien werden vor ihrem

[32] Vgl. [Kutschker & Schmid (2008), S. 846]; vgl. [Harzing (2002), S. 218-223]; vgl. [Hill, Hwang et al. (1990), S. 125-127]

[33] Vgl. [Claver, Rienda et al. (2007), S. 2-5]; vgl. [Müller & Kornmeier (2002), S. 102; 120-125]; vgl. [Strunz & Dorsch (2001), S. 118-138] In der Literatur lassen sich noch weitere Markteintrittsstrategien sowie Unterteilungen finden. Auf diese soll hier jedoch nicht eingegangen werden, da die in Abbildung 2-1 dargestellten die am häufigsten auftretenden und im Hinblick auf Kapitel 2.3 bedeutendsten sind.

[34] Vgl. [Claver, Rienda et al. (2007), S. 4]

historischen Hintergrund betrachtet, ihre Merkmale dargestellt sowie ihre Vor- und Nachteile aufgezeigt.[35]

Abbildung 2.1: Systematisierung von Markteintrittsstrategien

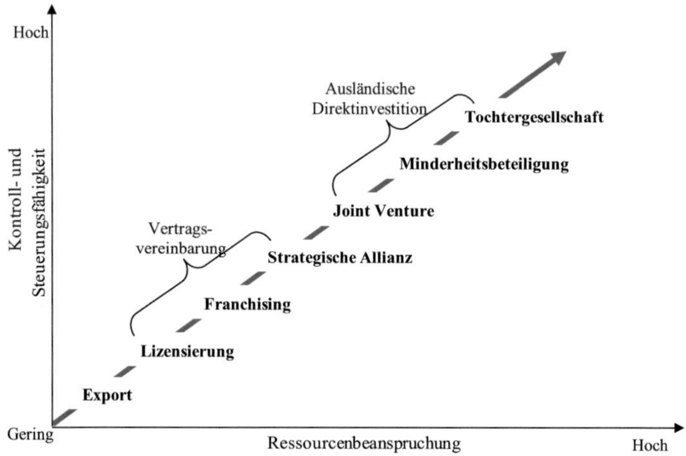

Quelle: Eigene Darstellung in Anlehnung an Kutschker & Schmid (2008), S. 846 f.; Claver, Rienda et al. (2007), S. 4; Müller & Kornmeier (2002), S. 102; Strunz & Dorsch (2001), S. 118

2.1.1 Export

Export, welcher in der Vergangenheit auch als grenzüberschreitender Tauschhandel bezeichnet wurde, wird auf Grund seiner Einfachheit bereits seit Jahrhunderten betrieben.[36] Auch heute noch stellt die Etablierung von Exportbeziehungen für viele Firmen den ersten Schritt hin zur Internationalisierung dar.[37] Wie auch in Abbildung 2.1 zu sehen ist, kann Export im Allgemeinen als die Markteintrittsstrategie mit dem niedrigsten Ressourcenaufwand sowie den geringsten Kosten und Risiken betrachtet werden.[38]

[35] Es werden in den folgenden Unterkapiteln nicht alle Merkmale sowie Vor- und Nachteile erläutert, sondern nur die, die sich während der Literaturrecherche als besonders wichtig herausgestellt haben.

[36] Vgl. [McDougall, Oviatt et al. (2003), S. 58]

[37] Vgl. [Strunz & Dorsch (2001), S. 119]

[38] Vgl. [Lu & Beamish (2006), S. 29]; vgl. [Strunz & Dorsch (2001), S. 119]

Da die Produktion im Inland stattfindet, können bei steigendem Absatz Skaleneffekte erzielt werden.[39]

Bei einer Exportstrategie ist zwischen indirektem und direktem Export zu unterscheiden. Ersteres bedeutet, dass ein inländischer Handelspartner zwischen Unternehmen und Endabnehmer im Ausland geschaltet ist. Es besteht also im Gegensatz zum direkten Export keine unmittelbare Beziehung zum Auslandsmarkt. Bei der direkten Variante tritt das exportierende Unternehmen selbst mit dem Endkunden, ausländischen Handelsmittlern oder Kommissionären in Kontakt.[40] Ob die direkte oder indirekte Form des Exports zu wählen ist, hängt vom Unternehmen, seiner Größe sowie der Industrie ab, da beide Arten des Exports gewisse Vor- und Nachteile mit sich bringen.[41]

Vor allem der *indirekte Export* hat den *Vorteil*, dass er die Ressourcen schonendste und risikoärmste Art des Auslandsgeschäfts darstellt, da der inländische Handelspartner den größten Teil der Risiken und Kosten trägt. Überdies ist kein eigener Auslandsvertrieb vonnöten. Da er keine signifikanten Vorabinvestitionen benötigt, kann er, bei ausbleibendem Erfolg, auch schnell wieder beendet werden. Diese Faktoren machen den indirekten Export zu einer beliebten Methode für Unternehmen, die noch wenig Erfahrung mit Auslandsmärkten haben und daher kein hohes Risiko eingehen wollen.[42] Er hat jedoch auch gewisse *Nachteile*: So fällt die Gewinnmarge meist niedrig aus und es besteht kein Kontakt zum Endkunden, wodurch dem Unternehmen Wissen über Kundenbedürfnisse und Marktanforderungen verloren gehen.[43]

Der *direkte Export* ermöglicht im Vergleich durch den unmittelbaren Auslandskontakt den Aufbau von Markt-, Kunden- sowie Fachwissen, was ein klarer *Vorteil* ist. Die Gewinnmarge kann höher ausfallen, falls nicht auf dem Auslandsmarkt Zwischenhändler involviert sind, die ebenfalls einen Anteil für sich beanspruchen. *Nachteilig* ist allerdings, dass diese Form ressourcenintensiver als die indirekte Variante ist und mehr Risiko sowie organisatorischen Aufwand mit sich bringt.[44]

[39] Vgl. [Hilton (2005), S. 18]
[40] Vgl. [Müller & Kornmeier (2002), S. 122]
[41] Vgl. [Dhanaraj & Beamish (2003), S. 256 f.]
[42] Vgl. [Dejo-Oricaını & Ramírez-Alesón (2009), S. 63]; vgl. [Lu & Beamish (2006), S. 29]
[43] Vgl. [Müller & Kornmeier (2002), S. 122]
[44] Vgl. [ebd., S. 122]

2.1.2 Vertragliche Vereinbarungen

Lizenzvergabe, Franchising und strategische Allianzen stellen im Vergleich zum Export Markteintrittsstrategien dar, die erst in den letzten Jahrzehnten aufkamen, jedoch rasch an Bedeutung gewonnen haben. Es handelt sich hierbei um vertragliche Vereinbarungen, die zwischen mindestens zwei Geschäftspartnern auf Grund von gemeinsamen strategischen Zielen geschlossen werden. Verglichen mit dem Export erfordern sie mehr Ressourceneinsatz, bergen ein höheres Risiko, ermöglichen jedoch auch mehr Kontrolle über die Auslandsaktivitäten und ein höheres Gewinnpotenzial. Vertragliche Vereinbarungen beinhalten aber nicht zwingendermaßen eine Eigenkapitalbeteiligung, was sie von den verschiedenen Typen der Kategorie ausländische Direktinvestition unterscheidet.[45] Nachfolgend werden die verschiedenen Varianten der vertraglichen Vereinbarung, beginnend mit der Lizenzvergabe, vorgestellt.

2.1.2.1 Lizenzvergabe

Die Lizenzvergabe ist die älteste Methode der vertraglichen Vereinbarungen. Sie wird auch heute noch häufig, speziell im produzierenden Gewerbe, angewendet. Im internationalen Kontext stellt der inländische Lizenzgeber dem ausländischen Lizenznehmer Nutzungsrechte an immateriellen Vermögensgegenständen zu vertraglich vereinbarten Konditionen zur Verfügung. Es kann sich hierbei um Patente, Marken, Gebrauchsmuster, Fachwissen oder Technologien handeln.[46] Der Lizenzvertrag regelt, wie lange der Lizenznehmer von den ihm übertragenen Rechten Gebrauch machen darf und wie der Lizenzgeber hierfür zu entlohnen ist. Meist wird ein Lizenzentgelt vereinbart, welches in Form einer Pauschale oder einer laufenden Gebühr zu zahlen ist.[47]

Die relativ niedrige Ressourcenbeanspruchung, auf Grund von minimalem Erfordernis an Managementleistung und Kapitaleinsatz, ist einer der *Vorteile* der Lizenzvergabe.[48] Unterscheiden sich die Ansprüche der ausländischen Kunden nicht signifikant von denen der inländischen, können die zur Verfügung gestellten Rechte ohne großen Anpassungsaufwand übernommen und im Ausland genutzt werden. Somit kann auch der

[45] Vgl. [Claver, Rienda et al. (2007), S. 4]; vgl. [Glaister & Buckley (1998), S. 90]
[46] Vgl. [Strunz & Dorsch (2001), S. 132 f.]
[47] Vgl. [Müller & Kornmeier (2002), S. 122 f.]
[48] Vgl. [Budak & Susbauer (1977), S. 17]

Produktlebenszyklus eines Gutes verlängert werden.[49] Beim Export anfallende Kosten, wie z.B. für Transport, entfallen bei dieser Methode.[50] Der wohl wichtigste *Nachteil* dieser Methode ist die Problematik, das geistige Eigentum und den damit verbundenen Wettbewerbsvorteil zu schützen. Durch die Herausgabe des eigenen Vorteils läuft ein Unternehmen Gefahr, sich einen ebenbürtigen Kontrahenten zu schaffen.[51] Einen geeigneten Lizenzpartner zu finden, der nach Vertragsabschluss mit den erteilten Rechten tatsächlich im Sinne des Lizenzgebers umgeht, sowie dessen Kontrolle kann ebenso problematisch sein. Aus diesem Grund ist es wichtig, ein gutes Verhältnis zum Lizenznehmer aufzubauen und Einfluss auf ihn und sein Handeln zu nehmen.[52]

2.1.2.2 Franchising

Dem in den letzten Jahren verstärkten internationalen Auftreten von Unternehmen wie McDonald's, Benetton oder Best-Western-Hotels hat das Franchising seine Bekanntheit zu verdanken. Während diese Art der Markteintrittsstrategie früher hauptsächlich im Restaurant-, Einzelhandels,- und Hotelsektor zu finden war, ist sie mittlerweile auch in anderen Bereichen, wie z.B. bei Banken oder Fitnessstudios eine beliebte Methode.[53] Beim internationalen Franchising handelt es sich um eine vertragliche Vereinbarung zwischen einem inländischen Franchisegeber und einem ausländischen Franchisenehmer, wobei Rechte zum Vertrieb von Produkten oder zur Nutzung von Marketing-, Vertriebs- oder Organisationskonzepten auf den Franchisenehmer übertragen werden. Der Franchisegeber erhält im Gegenzug einen entgeltlichen Ausgleich, der meist einen bestimmten Prozentsatz vom Umsatz ausmacht.[54] Im Gegensatz zur Lizenzvergabe wird beim Franchising normalerweise ein komplettes Geschäftskonzept übertragen. Überdies ist die Franchisevereinbarung normalerweise auf ein vorher abgestimmtes Gebiet begrenzt.[55]

[49] Vgl. [Contractor (1981), S. 76]; vgl. [Vernon (1966), S. 190-207]
[50] Vgl. [Contractor (1981), S. 76]
[51] Vgl. [Richards (2007), S. 19, 20-22]; vgl. [Müller & Kornmeier (2002), S. 123]; vgl. [Anson (2001), S. 30]
[52] Vgl. [Aulakh, Cavusgil et al. (1998), S. 416]; vgl. [Budak & Susbauer (1977), S. 17, 21]
[53] Vgl. [Franchisemöglichkeiten (2009), S. 1]; vgl. [Brickley, Dark et al. (1991), S. 27]
[54] Vgl. [Lafontaine (1992), S. 264]
[55] Vgl. [Brickley, Dark et al. (1991), S. 28]

Die *Vorzüge* des Franchisings liegen darin, dass es eine sehr ressourcensparende und risikoarme Variante des Markteintritts ist, die eine schnelle Expansion ermöglicht.[56] Im Franchisingsystem führt die selbstständige Unternehmenstätigkeit beider Partner zur Zielübereinkunft, da die erbrachte Leistung des einen auch dem anderen hilft.[57]

Nachteilig am Franchising ist, dass trotz der theoretischen Zielübereinkunft hohe Überwachungskosten auf beiden Seiten anfallen können. So muss der Franchisegeber ausschließen, dass das negative Verhalten weniger Franchisenehmer auf das ganze System zurückfällt. Der Franchisenehmer andererseits sollte durch Überwachung die Investition des Franchisegebers in das System sicherstellen.[58] Franchisingsysteme sind normalerweise in Branchen anzutreffen, in denen ein hoher Standardisierungsgrad möglich ist und somit Skaleneffekte erzielt werden können. Dies schränkt den Anwendungsbereich dieser Markteintrittsstrategie jedoch vor allem im internationalen Kontext erheblich ein, da andersartige Kulturen, Gesetze oder Kundenwünsche Anpassungen unumgänglich machen.[59]

2.1.2.3 Strategische Allianz

Dieser Markteintrittsstrategie wird seit Mitte der 90er Jahre vermehrt Beachtung in der Wissenschaft geschenkt.[60] Auch Unternehmen erkennen zunehmend das Potenzial, durch Eingehen einer strategischen Allianz einen Wettbewerbsvorteil zu erzielen. Prominente Beispiele für internationale strategische Allianzen sind die Star Alliance, gebildet von Lufthansa und Partnerfluggesellschaften, sowie die Zusammenarbeit zwischen BMW und Peugeot zur Motorenentwicklung.[61]

Eine strategische Allianz wird vertraglich zwischen zwei oder mehr Geschäftspartnern geschlossen, die durch ihre Zusammenarbeit ein bestimmtes strategisches Ziel erreichen möchten.[62] Meist ist diese auf einen spezifischen Bereich, wie z.B. Logistik, Forschung

---

56 Vgl. [Combs & Ketchen Jr (1999), S. 202]; vgl. [Lafontaine (1992), S. 281]
57 Vgl. [Combs & Ketchen Jr (1999), S. 203]; vgl. [Kehoe (1996), S. 1492]
58 Vgl. [Agrawal & Lal (1995), S. 220]
59 Vgl. [Teegen (2000), S. 507-512]
60 Siehe z.B. die Beiträge von [Glaiser & Buckley (1998)] oder [Dussauge & Garrette (1995)]
61 Vgl. [Fischer, Spiller et al. (16.09.2009), S. 1-2]; vgl. [Höhler (27.05.2009), S. 1-2]
62 Vgl. [Glaister & Buckley (1998), S. 90]; vgl. [Dussauge & Garrette (1995), S. 505]

und Entwicklung (F&E) oder Marketing, begrenzt.[63] Vertrauen und das Zusammenfinden der Unternehmenskulturen bilden die Grundlage für eine erfolgreiche und anhaltende Kooperation.[64]

Ein *Vorteil* dieser Kooperationsform hängt mit dem heutzutage wichtigen Thema des organisationalen Lernens zusammen. Da bei einer strategischen Allianz Unternehmen mit unterschiedlichen Vorkenntnissen zusammenkommen, kann diese Konstellation zu beschleunigtem Lernen sowie Wissensaufbau und -transfer führen.[65] Des Weiteren wird das Geschäftsrisiko auf mehrere Partner verteilt.[66] Da kein eigenes Unternehmen gegründet und finanziert werden muss, sind strategische Allianzen relativ Ressourcen schonend und flexibel.[67] Ein *Nachteil* von strategischen Allianzen ist ihre häufige Instabilität. Gründe hierfür können, wie schon erwähnt, mangelndes Vertrauen, Unverträglichkeit der Unternehmenskulturen sowie unterschiedliche Zielsetzungen oder Erfolgskriterien sein. Des Weiteren sind Allianzen häufig schwer zu managen. Oftmals profitieren auch nicht alle Partner im gleichen Ausmaß von der Kooperation.[68] So kann es beispielsweise beim Wissenstransfer der Fall sein, dass ein Partner hauptsächlich die Erfahrung des anderen abgreift, aber selbst nichts preisgibt.[69] Ebenfalls nachteilig wirkt sich der hohe Abstimmungsaufwand aus. Da keine eigene Gesellschaft mit Entscheidungsorgan gegründet wird, müssen Beschlüsse im Einvernehmen mit allen Partnern getroffen werden.[70]

2.1.3 Ausländische Direktinvestitionen

Das Volumen der weltweiten Direktinvestitionen entwickelte sich bis Mitte der 80er Jahre auf niedrigem Niveau. Seither ist jedoch ein starker und nachhaltiger Anstieg zu verzeichnen, was häufig als Indiz für zunehmende Globalisierung angesehen wird.[71] In den letzten Jahrzehnten waren vor allem aufstrebende Entwicklungsländer Empfänger

---

[63] Vgl. [Spekman, Forbes Iii et al. (1998), S. 748]
[64] Vgl. [Cullen, Johnson et al. (2000), S. 238]; vgl. [Glaister & Buckley (1998), S. 111]; vgl. [Parkhe (1998), S. 418-426, 435]
[65] Vgl. [Inkpen (2001), S. 408]; vgl. [Inkpen (1998), S. 78 f.]; vgl. [Inkpen (1996), S. 135]
[66] Vgl. [Inkpen (2001), S. 405]
[67] Vgl. [Claver, Rienda et al. (2007), S. 4]
[68] Vgl. [Inkpen & Ross (2001), S. 134-137]
[69] Vgl. [Inkpen (2001), S. 406]
[70] Vgl. [Dacin, Hitt et al. (1997), S. 3-13]
[71] Vgl. [Panetta (2003), S. 6]

der globalen Investitionsströme und die deutsche Wirtschaft einer der wichtigsten Investoren. Eine aktuelle Studie der Gesellschaft für Außenwirtschaft und Standortmarketing zeigt jedoch, dass der Wirtschaftsstandort Deutschland an Attraktivität für ausländische Investoren gewonnen hat. Nach der aktuellen Untersuchung liegt er 2010 auf Platz fünf hinter China, Indien, Brasilien und den USA.[72]

Was verbirgt sich nun aber hinter dem Begriff der ausländischen Direktinvestition? Diese Art von Investition liegt immer dann vor, wenn ein Unternehmen aus einem Land in ein anderes investiert. Dies kann durch die Übertragung von Kapital sowie materieller oder immaterieller Vermögensgegenstände geschehen. Die Kontrolle über den Einsatz der investierten Vermögensgegenstände verbleibt dabei beim Investor, was die hohe Anforderung dieser Markteintrittsmethode an das Management verdeutlicht.[73] Joint Ventures sowie Mehr- und Minderheitsbeteiligungen stellen unterschiedliche Formen der ausländischen Direktinvestition dar, welche nun vorgestellt werden.[74]

2.1.3.1 Joint Venture

Über die Markteintrittsmethode des internationalen Joint Venture wird häufig berichtet, vor allem im Zusammenhang mit den aufstrebenden Märkten Asiens und Osteuropas. Der Markteintritt von Unternehmen beispielsweise nach China war für ausländische Firmen jahrelang nur durch die Schließung eines JV mit einem chinesischen, meist staatlich kontrollierten, Unternehmen möglich.[75]

Backers-Gellner und Huhn (2000) definieren das internationale JV folgendermaßen:

> „Ein internationales Joint Venture ist eine von zwei oder mehreren rechtlich und wirtschaftlich selbstständigen Unternehmen gegründete, rechtlich selbstständige Organisation, die von den Muttergesellschaften unter Beteiligung an den Entscheidungsprozessen gemeinschaftlich, jedoch nicht notwendigerweise paritätisch geführt wird. Der Hauptsitz mindestens einer der Muttergesellschaften weicht vom Land der operativen Tätigkeit des Joint Ventures ab.“[76]

---

[72] Vgl. [German-Trade&Invest (2010), S. 1]

[73] Vgl. [Dunning (1993), S. 5]; vgl. [Braun (1988), S. 7-9]; vgl. [Buckley (1983), S. 37]; vgl. [Hymer (1979), S. 174]

[74] Vgl. [Backers-Gellner & Huhn (2000), S. 118]

[75] Vgl. [Weber & Kabst, S. 259]

[76] [Weber & Kabst (2000), S. 261] In der Literatur wird teilweise noch zwischen Vertrags- und Eigenkapital-JV unterschieden. Da mit JV jedoch meist letzteres gemeint ist, dies die häufigste Form

JV gehören, ebenso wie strategische Allianzen, zu den kooperativen Markteintrittsformen. Ein wichtiger Unterschied ist jedoch, dass im Gegensatz zur strategischen Allianz beim JV ein neues Unternehmen gegründet wird. Dies bedeutet zwar einerseits eine höhere Ressourcenbeanspruchung, vereinfacht aber andererseits auch dessen Steuerung und Kontrolle.[77]

Der wohl bedeutendste *Vorteil* eines JV ist der mögliche Wissensaustausch zwischen den Partnern. Handelt es sich bei einem der Mitglieder um ein lokales oder bereits im Markt erfahrenes Unternehmen, so ist es für das andere Unternehmen möglich, von dessen Wissen zu profitieren. Im Gegenzug kann das im Markt noch unerfahrene Unternehmen z.B. technisches Fachwissen beisteuern.[78] Ein weiterer positiver Aspekt ist die Verteilung von Kapitalbedarf und Unternehmensrisiko auf mehrere Partner.[79] Durch ein JV können auch rechtliche Hindernisse zur Eigengründung oder hohe bürokratische Hürden umgangen werden. Des Weiteren können Skaleneffekte durch den Größenvorteil, den die Kooperationspartner zusammen haben, erreicht werden.[80]

Ein *Nachteil* bei JVs ist, dass sie sich häufig als instabil erweisen und ihre Ziele nicht erreichen.[81] Wie auch bei strategischen Allianzen spielt die Beziehung zwischen den Partnern sowie das gegenseitige Vertrauen eine bedeutende Rolle. Die Kontrolle über den Partner und seine Aktivitäten ist wichtig, darf allerdings nicht zu Lasten der Geschäftsbeziehung und des gegenseitigen Vertrauens ausfallen, da diese häufig Auslöser für das Scheitern sind.[82] Probleme zwischen den Partnern, wie beispielsweise kulturelle Unterschiede oder Fehlkommunikation, können überdies zu großem Abstimmungs- und Zeitaufwand führen.[83]

---

darstellt und das vertragliche JV der strategischen Allianz ähnelt wird hier nur das Eigenkapital-JV betrachtet. Für mehr Informationen hierzu siehe ebd., S. 260 f.

77 Vgl. [ebd., S. 262]

78 Vgl. [Yan & Child (2004), S. 299 f.]; vgl. [Shenkar & Li (1999), S. 141]

79 Vgl. [Inkpen & Beamish (1997), S. 178]

80 Vgl. [Weber & Kabst (2000), S. 259, 263]

81 Vgl. [Drozdow & Schleif (2009), S. 64]; vgl. [Weber & Kabst (2000), S. 259]; vgl. [Yan (1998), S. 786 f.]

82 Vgl. [Inkpen & Currall (2004), S. 597]; vgl. [Yan & Gray (2001), S. 411]; vgl. [Child & Yan (1999), S. 14]

83 Vgl. [Meschi & Riccio (2008), S. 264]; vgl. [Barkema, Shenkar et al. (1997), S. 431]

2.1.3.2 Minderheitsbeteiligung

Wird die Markteintrittsstrategie der Minderheitsbeteiligung gewählt, so bedeutet dies, dass ein inländisches Unternehmen eine Beteiligung an einer im Ausland ansässigen Firma erwirbt, ohne dieses jedoch zu beherrschen. Bei einem Anteilserwerb von bis zu 25% wird in der Literatur von einer „einfachen bzw. echten Minderheitsbeteiligung oder Minoritätsbeteiligung [gesprochen], beträgt sie zwischen 25% und 50%, ist von einer Sperrminderheitsbeteiligung oder Sperrminoritätsbeteiligung die Rede."[84] Ein *Vorteil* der Minderheitsbeteiligung ist der folgende: Fehlen einem Unternehmen die nötigen finanziellen Ressourcen oder ist eine mehrheitliche Beteiligung aus rechtlichen oder politischen Gründen nicht möglich, so bietet diese Markteintrittsform doch eine Möglichkeit, sich an dem Zielunternehmen zu beteiligen. Sie kann auch als Vorstufe zum vollständigen Kauf eines Unternehmens dienen.[85]

Ein *Nachteil* dieser Form des Markteintritts ist der relativ hohe Ressourcenbedarf. Erstens muss Kapital aufgewendet werden, um eine Beteiligung zu erlangen, und zweitens werden meist noch Manager zur Einflussnahme und Kontrollausübung in das Zielunternehmen entsendet. Da bei einer Minderheitsbeteiligung jedoch kein Einfluss garantiert ist, kann sie sich auch als erfolglos entpuppen, was dazu führt, dass die Anteile wieder veräußert werden müssen.[86]

2.1.3.3 Tochtergesellschaft

Eine ausländische Tochtergesellschaft stellt ein eigenständiges Engagement eines heimischen Unternehmens im Ausland dar. Dies kann beispielsweise in Form einer Betriebsstätte, Filiale, Niederlassung oder Repräsentanz geschehen. Eine Betriebsstätte dient meist der Produktion, wohingegen sich die anderen drei Formen auf den Vertrieb beziehen. Überdies hat in den letzten Jahren, gerade bei größeren Unternehmen, die Bedeutung des Aufbaus von Forschungs- und Entwicklungsstätten im Ausland zugenommen.[87]

---

[84] [Kutschker & Schmid (2008), S. 901]
[85] Vgl. [ebd., S. 902]
[86] Vgl. [ebd., S. 902 f.]
[87] Vgl. [Panetta (2003), S. 8]

Bezogen auf die Anteile ist zwischen einer Tochtergesellschaft, die ein 100-prozentiges Engagement darstellt, und einer Mehrheitsbeteiligung zu unterscheiden.[88] Erstere ist bei ausländischen Direktinvestitionen die häufiger auftretende Variante.[89] Nachfolgend soll auf die Markteintrittsform der Tochtergesellschaft näher eingegangen werden:

100-prozentige Tochtergesellschaften bringen den *Vorteil* starker Einflussnahme und Kontrollmöglichkeiten über das Auslandsengagement mit sich. Des Weiteren sind Tochtergesellschaften die Form des Auslandsmarkteintritts, welche das höchste Maß an Eigenständigkeit darstellt. Dies äußert sich positiv in mehreren Aspekten. Erstens müssen die erwirtschafteten Gewinne nicht geteilt werden und es kann eigenständig über deren Verwendung entschieden werden.[90] Zweitens besteht weder das Risiko des Wissensverlusts noch kann es zu Problemen mit dem Partner kommen.[91]

Nachteilig sind jedoch der hohe Ressourcenaufwand, da Tochtergesellschaften die kapitalintensivste Markteintrittsstrategie darstellen, sowie ihre schwierige Reversibilität. Es sollte aber auch nicht vergessen werden, dass noch andere Ressourcen, wie z.B. Personal, für eine Tochtergesellschaft erforderlich sind. Des Weiteren gibt es keinen Partner, der das Geschäftsrisiko mitträgt oder von dessen Marktwissen das Unternehmen profitieren könnte.[92]

Es gibt hauptsächlich zwei Möglichkeiten, Tochtergesellschaften zu gründen, nämlich durch Akquisition eines anderen Unternehmens oder durch Eigengründung. Hiervon ist letztere die häufiger genutzte Variante der ausländischen Direktinvestition, obwohl gerade Akquisitionen großer Firmen häufig in der Presse von sich reden machen.[93]

---

[88] Vgl. [Kutschker & Schmid (2008), S. 904 f.]; vgl. [Backers-Gellner & Huhn (2000), S. 181] Mehrheitsbeteiligungen werden hier als Engagements definiert, bei denen 51-99% der Anteile gehalten werden.

[89] Vgl. [Panetta (2003), S. 8]

[90] Vgl. [Strunz & Dorsch (2001), S. 136]

[91] Vgl. [Kutschker & Schmid (2008), S. 909]

[92] Vgl. [ebd., S. 910]; [Rob & Vettas (2003), S. 629]

[93] Vgl. [Panetta (2003), S. 6]

2.1.4 Resümee - Markteintrittsstrategien

Die oben diskutierten Methoden von Export über vertragliche Vereinbarungen bis hin zu ausländischen Direktinvestitionen haben gezeigt, dass es eine Vielzahl von Markteintrittsstrategien gibt, die einem internationalisierenden Unternehmen theoretisch zur Auswahl stehen.[94] Sie alle haben unterschiedliche Vor- und Nachteile, wodurch die Frage aufkommt, welche dieser Methoden zu wählen ist.

Abbildung 2.2: Einflussfaktoren auf die Wahl der Markteintrittsstrategie

Quelle: Eigene Darstellung in Anlehnung an Kutschker & Schmid (2008), S. 930-936

Dies ist jedoch schwer zu beantworten, da es eine Vielzahl von Faktoren gibt, die diese Entscheidung beeinflussen. Stellvertretend werden in Abbildung 2.2 fünf von Kutschker und Schmid (2008) identifizierte Kategorien von Entscheidungsfaktoren vorgestellt.[95] Diese stellen kein eigenständiges Modell dar, sondern sollen lediglich einen Überblick über einige Einflussgrößen geben, die bei der Entscheidung über die passende Markteintrittsmethode eine Rolle spielen. Diese Faktoren auf ihre praktische Relevanz hin zu untersuchen, ist Aufgabe des Managements.[96]

[94] Vgl. [Erramilli (1991), S. 481]
[95] Abgesehen von dem hier präsentierten Schema gibt es noch weitere, die Einflussfaktoren klassifizieren. Eines wäre das von Hill, Hwang et al. (1990) [Hill, Hwang et al. (1990), S. 119-125]
[96] Vgl. [Kutschker & Schmid (2008), S. 930-936]

Die in der Grafik aufgezeigte Anzahl an unterschiedlichen Faktoren lässt erkennen, dass die Entscheidung über die geeignete Eintrittsstrategie nicht einfach zu treffen ist. Überdies spielen Faktoren wie Erfahrung und organisationales Lernen, wie es etwa die Uppsalatheorie[97] postuliert, eine wichtige Rolle bei der Wahl. Aspekte wie diese, die eine umfangreichere Betrachtung zulassen, bleiben jedoch in der Literatur zu Markteintrittsstrategien weitestgehend unbeachtet. Aus diesem Grund werden im nächsten Teil dieser Arbeit Theorien vorgestellt, die eine facettenreichere Betrachtung des Internationalisierungsprozesses ermöglichen.

2.2 Theorien zum Prozess der Internationalisierung

Wie gehen Unternehmen bei der Internationalisierung vor? Warum treten sie in bestimmte ausländische Märkte ein und welche Marktetablierungsstrategie ist zu wählen? Die Beantwortung dieser Fragen ist das Ziel der Theorien zum Prozess der Internationalisierung. Historisch gesehen ist der Ursprung dieser Theorien die neoklassische Außenhandelstheorie zur Erklärung des Handelsvorkommens zwischen Volkswirtschaften. Nach Kreikebaum, Gilbert et al. (2002) eignen sich allerdings das „klassische Modell komparativer Vorteile auf der Grundlage von Technologie- und Produktivitätsunterschieden (DAVID RICARDO) oder das auf Faktorausstattungsunterschieden beruhende HECKSHER-OHLIN-Modell nur bedingt für eine Erklärung der betrieblichen Realität internationaler Unternehmen."[98] Auf der Grundlage der klassischen Außenhandelstheorie haben sich mit der Zeit mehrere mirkroökonomische Ansätze entwickelt. Der älteste hiervon ist die aus den 60er Jahren stammende Wettbewerbsvorteilstheorie.[99] Nach Dülfer und Jöstingmeier (2008) ist es „zweifelsohne der Verdienst von HYMER, durch eine eigenständige Theorie der Direktinvestition die Internationalisierung neoklassischer *black-box*-Unternehmen konkretisiert und aus dem realitätsfernen Gebäude der klassischen Außenhandelstheorie gelöst zu haben."[100] Weitere mikroökonomische Ansätze, die in den folgenden Kapiteln ebenfalls diskutiert werden, sind die Internationalisierungstheorie sowie das eklektische Paradigma. Beide stellen umfassendere Erklärungsansätze als die Wettbewerbsvorteilstheorie für die Internationalisierung dar.[101]

---

[97] Auf diese Theorie wird in Kap. 2.2.4 näher eingegangen.
[98] [Kreikebaum, Gilbert et al. (2002), S. 47]
[99] Vgl. [Dülfer & Jöstingmeier (2008), S. 110]
[100] [Kreikebaum, Gilbert et al. (2002), S. 49]
[101] Vgl. [Dülfer & Jöstingmeier (2008), S. 110 f.]; vgl. [Dunning (1993), S. 75]

Neben den mikroökonomischen Modellen haben sich seit den 70er Jahren auch auf der verhaltenswissenschaftlichen Entscheidungstheorie basierende Ansätze entwickelt. Sie kritisieren die den mikroökonomischen Ansätzen zugrunde liegende Homo-oeconomicus-Prämisse. Diese postuliert objektive Rationalität und geht von vollständiger Markttransparenz aus. Verhaltensorientierte Ansätze hingegen gehen vom unvollständigen Wissen der Individuen, deren begrenzter Fähigkeit zur Informationsaufnahme- und verarbeitung, einer kaum überschaubaren Komplexität der Entscheidungssituationen sowie Unsicherheit bezüglich der zukünftigen Entwicklung aus. Daher sind Entscheidungen für oder gegen die internationale Geschäftstätigkeit von unvollkommener Rationalität geprägt. Nachfolgend werden das Uppsala-Modell sowie die Netzwerktheorie als Vertreter dieser wissenschaftlichen Strömung vorgestellt.[102]

2.2.1 Wettbewerbsvorteilstheorie

Die Wettbewerbsvorteilstheorie geht auf Hymers Dissertation zum Thema „The International Operation of National Firms: A Study of Direct Foreign Investment“ von 1960 zurück. Diese wurde jedoch erst 1976, nach seinem Tod, veröffentlicht. Hierin wirft er die Frage auf, warum Firmen im Internationalisierungsprozess die Methode der Direktinvestition und nicht andere Formen des Markteintritts wählen.[103] Seiner Schlussfolgerung, dass dies zum Schutz eines einzigartigen Wettbewerbsvorteils geschieht, wird im folgenden Unterkapitel nachgegangen. Mit seiner Theorie hat Hymer (1976) den Grundstein für die wissenschaftliche Diskussion zu Direktinvestitionen gelegt.[104]

2.2.1.1 Zugrunde liegende Theorie

Nach der Theorie von Hymer (1976) tätigen internationalisierende Firmen Direktinvestitionen, um sich die 100-prozentige Kontrolle über ihre ausländischen Unternehmenstätigkeiten zu sichern. Hierbei ist zwischen zwei Gründen, weshalb Kontrolle für Investoren von großer Bedeutung ist, zu unterscheiden: [105]

[102] Vgl. [Dülfer & Jöstingmeier (2008), S. 112 f.]; vgl. [Siedenbiedel (2008), S. 65 f.]
[103] Vgl. [Hymer (1976), S. 23]
[104] Vgl. [Kreikebaum, Gilbert et al. (2002), S. 49]
[105] Vgl. [Hymer (1976), S. 23-26]

Der erste Grund ist der Wunscht, Vermögensgegenstände im Ausland so effizient wie möglich zu kontrollieren und zu beschützen. Dies kommt hauptsächlich dann zum Tragen, wenn das Management der internationalisierenden Firma den ausländischen Geschäftspartnern oder der wirtschaftlichen Situation im Zielland nicht traut. Ein Beispiel für eine solche Situation wäre die Angst vor Zwangsenteignung.[106]

Der zweite Grund ist in zwei Kategorien unterteilt. Der ersten liegt die Motivation zugrunde, durch Kollusion den Wettbewerb zwischen den Rivalen im Ausland positiv für sich zu beeinflussen. Konkurrieren Firmen aus unterschiedlichen Ländern in unvollkommenen Märkten miteinander, ist also eine oligopole Marktaufteilung gegeben, erweist es sich als profitabel für ein Unternehmen, sich Mitbewerber durch Direktinvestition einzuverleiben. Hierdurch lässt sich die Konkurrenz eindämmen und beherrschen.[107] Die zweite Kategorie ist der wichtigste Erklärungsansatz der Wettbewerbsvorteilstheorie für das Kontrollstreben des Managements internationalisierender Unternehmen und die damit einhergehende Nutzung von ausländischen Direktinvestitionen. Überdies ist es auch der Gedankenansatz, für den Hymers (1976) Theorie bekannt wurde. Der Autor postuliert an dieser Stelle, dass nicht alle Unternehmen gleich gut für die Teilnahme am Wettbewerb in einer gewissen Industrie gerüstet sind. Stattdessen besitzen manche Firmen bei speziellen Aktivitäten einen komparativen Vorteil ihren Wettbewerbern gegenüber. Diese Unternehmen internationalisieren, um den besagten Vorzug im internationalen Kontext zu verwerten. Nach Hymers (1976) Gedankengang ist diese Art von Wettbewerbsvorteil nur nützlich, wenn die Firma ein Monopol auf diesen hat, sprich keine andere ihn ebenfalls besitzt. Es gibt viele verschiedene Quellen für einen solchen Wettbewerbsvorteil. Beispiele hierfür sind ein vereinfachter oder kostengünstiger Zugang zu Produktionsfaktoren, Kontrolle über spezielle Distributionskanäle, hohe Qualität oder außergewöhnliches Fachwissen. Die Kontrolle sowie der Schutz dieses einzigartigen Wettbewerbsvorteils, vor allem im Falle von unvollkommenen Märkten, sind die Erklärung, warum Direktinvestitionen anderen Markteintrittsstrategien vorgezogen werden. Nach der Wettbewerbsvorteilstheorie sollten Tochtergesellschaften in den ausländischen Märkten errichtet werden, da durch diese Methode die 100-prozentigen Kontrolle sowie der Schutz des Wettbewerbsvorteils vor Konkurrenten gewährleistet wird. Bei der Wahl von anderen Markteintrittsformen wie z.B. der Lizenz-

[106] Vgl. [ebd., S. 23 f.]
[107] Vgl. [ebd., S. 25]

vergabe oder der strategischen Allianz riskiert ein Unternehmen den Verlust dieses Vorzugs. Durch ausländische Direktinvestitionen wird überdies sichergestellt, dass das Unternehmen den vollen Gewinn, den es durch den Wettbewerbsvorteil erzielt, für sich beanspruchen kann.[108]

Nach Hymer (1976) kommt es für ein internationalisierendes Unternehmen zu so genannten Kosten der Fremdheit[109]. Hierunter fallen alle diejenigen Belastungen, die eine ausländische Firma tragen muss, nicht aber eine einheimische. Diese Mehrbelastung kann einen bedeutenden Wettbewerbsnachteil darstellen. Hymer (1976) unterscheidet zwischen vier verschiedenen Fremdheitskostentypen: Grund für den ersten ist die geografische Distanz zwischen dem Stammhaus und der Auslandsgesellschaft, was z.B. zu hohen Reise- oder Koordinationskosten führen kann. Überdies können sich mangelnde Erfahrungen im neuen Markt oder sprachliche Hürden nachteilig auswirken. Weitere fremdheitsbedingte Kosten können von einem starken Nationalbewusstsein der Bürger des Ziellandes ausgehen, auf Grund dessen sie ausländische Produkte ablehnen. Diese Art der Mehrbelastung kann jedoch auch von der heimischen Regierung des internationalisierenden Unternehmens, etwa durch das Einführen von Exportquoten, verursacht werden.[110]

Die oben aufgeführten Arten von Kosten der Fremdheit können nach dem Autor durch den Besitz eines einzigartigen Wettbewerbsvorteils überwunden werden. Der Grund hierfür ist die mögliche Erwirtschaftung einer höheren Gewinnmarge. Ein solcher Wettbewerbsvorteil befähigt ein Unternehmen, entweder auf Grund eines überlegenen Produktes einen höheren Preis von den Kunden zu verlangen oder die Kosten, z.B. für Produktionsfaktoren, niedrig zu halten. Die Aufnahme von Auslandstätigkeiten erweist sich durch die höhere Marge trotz fremdheitsbedingter Nachteile, die das Unternehmen gegenüber den dort ansässigen Firmen hat, als profitabel.[111]

---

[108] Vgl. [ebd., S. 25-33, 40-45]
[109] Im englischen Originaltext werden die Kosten der Fremdheit als 'cost of foreigness' bezeichnet.
[110] Vgl. [Arenius (2005), S. 123-124]; vgl. [Hymer (1979), S. 34-36]
[111] Vgl. [Hymer (1976), S. 34-36]

2.2.1.2 Weiterführende Forschung

Obwohl in der Literatur häufig auf die Wettbewerbsvorteilstheorie Bezug genommen wird, gibt es dennoch kaum Arbeiten, die sich kritisch mit ihr auseinandersetzen. Wiederaufgegriffen und in großen Teilen bestätigt wurde Hymers (1976) Theorie durch Arbeiten von Caves (1974; 1971). Dieser betont, dass ausländische Direktinvestitionen hauptsächlich in Oligopolen getätigt werden. Überdies ist es seiner Ansicht nach wichtig, genauer zwischen verschiedenen Arten von Direktinvestitionen zu unterscheiden.[112] Andere Wissenschaftler kritisieren jedoch, dass es Hymer (1976) lediglich darum ging, mit der Wettbewerbsvorteilstheorie den Internationalisierungsprozess innerhalb von hoch entwickelten Ländern zu erklären. Hierbei ließ er jedoch, nach Aswicahyono und Hill (1995), den Ablauf in Entwicklungsländern komplett außer Acht. Die beiden Autoren postulieren beispielsweise, dass in diesen Nationen ein Markteintritt durch Direktinvestition nicht nötig ist, da hauptsächlich arbeitsintensive Produktionsschritte durchgeführt werden, für die ein Transfer des Wettbewerbsvorteils nicht erforderlich ist. Aus diesem Grund muss er auch nicht durch Direktinvestitionen geschützt und kontrolliert werden.[113]

2.2.2 Internationalisierungstheorie

Bei der eben vorgestellten Theorie von Hymer (1976) ist ein einzigartiger Wettbewerbsvorteil Voraussetzung für die erfolgreiche Aufnahme der Auslandstätigkeit. Im Vergleich dazu postuliert die Internationalisierungstheorie, dass Firmen einen solchen Vorteil zu Beginn der Internationalisierung noch nicht besitzen. Ihr zufolge wird dieser erst im Zuge des Prozesses, nämlich im Falle der Unzulänglichkeit externer Märkte im Ausland, aufgebaut. Die Internationalisierungstheorie, die auf Buckley und Casson (1979) von der so genannten 'Reading School' zurückzuführen ist, baut auf die Transaktionskostentheorie der Neuen-Institutionen-Ökonomie auf. Zum grundsätzlichen Verständnis wird diese im folgenden Kapitel kurz erläutert, wonach näher auf die Internationalisierungstheorie eingegangen wird.[114]

---

[112] Vgl. [Caves (1974), S. 176-190]; vgl. [Caves (1971), S. 1-22]
[113] Vgl. [Aswicahyono & Hill (1995), S. 149-152]
[114] Vgl. [Barclay (2000), S. 24 f.]; vgl. [Buckley (1992), S. 6 f.]

2.2.2.1 Zugrunde liegende Theorie

Mit seinem berühmten Artikel „The Nature of the Firm" hat Coase (1937) den Grundstein für die Transaktionskostentheorie, die darauffolgend von Williamson (1975) weitergeführt wurde, gelegt. Eine wichtige Erkenntnis, die dieser Theorie entspringt, ist, dass die Marktteilnahme, die in Form von einzelnen Transaktionen zwischen den Akteuren stattfindet, mit Kosten, den so genannten Transaktionskosten, verbunden ist. Diese Art von Kosten entsteht im freien Markt z.B. durch das Suchen eines geeigneten Vertragspartners, die darauf folgenden Verhandlungen sowie die Überwachung des Partners nach der Vertragsschließung. Coase (1937) zufolge wird eine Firma Transaktionen bis zu dem Punkt über die eigene Hierarchie, sprich unternehmensintern, ausführen, bis die Kosten für deren Abwicklung auf dem freien Markt gleich hoch sind. Ab diesem Zeitpunkt werden externe, also freie Märkte, genutzt.[115] Ein Unternehmen hat folglich zu entscheiden, ob die Transaktionskosten niedriger sind, wenn eine Transaktion über die eigene Hierarchie oder den freien Markt abgewickelt wird.[116]

Buckley und Casson (1991) greifen diesen Gedanken auf und stellen die Frage, in welchem Fall bei der Internationalisierung voneinander unabhängige Unternehmensaktivitäten besser über die firmeninterne Hierarchie als über den freien Markt im Zielland abgewickelt werden. Die Antwort auf diese Frage ist von der Vollkommenheit bzw. der Unvollkommenheit des ausländischen Marktes abhängig. Ist letzteres der Fall, so ist eine Firma gezwungen, ihre eigenen unternehmensinternen Märkte auf das Ausland auszuweiten, um dort nicht von den unzulänglich entwickelten externen abhängig zu sein. De facto soll vermieden werden, überhöhte Transaktionskosten auf sich zu nehmen. Durch dieses Vorgehen entwickelt ein Unternehmen im Laufe der Zeit einen spezifischen Wettbewerbsvorteil, hervorgerufen durch die Internalisierung.[117] Der Anreiz, interne Märkte im Ausland aufzubauen, ist nach Buckley und Casson (1991) auch die Erklärung dafür, weshalb große, multinationale Unternehmen existieren.[118]

Es gibt fünf verschiedene Arten von Marktunvollkommenheit, die eine Internalisierung von Transaktionen begünstigen. Erstens kann es vorteilhaft für ein Unternehmen sein,

[115] Vgl. [Coase (1937), S. 11 f.]
[116] Vgl. [Coase (1988), S. 19]; vgl. [Williamson (1985), S. 20-22]; vgl. [Williamson (1975), S. 82]; vgl. [Coase (1937), S. 9-12]
[117] Vgl. [Buckley & Casson (1991), S. 36 f.]; vgl. [Rugman (1980), S. 73]
[118] Vgl. [Buckley & Casson (1991), S. 45]

interne Terminbörsen zu errichten. Durch unzulängliche externe Märkte kann es zu signifikanten zeitlichen Verzögerungen bei Transaktionen kommen. Um dieses Problem zu umgehen, ist es empfehlenswert, diese zu internalisieren. Um die volle Marktmacht über ein Zwischenprodukt nutzen zu können, kann es zweitens vonnöten sein, dieses zu diskriminierenden Preisen zu verkaufen, sprich auf dem freien Markt einen höheren Preis als unternehmensintern zu verlangen. Ein weiterer Grund kann eine bilaterale Marktverteilung darstellen, da eine solche Situation zu unbeständigen Verhandlungsbedingen führen kann. Unter diesen Umständen entstehen Extrakosten, die jede Partei im Verhandlungsprozess auf Grund von Strafmaßnahmen, verhängt von der anderen Seite, auf sich nehmen muss. Dies kann durch Fusion der beiden Partner oder Übernahme bewältigt werden. Die vierte Art der Marktunvollkommenheit tritt auf, wenn der Verkäufer mehr Wissen über den Wert seines Produktes hat als der potenzielle Käufer, er dieses dem Abnehmer jedoch nicht vermitteln kann. Diese Situation kann beispielsweise auftreten, wenn der volle Nutzen, den ein bestimmtes Gut mit sich bringt, erst erfasst werden kann, wenn der Käufer in dessen Besitz ist. Bei einer solchen Konstellation müsste der Verkäufer, im Falle des Handels über den freien Markt, seine Ware unter Wert verkaufen. Dies kann er umgehen, indem er vorwärts integriert, also z.B. den Käufer übernimmt. Der letzte Aspekt, der hier besprochen werden soll, hat den größten Einfluss auf die Wahl des internationalen Standorts. Er bezieht sich auf die mögliche Umgehung von staatlicher Kontrolle. Die korrekte Ermittlung etwa von zu zahlenden Steuern oder Tarifen für Zwischenprodukte ist für externe Institutionen nur schwer möglich, da sie kaum nachvollziehen können, ob der interne Verrechnungspreis fair angesetzt ist. An dieser Stelle soll auch erwähnt werden, dass der Anreiz zur Internalisierung nicht nur von der Unvollkommenheit der externen Märkte abhängig ist, sondern auch vom zu transferierenden Gut.[119] Nach Buckley und Casson (1991) ist es besonders bei der Übermittlung von Wissen sinnvoll, die firmeninterne Hierarchie zu nutzen, um dieses zu schützen.[120]

Trotz der Vorteile, die eine Internalisierung von Märkten mit sich bringen kann, gehen damit auch gewisse Kosten einher. Beispielsweise muss eine Firma die gesamten Fixkosten alleine tragen, während sie sich am externen Markt auf mehrere Unternehmen verteilen. Daher lohnt sich die Internalisierung nur, wenn es sich um ein beträchtliches

[119] Vgl. [ebd., S. 37-39]; vgl. [Buckley & Casson (1979), S. 47 f.]
[120] Vgl. [Buckley & Casson (1991), S. 39 f.]

Transaktionsvolumen handelt. Jedoch genau bei dieser Thematik setzt der zweite Nachteil an. Da die firmeneigene Durchführung meist ein niedrigeres Volumen und Ausmaß aufweist, kann es zu Effizienzverlusten im Vergleich zum freien Markt kommen. Ein weiterer Kostenblock kann durch ansteigenden Kommunikationsbedarf entstehen. Während es bei externen Märkten genügt, Informationen bezüglich Preis und Quantität zu übermitteln, müssen bei interner Ausführung noch Buchhaltungs- und Controllingdaten weitergegeben werden. Dieses letzte Manko kommt vor allem bei internationaler Geschäftstätigkeit zum Tragen, da die ohnehin ansteigenden Kommunikationskosten noch durch geografische Distanz sowie kulturelle Unterschiede verstärkt werden.

Als Resümee der Internationalisierungstheorie lässt sich festhalten, dass das Management eines Unternehmens entscheiden muss, ob die Vor- oder Nachteile der Internalisierung überwiegen. Es muss die Entscheidung getroffen werden, ob über den externen Markt oder die eigene Hierarchie niedrigere Transaktionskosten zu erzielen sind.[121] Ist letzteres der Fall, so ist nach der Internationalisierungstheorie die Methode der ausländischen Direktinvestitionen, in Form von Tochtergesellschaften oder JVs, als Markteintrittsstrategie zu wählen, um die Hierarchie auf das Ausland auszuweiten. Der Aufbau von Tochtergesellschaften durch Eigengründung ist zu bevorzugen, wenn der Schutz des technologischen Wissens Vorrang hat. JVs wiederum erweisen sich als vorteilhaft, wenn Wissen und Erfahrung im lokalen Markt wichtig sind, dem Unternehmen jedoch gegenwärtig noch fehlen.[122]

2.2.2.2 Weiterführende Forschung

Die empirische Verifizierung der eben beschriebenen Internationalisierungstheorie wurde in der Wissenschaft leider nicht mit Nachdruck verfolgt und hat sich überdies als schwierig herausgestellt.[123] Hennart (1986) ist beispielsweise einer der Wenigen, der durch seine Untersuchung die Theorie in großen Teilen bestätigen konnte. Er kritisiert allerdings, dass die Unvollkommenheit internationaler Kapitalmärkte bisher noch keinen Einzug in die Internationalisierungstheorie gefunden hat. Seiner Ansicht nach sind

[121] Vgl. [ebd., S. 41-44]; vgl. [Buckley & Casson (1979), S. 48]
[122] Vgl. [Buckley & Casson (1998), S. 553 f.]
[123] Vgl. [Barclay (2000), S. 25]

grenzüberschreitender Kapitalverkehr und die damit einhergehende Etablierung interner Kapitalmärkte ein weiterer Grund für das Tätigen ausländischer Direktinvestitionen. Überdies weist er darauf hin, dass sich vor allem beim Transfer von Wissen der Anreiz zur Internalisierung von Branche zu Branche signifikant unterscheidet.[124] Ein weiterer Autor, der die Internationalisierungstheorie empirisch untersucht, ist Rugman (1981). Seine Resultate sind jedoch insgesamt sehr gemischt und bestätigten die Theorie daher lediglich in einzelnen Teilen.[125]

2.2.3 Eklektisches Paradigma

Kritische Stimmen in der Literatur hinterfragen die Sinnigkeit einer strikten Trennung zwischen der Wettbewerbsvorteils- und der Internationalisierungstheorie, da ihrer Ansicht nach die beiden Ansätze keinem Ausschlussprinzip unterliegen.[126] So versucht das eklektische Paradigma von Dunning (1988) als integratives Modell die Vorteile beider Theorien miteinander zu verbinden. Es sollte daher weniger als alternative Theorie verstanden werden, sondern als Synthese, die die Hauptaussagen beider Ansätze aufgreift und um den Aspekt des Standortvorteils erweitert.[127]

2.2.3.1 Zugrunde liegende Theorie

Von der Wettbewerbsvorteilstheorie greift das eklektische Paradigma den Gedanken auf, dass internationalisierende Unternehmen im Ausland einen Nachteil, hervorgerufen durch die Kosten der Fremdheit, auf sich nehmen. Dieser kann aber durch den Besitz eines einzigartigen Wettbewerbsvorteils gegenüber den inländischen Konkurrenten ausgeglichen werden. Dunning (1988) bezeichnet einen solchen Wettbewerbsvorteil als 'Eigentumsvorteil'[128].[129] Die zweite Annahme des eklektischen Paradigmas, nämlich dass die Wahl der Markteintrittsstrategie davon abhängt, ob Transaktionskosten durch

---

[124] Hennart (1986) stellt in seinem Artikel die Ergebnisse der Untersuchungen am Beispiel des Bergbaus in Malaysia dar. Er untersucht, wie sich dieser über die Zeit und unter Einfluss von ausländischen Firmen und deren Entwicklung verändert [Hennart (1986), S. 137-140]

[125] Rugman (1981) untersuchte die F&E-Ausgaben von kanadischen Firmen sowie von Tochtergesellschaften ausländischer Firmen, die in Kanada ansässig sind [Rugman (1981), S. 215-218]

[126] Vgl. [Kreikebaum, Gilbert et al. (2002), S. 49]

[127] Vgl. [Dunning (1988), S. 7-11]

[128] Im Original wird der hier beschriebene Eigentumsvorteil als 'Ownership specific advantage' bezeichnet. Er hat die Abkürzung 'O'.

[129] Vgl. [Dunning (1988), S. 27]

Internalisierung reduziert werden können, stammt von Buckleys und Cassons (1991) Internationalisierungstheorie. Dieser Aspekt wird von Dunning (1988) 'Internalisierungsvorteil'[130] benannt.[131] Das eklektische Paradigma synthesiert jedoch die oben erläuterten Theorien nicht nur, sondern erweitert sie um den dritten Faktor 'Standortvorteil'[132]. Dieser besagt, dass spezifische Länder attraktiver für Unternehmen aus gewissen Industrien sind als andere. [133]

Die drei oben beschriebenen Faktoren werden auf Grund ihrer englischen Originalnamen, *„Ownership specific advantage" (O)*, *„Location specific advantage" (L)* und *„Internalisation incentive advantage" (I)*, auch als *OLI*-Modell bezeichnet.[134] Das eklektische Paradigma der internationalen Produktion, welches die Ursprungstheorie von Dunning (1979) war, bringt die Hypothese hervor, dass ein Unternehmen den Markteintritt über ausländische Direktinvestitionen wählt, wenn alle drei Faktoren des Modells erfüllt sind.[135] Diese werden nachfolgend ausführlich erläutert.[136]

1. Ownership specific advantage (Eigentumsvorteil)

Das Unternehmen muss einen Eigentums-/Wettbewerbsvorteil gegenüber seinen Mitbewerbern im Zielland besitzen. Hierbei unterscheidet Dunning (1979) drei Arten. Der erste Vorteil begründet sich darin, dass die Firma Rechte, wie z.B. geistiges Eigentum oder immaterielle Vermögensgegenstände besitzt, die es in eine vorteilhafte Lage gegenüber seinen Wettbewerbern versetzen. Hierdurch kann ein Unternehmen beispielsweise einen technischen Vorsprung erwirtschaften oder kosteneffizienter arbeiten. Der zweite Vorteil ergibt sich daraus, früh im Markt vertreten zu sein und auf

---

130 Im Original wird diese Annahme als 'Internalisation incentive advantage' bezeichnet und hat die Abkürzung 'I'.

131 Vgl. [Dunning (1988), S. 18-35]

132 Im Original wird dieser dritte Faktor als 'Location specific advantage' bezeichnet und hat die Abkürzung 'L'.

133 Vgl. [Dunning (1988), S. 18-35]

134 [ebd., S. 27 (Namensangaben); S. 18-35 (weitere verwendete Informationen)]

135 Es handelt sich hierbei um das Buch „Explaining changing patterns of international production: In defense of the eclectic theory". Im Jahre 2000 hat Dunning in seinem Artikel „The eclectic paradigm as an envelope for economic and business theories of MNE activity" eine veränderte Neuauflage des eklektischen Paradigmas vorgeschlagen. Auf diese wird in einem späteren Abschnitt noch genauer eingegangen.

136 Für die nächsten Abschnitte über das ursprüngliche OLI-Modell vergleiche die nachfolgenden Quellen: [Dunning (1993), S. 76-81]; [Dunning (1988), S. 18-34]; [Dunning (1981), S. 79-81]; [Dunning (1980), S. 9-12]; [Dunning (1979), S. 272-276]

Grund dessen einen Wettbewerbsvorteil gegenüber Nachzüglern zu haben. Dies kann erlangt werden indem z.B. Logistikkanäle, Produzenten oder staatliche Genehmigungen frühzeitig für sich gesichert werden, die dadurch einem später eintretenden Unternehmen verwehrt sind. Die dritte Art von Eigentumsvorteil kann darin bestehen, dass ein Unternehmen in mehreren Ländern vertreten ist und von deren Unterschiedlichkeit, etwa in Bezug auf Bodenschätze, Marktbedingungen oder Risikoprofile, profitiert. Dieser letzte Aspekt ist umso bedeutender, je unterschiedlicher die einzelnen Länder sind.

2. Internalisation incentive advantage (Internalisierungsvorteil)

Ist ein Unternehmen im Besitz eines solchen Eigentumsvorteils, muss es entscheiden, ob die Transaktionskosten niedriger sind, wenn dieser anstatt über den freien Markt, etwa durch Lizenzvergabe, durch die eigene Hierarchie ausgeschöpft wird. Ist dies der Fall, hat eine Firma einen Internalisierungsvorteil auf Grund dessen es nicht mehr sinnvoll ist, vertragliche Markteintrittsstrategien in Erwägung zu ziehen. Der Markteintritt über Export wird in einem solchen Fall gewählt, wenn die Transaktionen über die internen Märkte im Heimatland abgewickelt werden sollen. Eine ausländische Direktinvestition hingegen bietet sich an, soll die Hierarchie auf das Zielland ausgeweitet werden. Je größer also der Eigentumsvorteil gegenüber den heimischen Konkurrenten im Zielmarkt, desto höher der Anreiz zur Internalisierung, um diesen zu schützen.

3. Location specific advantage (Standortvorteil)

Hat ein Unternehmen sowohl einen Eigentums- als auch einen Internalisierungsvorteil, muss das Management entscheiden, ob es sinnvoller ist, in den ausländischen Markt durch Export oder Direktinvestition einzutreten. Nach dem eklektischen Paradigma ist dies davon abhängig, ob das Zielland einen Standortvorteil bietet. Deutschland beispielsweise ist sehr interessant für Firmen aus der Automobilindustrie, da in bestimmten Regionen, wie etwa Baden-Württemberg oder Bayern, hoch entwickelte Cluster[137] bestehen.[138] Es ist demzufolge für ausländische Firmen aus dem

[137] Porter definiert Cluster folgendermaßen: "Clusters are geographic concentrations of interconnected companies, specialized suppliers and service providers, firms in related industries, and associated institutions (e.g. universities, standards agencies, and trade associations) in particular fields that compete but also cooperate." [Porter (2000), S. 254] Das Thema Cluster und Netzwerke wird in Kapitel 2.2.5 genauer behandelt.

Automobilsektor besonders attraktiv, sich in diesen Gebieten durch die Tätigung von Direktinvestitionen niederzulassen, um vom Standortvorteil zu profitieren. Faktoren, die einen solchen Standortvorteil begünstigen, sind z.B. Zugang zu natürlichen Ressourcen, niedrige Faktorpreise, hoch entwickelte Infrastruktur oder vorteilhafte Gesetze.

Abbildung 2.3: Entscheidung über die Markteintrittsstrategie in Abhängigkeit der Erfüllung der OLI-Voraussetzungen

Markteintrittsstrateg	**Eigentum (O)**	**Internalisierung**	**Standort (L)**
Export	✓	✓	✗
Vertragliche Vereinbarung	✓	✗	✗
Ausländische Direktinvestition	✓	✓	✓

Quelle: Eigene Darstellung in Anlehnung an Dunning (1988) S. 28

Zusammenfassend ist festzuhalten, dass nach Dunnings (1988) OLI-Modell ein Eigentumsvorteil (O) die Grundvoraussetzung für die Internationalisierung darstellt. Die Entscheidung über die zu wählende Markteintrittsstrategie hängt dann davon ab, ob ein Unternehmen einen Internalisierungs- (I) sowie einen Standortvorteil (L) im Zielland vorfindet. Das Vorhandensein eines Internalisierungsvorteils schließt den Markteintritt über vertragliche Vereinbarungen aus, weshalb die Entscheidung zwischen Export und Direktinvestition zu treffen ist. Liegt überdies noch ein Standortvorteil vor, so empfiehlt sich einzig und allein der Markteintritt über ausländische Direktinvestitionen, möglichst in Form von Tochtergesellschaften.[139] Dieses Resümee ist in Abbildung 2.3 visualisiert.

Im Jahre 2000 veröffentlichte Dunning (2000) einen Artikel, in dem er das eklektische Paradigma an die veränderten Umweltgegebenheiten des 21. Jahrhunderts sowie an neue Entwicklungen in Wirtschaft und Wissenschaft anpasste. Die Neuauflage der Theorie beseitigt auch das Defizit, ursprünglich nur produzierende Unternehmen in

[138] Vgl. [Cluster (2009), S. 1]
[139] Vgl. [Dunning (1988), S. 26, 28]

Betracht gezogen zu haben. Das neue Bezugssystem unterscheidet sich vom Ausgangsmodell insofern, als es drei Einzelparadigmen miteinander vereint. Dunning (2000) hat in der Neuauflage jeden der drei Aspekte des OLI-Modells zu einem eigenen Paradigma ausgebaut, welches wiederum unterschiedliche Erkenntnisse und Theorien vereint.[140] Diese sollen nachfolgend erläutert werden:

Gemäß dem revidierten Modell gibt es drei unterschiedliche Arten von Eigentumsvorteil (O). Der ursprünglich von Hymer (1976) identifizierte bezieht sich auf den Besitz eines einzigartigen Wettbewerbsvorteils und dessen Verwertung im Ausland. Den zweiten Typus definiert Dunning (2000) folgendermaßen:

> „Those relating to the possession of a bundle of scarce, unique and sustainable resources and capabilities, which essentially reflect the superior technical efficiency of a particular firm relative to those of its competitors. ... These advantages are presumed to stem from, or create, some kind of barrier to entry to factor, or intermediate, product markets by firms not possessing them."[141]

Die dritte und letzte Art bezieht sich mehr auf die Führungsriege eines Unternehmens als auf das Unternehmen selbst. Dieser Vorteilstyp kann sich nur entwickeln, wenn die Geschäftsleitung die spezifischen Ressourcen und Fähigkeiten der Auslandsniederlassungen erkennt. Die Unternehmensführung muss es verstehen, diese mit denen des Mutterunternehmens auf eine Art und Weise zu kombinieren und zu koordinieren, die zu ihrer effizienten und langfristigen Nutzung führt. Dunning (2000) zufolge hat sich die Bedeutung der drei Arten von Eigentumsvorteilen über die Jahre stark verändert. Während früher der erste Typ am bedeutendsten war, ist es heutzutage der letzte.[142]

Des Weiteren ist der Autor der Meinung, dass bis heute die Entscheidung für eine Internalisierung (I) der Transaktionen die dominierende Erklärung dafür ist, warum sich Firmen gegen vertragliche Vereinbarungen und für Export oder ausländische Direktinvestition entscheiden. Genau an diesem Punkt jedoch gerät die Theorie in Erklärungsnot. Das vermehrte Auftreten von nicht auf Direktinvestitionen basierenden Kooperationsformen, wie z.B. strategischen Allianzen, die aber eine De-facto-Internalisierung aufbauend auf den Wettbewerbsvorteilen der Partner darstellen, kann von der Theorie nicht erklärt werden. Die ursprüngliche Bedeutung des Internalisierungsvorteils wurde noch in zwei weiteren Bereichen von Wissenschaftlern kritisiert und daher überdacht.

[140] Vgl. [Dunning (2000), S. 163 f.]
[141] [ebd., S. 168]
[142] Vgl. [ebd., S. 168-174]

Erstens fiel auf, dass der Internalisierungsvorteil in seiner Ursprungsform Fähigkeiten wie organisationales Lernen, die essentiell für ein Unternehmen und seinen Wettbewerbsvorteil sind, nicht berücksichtigte. Daher sollen in seiner überarbeiteten Form nicht nur die reinen Transaktionskosten, sondern alle Vor- und Nachteile, die sich durch Firmenaktivitäten ergeben, in Betracht gezogen werden. Des Weiteren führt die zunehmende Bedeutung von Innovation zur Erkenntnis, dass es nicht ausreicht zu erklären, wie bereits bestehende Vermögensgegenstände genutzt und optimiert werden können, sondern auch auf welche Art und Weise ein Unternehmen seine Aktivitäten organisieren sollte, um Innovation zu begünstigen. Um als Theorie im 21. Jahrhundert von praktischem Wert zu sein, ist es vonnöten, Aussagen darüber zu treffen, warum und in welchen Fällen firmenintern verlaufende Transaktionen, sowohl während der Entwicklung als auch der Nutzung von Ressourcen und Fähigkeiten, niedriger sind.[143]

Wie im Falle des Internalisierungsvorteils ist auch im überarbeiteten Paradigma der Standortvorteil (L) der ausschlaggebende Faktor dafür, weshalb sich Unternehmen für ausländische Direktinvestitionen entscheiden. Heutzutage muss der Standortvorteil nach Dunning (2000) auch Einflussgrößen wie den Wechselkurs, kulturelle Unterschiede, Regulierungen von supranationalen Institutionen wie der Europäischen Union sowie politisches Risiko in Betracht ziehen.[144]

2.2.3.2 Weiterführende Forschung

Vor allem das ursprüngliche Paradigma wurde sowohl von Dunning (1988) selbst wie auch von weiteren Wissenschaftlern eingehend untersucht. Empirische Studien in verschiedenen Industrien sowie Entwicklungsländern unterstreichen die Anwendbarkeit und Aussagekraft der Theorie.[145] Es sollte jedoch an dieser Stelle auch erwähnt werden, dass Dunnings (1979) Beitrag zur Internationalisierungsdebatte in der Wissenschaft umstritten ist. Nach Ansicht mancher Autoren stellt das eklektische Paradigma keine eigenständige Theorie dar, da es lediglich schon bestehende zusammenfasst und er-

[143] Vgl. [ebd., S. 179-183]

[144] Vgl. [ebd., S. 174-179]

[145] Vergleiche hierzu folgende Studien: Aswicahyono und Hill (1995) untersuchen Determinanten für ausländische Direktinvestitionen im produzierenden Gewerbe in Indonesien [Aswicahyono & Hill (1995), S. 151 f.]; Hennart (1986) stellt Untersuchungen anhand des Bergbaus in Malaysia an [Hennart (1986), S. 137-141]; Dunning und McQueen (1981) untersuchen die Aktivitäten von multinationalen Unternehmen der Hotelindustrie [Dunning & McQueen (1981), S. 202-208]

weitert. Überdies kritisiert Itaki (1991), dass das Konzept des Eigentumsvorteils überflüssig ist, da lediglich Internalisierung zu überdurchschnittlichen Gewinnen führt. Des Weiteren vertritt er die Ansicht der Unseparierbarkeit des Eigentumsvorteils vom Standort, da beide zusammenspielen.[146]

Es wurde jedoch nicht nur das ursprüngliche, sondern auch das überarbeitete Paradigma empirisch überprüft. Obwohl Dunning (2000) das neue Modell seiner Ansicht nach auch auf nicht-produzierendes Gewerbe ausgeweitet hat, konstatieren Axinn und Matthyssens (2001), dass es weiterhin nicht auf Dienstleistungsunternehmen zutrifft.[147] Ein weiterer kritischer Punkt ist die starke Fokussierung des Paradigmas auf interne Aspekte. Hierbei werden externe Faktoren, wie etwa Kunden, die aber für die Internationalisierung äußerst wichtig sind, außer Acht gelassen. Außerdem setzt das Modell vollständige Marktinformationen für die Entscheidung über die Aufnahme von Geschäften im Ausland implizit voraus. Dies ist jedoch in der Praxis unrealistisch.[148]

2.2.4 Uppsala-Modell

Nach den drei oben aufgezeigten mikroökonomischen Ansätzen, denen die Homooeconomicus-Prämisse sowie die Vorstellung vollständiger Markttransparenz zugrunde liegt, folgt nun mit dem Uppsala-Modell der erste verhaltensorientierte Ansatz. Hierbei wird die Entscheidung über die Aufnahme grenzüberschreitender Tätigkeit auf einzelne Personen mit beschränkter Rationalität zurückgeführt.[149]

Das Uppsala-Modell wurde größtenteils von den Wissenschaftlern Johanson und Vahlne (1975) an der Universität von Uppsala in Schweden entwickelt.[150] Es besteht aus den folgenden drei Teilen: Kette der psychischen Entfernung, Modell der Internationalisierung und Kette der Marktetablierung.[151] Diese drei Bestandteile, beginnend mit

---

146 Vgl. [Itaki (1991), S. 449-455]
147 Vgl. [Axinn & Matthyssens (2001), S. 437-445]
148 Vgl. [Whitelock (2002), S. 344 f.]
149 Vgl. [Dülfer & Jöstingmeier (2008), S. 112 f.]
150 Vgl. [Johanson & Wiedersheim-Paul (1975), S. 16-19]
151 Im englischen Originaltext werden die drei Bestandteile des Uppsala-Modells als 'psychic distance chain', 'modell of internationalisation' und 'establishment chain' bezeichnet. Siehe hierzu [Johanson & Vahlne (1977), S. 24-30]

der Kette der psychischen Entfernung, werden im folgenden Kapitel erläutert und darauffolgend kritisch analysiert.

2.2.4.1 Zugrunde liegende Theorie

Der Ausdruck *psychische Entfernung* steht für Hindernisse, die den Informationsfluss zwischen Märkten unterschiedlicher Länder erschweren oder verhindern. Hierdurch kommen diese dem Betrachter als sehr unbekannt, undurchsichtig oder eben weit entfernt vor. Beispiele für solche Barrieren sind unterschiedliche Kulturen, Sprachen, politische Systeme, oder der nationale Entwicklungsstand.[152] In jüngster Vergangenheit wurde die Bedeutung um weitere Faktoren, wie die Beziehung zu Geschäftspartnern, darunter auch Lieferanten und Kunden, sowie die Bedeutung von Netzwerken, ergänzt.[153] Eine Vorwärtsbewegung auf der Kette der psychischen Entfernung, die schematisch in Abbildung 2.4 dargestellt ist, stellt einen inkrementellen Lernprozess dar, durch den Schritt für Schritt die subjektiv empfundenen Hindernisse der Fremdheit überwunden werden.

Abbildung 2.4: Kette der psychischen Entfernung

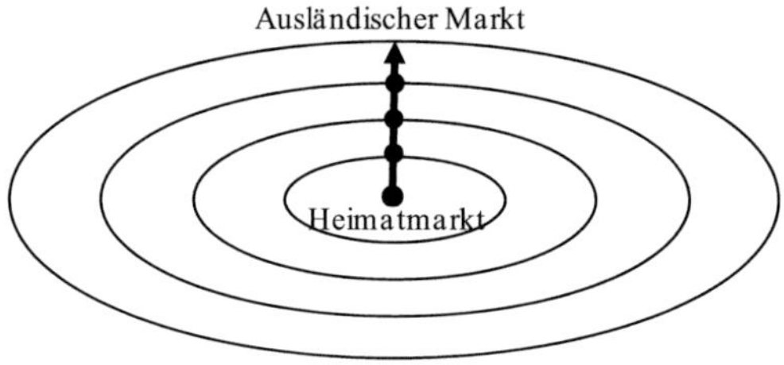

Quelle: Eigene Darstellung in Anlehnung an Johanson & Vahlen (1977), S. 24; Johanson & Wiedersheim-Paul (1975), S. 17 f.

Diesem Konzept zufolge würde die Geschäftsführung eines Unternehmens den Internationalisierungsprozess in Ländern beginnen, die für sie von geringer psychischer Distanz sind. Für eine deutsche Firma wären dies z.B. Österreich oder der deutschsprachige

[152] Vgl. [ebd., S. 24]; vgl. [Johanson & Wiedersheim-Paul (1975), S. 17 f.]
[153] Vgl. [Johanson & Vahlne (2003), S. 91]

Teil der Schweiz, da das Management diese Länder als sehr ähnlich empfinden würde. In einem zweiten Schritt werden dann im Laufe der Zeit Erfahrungen in diesen Märkten gesammelt, die zu Wissen über sie und ihre Gegebenheiten führen. Dies wiederum legt den Grundstein für eine wachsende Bereitschaft, in Ländern einzutreten, die auf der Kette der psychischen Distanz weiter entfernt sind, also als fremder empfunden werden. Im oben genannten Beispiel wären dies etwa Länder wie Griechenland oder Portugal.[154]

Der zweite Aspekt der Theorie von Uppsala ist das *Modell der Internationalisierung*, welches eng mit der Kette der psychischen Entfernung verbunden ist. Der Fokus dieses Modells, welches in Abbildung 2.5 schematisch dargestellt ist, liegt auf der Entwicklung des Unternehmens und vor allem auf dem allmählichen Erwerb von Wissen über den ausländischen Markt. Hierdurch nimmt das Marktengagement schrittweise zu. Die Grundannahme des Modells ist, dass das Fehlen von spezifischem Marktwissen eine Hürde für den Internationalisierungsprozess darstellt. Das zur Überwindung erforderliche Wissen kann praktisch nur durch Aktivitäten im Ausland erlangt werden.

Abbildung 2.5: Modell der Internationalisierung

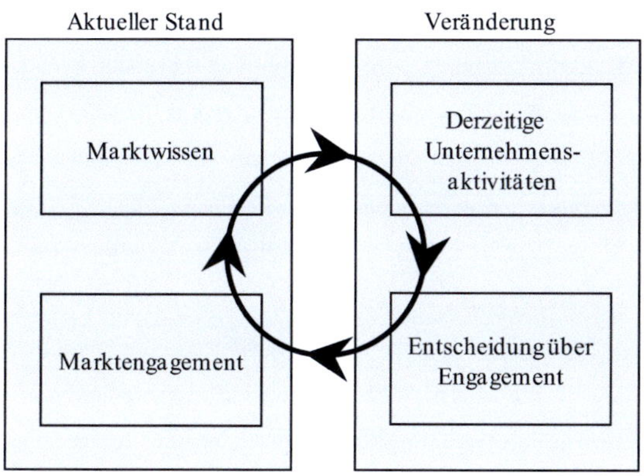

Quelle: Eigene Darstellung in Anlehnung an Johanson und Vahlne (1977), S. 26

[154] Vgl. [Johanson & Vahlne (1977), S. 24]; [Johanson & Wiedersheim-Paul (1975), S. 17 f.]

Das Modell der Internationalisierung ist in zwei Bereiche unterteilt, nämlich den *aktuellen Stand* der Internationalisierung sowie damit einhergehende *Veränderungen*[155]. Der erste Bereich beinhaltet das aktuelle *Marktwissen* über das Auslandssegment sowie *Marktengagement* in Form von Ressourceneinsatz im Ausland. Der Systematisierung zufolge beeinflussen diese beiden Faktoren den zweiten Bereich mit den *derzeitigen Unternehmensaktivitäten* sowie *Entscheidungen über Engagements* in weiteren übernationalen Märkten. Die beiden Faktoren des Blocks Veränderung beeinflussen wiederum die des aktuellen Stands. Es sind also alle vier Faktoren der beiden Bereiche miteinander verbunden und üben aufeinander Einfluss aus.[156] Beide Teile des Modells werden nachfolgend näher erläutert.[157]

1. Aktueller Stand: Marktengagement & Marktwissen

Die Intensität des *Marktengagements* ist sowohl von der Quantität des Ressourceneinsatzes als auch von seiner Zielgerichtetheit abhängig, sprich wie sehr die Ressourcen auf das ausländische Marktsegment zugeschnitten sind. Die hier angesprochene Spezifität von Ressourcen nimmt zu, je schwieriger es ist, diese in einem alternativen Markt einzusetzen. Die Entscheidung über ein Auslandsengagement ist sehr stark vom *Marktwissen* abhängig. Je mehr Vorkenntnis über den Zielmarkt bereits vorhanden ist, desto eher wird eine Firma dazu geneigt sein, sich in diesem zu betätigen. Das Erlangen von Wissen durch Erfahrung wird im Modell als einer der wichtigsten Faktoren für das Auslandsengagement angesehen. Diese Art von Kenntnis ist von Land zu Land unterschiedlich und daher nicht übertragbar. Bei Aktivitäten im Heimatmarkt kann das Unternehmen auf seine lebenslange Erfahrung zurückgreifen. Deren Ausweitung auf das Ausland ist jedoch nicht möglich, da sie sehr landesspezifisch ist. Unter diesen Umständen muss Wissen in einem zeitaufwändigen Prozess durch das Sammeln von Erfahrungen im neuen Land erlangt werden. Obwohl der Erwerb von Wissen schwierig ist, hat es den Vorteil, dass es ein Unternehmen in die Lage versetzt, Chancen sowie Probleme im Markt zu erkennen und darauf adäquat zu reagie-

[155] Im englischen Originaltext wird der aktuelle Stand als 'state aspects' bezeichnet und beinhaltet die Faktoren 'market knowledge' sowie 'market commitment'. Der Bereich Veränderung heißt 'change aspect' und ist unterteilt in 'commitment decisions' und 'current activities'. Siehe hierzu [Johanson & Vahlne (1977), S. 26]

[156] Vgl. [ebd., S. 23, 26 f.]

[157] Siehe hierzu [ebd., S. 27-30]

ren. Dies wiederum hat positiven Einfluss auf die Entscheidung über das Marktengagement.

2. *Veränderung: Derzeitige Unternehmensaktivitäten & Entscheidung über Engagement*
Erfahrung wird, wie eben erläutert, hauptsächlich durch die *derzeitigen Unternehmensaktivitäten* erworben. Erkenntnisse, die hauptsächlich aus momentan durchgeführten Aktivitäten erlangt werden, sind umso wichtiger, je produktbezogener das Unternehmenskonzept ist und je weniger es marktspezifisches Wissen erfordert. Ist jedoch die Interaktion mit dem Markt und Erfahrung in diesem, wie beispielsweise bei Marketingaktivitäten, von großer Bedeutung, so sollte überlegt werden, Personen mit Marktkenntnis einzustellen oder auf die Hilfe externer Dritter zurückzugreifen. Dies kann das Erlangen von Marktwissen beschleunigen. Die *Entscheidung über ein Engagement* im Ausland stellt den Beschluss dar, Ressourcen für grenzüberschreitende Geschäftstätigkeiten bereitzustellen, um dort eine erkannte Chance zu ergreifen. Hierfür ist Firmen- sowie Marktwissen gefordert, da ansonsten die sich ergebenden Gelegenheiten nicht erkannt werden.

Der dritte Bestandteil des Uppsala-Modells ist die *Kette der Marktetablierung*. Ihr zufolge stellt Internationalisierung einen inkrementellen Lernprozess dar, während dessen sich Unternehmen auf der Kette nach oben vorarbeiten, d.h. (das heisst) aufwändigere Markteintrittsstrategien wählen. Zu Beginn des Internationalisierungsprozesses betreiben Firmen laut Theorie keinen regelmäßigen Export. Hierauf folgt der Export durch externe Vertreter, bis eine Vertriebsfiliale und zuletzt eine Betriebsstätte im Ausland eröffnet werden. Diese Abfolge ist in Abbildung 2.6 dargestellt

Die Aussage dieses Konzepts ist, dass ein Unternehmen zu Beginn der Unternehmenstätigkeit in einem neuen Markt eine weniger riskante Markteintrittsstrategie wählt. Je mehr Wissen es im Zeitverlauf durch Erfahrung sammelt, desto mehr steigt die Bereitschaft zu mehr Engagement sowie zu einer riskanteren und ressourcenaufwändigeren Marktbearbeitungsstrategie. Dies stellt einen sich selbst verstärkenden Prozess dar, da höhere Markteintritts- und Bearbeitungsformen dem Unternehmen zu mehr Informationen über den Markt verhelfen und damit das Sammeln von Erfahrungen erleichtern. Hierdurch steigt wiederum die Bereitschaft zu mehr Markteinsatz.[158]

Abbildung 2.6: Kette der Marktetablierung

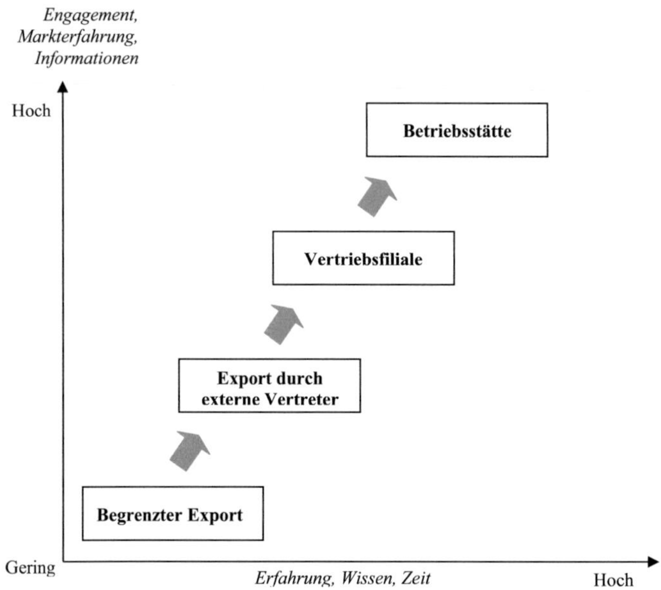

Quelle: Eigene Darstellung in Anlehnung an Johanson & Vahlne (1977), S. 24; Johanson & Wiedersheim-Paul (1975), S. 17

2.2.4.2 Weiterführende Forschung

Das Uppsala-Modell wurde nicht nur von zahlreichen Wissenschaftlern untersucht, sondern auch verifiziert.[159] Ein Beispiel hierfür ist die empirische Studie von Arenius (2005). Diese betrachtet neugegründete, finnische Softwarefirmen, wobei sich herausstellt, dass zunehmende psychische Entfernung zum Zielmarkt negative Auswirkung auf

[158] Vgl. [Johanson & Vahlne (2003), S. 90]; vgl. [Johanson & Vahlne (1977), S. 24]; vgl. [Johanson & Wiedersheim-Paul (1975), S. 17 f.]

[159] Vgl. [Tsang (1999), S. 92-99]; vgl. [Eriksson, Johanson et al. (1997), S. 348 f.]; vgl. [Barkema, Bell et al. (1996), S. 152-165]; vgl. [Johanson & Wiedersheim-Paul (1975), S. 28-30]

die Marktpenetration hat.[160] Erramilli und Srivastava (1999) gelingt es des Weiteren die Bedeutung des Konzepts der psychischen Distanz bei amerikanischen Dienstleistungsfirmen sowie multinationalen südkoreanischen Unternehmen nachzuweisen.[161]

Trotz der Fülle an positiven Revisionen gibt es jedoch auch kritische Stimmen. Whitelock (2002) merkt beispielsweise an, dass die Theorie sich zu sehr auf das internationalisierende Unternehmen selbst fokussiert und dabei wichtige externe Aspekte wie etwa Marktkräfte, Umwelteinflüsse oder Handlungen von Wettbewerbern außer Acht lässt.[162] Delios und Henisz (2003) zeigen die Notwendigkeit auf, das Modell im Hinblick auf politische Unterschiede zu erweitern. Ansonsten ergibt sich ihrer Ansicht nach der Fehlschluss, dass der Markteintritt in ein politisch stabiles Land wie Singapur ebenso riskant wie der in Indonesien sei.[163] Überdies weisen Erramilli und Srivastava (1999), trotz ihrer positiven Befunde, auf die Notwendigkeit einer Erweiterung des Uppsala-Modells hin. Ihrer Überzeugung nach erklärt die Theorie hauptsächlich den Beginn des Internationalisierungsprozesses. In diesem Stadium hat das Unternehmen keine oder nur wenig Erfahrung mit dem Auslandsmarkteintritt. In späteren Phasen jedoch gewinnen Faktoren wie die wirtschaftliche Situation im Zielland an Bedeutung. Diese Veränderung der Gewichtung der Einflussfaktoren wird vom Modell jedoch vernachlässigt.[164]

Abgesehen von den oben erwähnten Untersuchungen konzentrieren sich die meisten Studien jedoch entweder auf die Kette der psychischen Erfahrung[165] oder der Marktetablierung. Axinn und Matthyssens (2001) argumentieren beispielsweise, dass das Konzept der psychischen Distanz an Bedeutung verloren hat, da Informationen im Telekommunikationszeitalter einfacher, schneller und kosteneffizienter zu erhalten sind. Überdies ist es ihrer Ansicht nach vor allem für Firmen aus den Hochtechnologiesekto-

[160] Vgl. [Arenius (2005), S. 116 f., 120-129]

[161] In ihrem Artikel untersuchen Erramilli und Srivastava (1999) das Verhalten von südkoreanischen multinationalen Firmen bezüglich ihrer ausländischen Direktinvestitionsstrategie. [Erramilli & Srivastava (1999), S. 36, 41-43]; In seinem im Jahre 1991 erschienenen Artikel zeigt Erramilli anhand einer Untersuchung von international tätigen amerikanischen Dienstleistungsunternehmen, dass die psychische Entfernung eine wichtige Rolle bei der Internationalisierung spielt [Erramilli (1991), S. 485, 489-451]

[162] Vgl. [Whitelock (2002), S. 344 f.]

[163] Delios und Henisz (2003) untersuchen bei 1.898 japanischen Firmen aus der verarbeitenden Industrie den Einfluss von politischem Risiko auf den Internationalisierungsprozess [Delios & Henisz (2003), S. 1156-1163]

[164] Vgl. [Erramilli & Srivastava (1999), S. 41 f.]

[165] Vgl. [Osarenkhoe (2009), S. 304-308]; vgl. [Arenius (2005), S. 127-129]; vgl. [O'Donnell, Gilmore et al. (2000), S. 16-22]

ren überlebensnotwendig, den Prozess des Erfahrungs- und Wissenserwerbs abzukürzen, um mit dem Wettbewerb mithalten zu können.[166] Ein Kritikpunkt bezüglich der Kette der Marktetablierung von Andersen (1993) ist die ungenaue Beschreibung dessen, wie sich ein Unternehmen auf der Kette vorwärts bewegt.[167] Des Weiteren befanden mehrere Wissenschaftler das Konzept für gewisse Industrien und Märkte als nicht zutreffend.[168]

2.2.5 Netzwerktheorie

Eine weitere Herangehensweise an die Erklärung des Internationalisierungsprozesses von Unternehmen stellt die Netzwerktheorie dar. Dieser liegt die Auffassung zugrunde, dass die formellen und informellen Beziehungen zwischen Firmen in einem Netzwerk ausschlaggebend für deren Internationalisierung sind. Dieser Ansatz weist im Vergleich zu den vier bereits ausgeführten Theorien einen alternativen Zugang zum Prozess der Internationalisierung auf. Das Hauptaugenmerk der Netzwerktheorie liegt nicht vorrangig auf der zu wählenden Markteintrittsmethode, sondern darauf, die Rolle und den Einfluss, den soziale Beziehungen bei geschäftlichen Transaktionen haben, herauszustellen. Verglichen mit dem Uppsala-Modell kann sich gemäß der Netzwerktheorie der Markteintrittsprozess zwar ebenfalls über einen längeren Zeitraum erstrecken, ist jedoch das Resultat von Beziehungen zu anderen Wirtschaftseinheiten im heimischen sowie im ausländischen Netzwerk.[169] Das Konzept von wirtschaftlichen Netzwerken, auch Cluster genannt, sowie deren Bedeutung für die Internationalisierung einzelner Unternehmen des Netzwerkes wird im nachfolgenden Kapitel dargestellt.

[166] Vgl. [Axinn & Matthyssens (2001), S. 443 f.]
[167] Vgl. [Andersen (1993), S. 223]
[168] Boguns (2008) Ergebnisse beziehen sich auf Wirtschaftssysteme, die im Begriff sind, sich von der Zentralwirtschaft zur Marktwirtschaft hin zu entwickeln. Sie zeigen, dass das Konzept der Marktetablierungskette nur auf Firmen zutrifft, die aus der Zentralwirtschaft kommen und in den freien Markt internationalisieren. Andersherum jedoch greift das Konzept nur sehr bedingt. [Bogun (2008), S. 65 f., 69]; Untersuchungen bei Dienstleistungsunternehmen zeigen, dass die Marktetablierungskette weder ihr Vorgehen bei Markteintritt noch bei der darauffolgenden Marktbearbeitung erklärt [Sanchez-Peinado, Pla-Barber et al. (2007), S. 85 f.]; Untersuchung anhand von finnischen Firmen mit Vertriebs- oder Produktionsstätten in Deutschland zeigen, dass vor allem solche mit hochtechnologischen Produkten nicht der vorgeschlagenen Abfolge der Markteintrittsmethoden folgen. Sie bevorzugten, um ihren Wettbewerbsvorteil zu schützen, die sofortige Etablierung eigener Auslandsdependancen [Björkman & Eklund (1996), S. 38 f., 52]; Turnbull (1987) befindet die Kette der Marktetablierung als nicht zutreffend für britische Unternehmen aus den Bereichen für Schifffahrtsdieselmotoren, Motorkomponenten sowie Telekommunikationsanlagen [Turnbull (1987), S. 175-184]
[169] Vgl. [Coviello & Martin (1999), S. 44 f.]

2.2.5.1 Zugrunde liegende Theorie

In der Literatur finden sich verschiedene Strömungen, die versuchen, das Phänomen von wirtschaftlichen Netzwerken, die alternativ auch als Cluster bezeichnet werden, zu erklären. Der Netzwerkbegriff hat seinen Ursprung in der Soziologie mit Johanson und Mattson (1988)[170] als Hauptvertreter.[171] Es wird hierbei vor allem auf die sozialen Beziehungen, die die unterschiedlichen Wirtschaftssubjekte im Netzwerk miteinander verbinden, abgestellt. Die Clustertheorie im Vergleich betrachtet diese Firmenverbunde aus einer ökonomischen Perspektive. Der Begriff Cluster entspringt größtenteils dem Gebiet der Wettbewerbsstrategie und wurde maßgeblich von Porter (1990) geprägt.[172] Auf Grund der Tatsache, dass es einerseits keine einheitliche Definition für wirtschaftliche Netzwerke bzw. Cluster gibt, die Bedeutungen beider Begriffe sich aber stark überschneiden, und in dieser Arbeit sowohl der ökonomische wie auch der soziale Aspekt dieses Phänomens beleuchtet werden soll, werden beide Schulen berücksichtigt.[173] Zunächst soll anhand einer Definition von Porter (2000) erläutert werden was einen Cluster ausmacht und wo die Vorteile für seine Mitglieder liegen. Nachdem dieses Grundverständnis gelegt ist, wird in einem zweiten Schritt die Wichtigkeit von sozialen Beziehungen und Interaktionen beleuchtet und dargelegt, wie diese Konstellation in Netzwerken die Internationalisierung der Mitglieder beeinflusst.

Nach Michael Porter (2000) sind Cluster folgendermaßen zu definieren:

> „A cluster is a geographically proximate group of interconnected companies and associated institutions in a particular field, linked by commonalities and complementarities. The geographic scope of a cluster can range from a single city or state to a country or even group of neighboring countries. Clusters take varying forms depending on their depth and sophistication, but most include end product and service companies; suppliers of inputs … and firms in related industries. … Clusters also often involve a number of institutions, governmental and otherwise, that provide specialized training, education, information, research, and technical support ….„[174]

[170] Vgl. [Forsgren, Hägg et al. (1995), S. 20-25]

[171] Vgl. [Mattson & Johanson (2004), S. 269]; vgl. [Johanson & Mattsson (1988), S. 309-316]

[172] Vgl. [De Martino, Reid et al. (2006), S. 4]; vgl. [Porter (1990), S. 73-93]

[173] Vgl. [Brown, Burgess et al. (2007), S. 4, 6, 10]; vgl. [Pickernell, Rowe et al. (2007), S. 341 f.]; vgl. [Boschma (2004), S. 1001-1014]

[174] [Porter (2000), S. 245]

Aus dieser Definition lässt sich schließen, dass es sich bei einem Cluster um eine alternative Organisationsvariante der Wertschöpfungskette handelt, da diese von einer Organisation auf das Netzwerk verteilt wird.[175] Beispiele für Cluster in Deutschland sind das Automobil- oder Werkzeugmaschinencluster in Stuttgart, das Druckerpressencluster in Heidelberg, oder das Messercluster in Solingen.[176] Wirtschaftliche Netzwerke dieser Art bringen eine ganze Reihe von Vorteilen mit sich, die sie gegenüber der Konkurrenz überlegen machen und somit ihr Überleben sichern. Ein solcher Aspekt ist das gegenseitige Vertrauen zwischen den Clustermitgliedern, gefördert durch die geografische Nähe sowie den kontinuierlichen Austausch. Dies erleichtert den Transfer von Informationen und verstärkt die Zusammenarbeit.[177] Ein zweiter Vorteil ist der vereinfachte Zugang zu gut ausgebildetem Personal sowie spezialisierten Zulieferern. Überdies erhöhen öffentliche Institutionen wie Universitäten, die Teil eines Clusters sind, seine Innovationskraft. Ein weiterer positiver Aspekt ist, dass Mitgliedsunternehmen häufig, bedingt durch den intensiven Konkurrenzkampf innerhalb des Clusters, sehr produktiv und innovativ sind und daher eine Vorreiterrolle in ihrer Branche einnehmen.[178]

Im Unterschied zum Ansatz von Porter (1998) liegt das Hauptaugenmerk der Netzwerktheorie auf den sozialen, sich laufend verändernden Beziehungen der Verbandsmitglieder. Um sich als Akteur in einem Netzwerk zu etablieren, müssen neue Beziehungen zu Mitgliedern geknüpft und alte eventuell gekappt werden. Das gleiche Prinzip gilt für bereits etablierte Teilnehmer, die jedoch ihre Position, die sie gegenwärtig vis-à-vis anderen Mitgliedern einnehmen, verändern wollen.[179] Dieser Prozess der strategischen Positionierung ist auch der Leitgedanke der Internationalisierungstheorie nach dem Netzwerkansatz von Johanson und Mattson (1988). Die grundlegende Annahme ist, dass Unternehmen während des Internationalisierungsprozesses Beziehungen zu Mitgliedern passender ausländischer Netzwerke etablieren und ausbauen. Diese Form der internationalen Positionierung eines Unternehmens kann durch dreierlei Maßnahmen erreicht werden: Erstens kann eine Firma sich in einem für sie komplett

175 Vgl. [Porter (1998), S. 79]

176 Vgl. [Porter (1991), S. 178-180]

177 Vgl. [Porter (1998), S. 80]

178 Vgl. [Andersson, Serger et al. (2001), S. 13]; vgl. [Porter (2000), S. 259-262]; vgl. [Porter (1998), S. 79-82]; vgl. [Porter (1990), S. 80]

179 Vgl. [Forsgren, Hägg et al. (1995), S. 20-25]; vgl. [Hakansson & Johanson (1992), S. 153-155]; vgl. [Johanson & Mattsson (1987), S. 35-38]

neuen ausländischen Netz positionieren. Zweitens steht einem Unternehmen, das bereits in ein solches Netzwerk im Ausland eingebunden ist, die Möglichkeit offen, die derzeitige Position durch das Stärken von Beziehungen sowie einen vermehrten Ressourceneinsatz zu verbessern. Drittens können die Positionen in unterschiedlichen ausländischen Netzen stärker miteinander verzahnt werden. Der Internationalisierungsgrad eines Unternehmens lässt also darauf schließen, in welchem Ausmaß es Positionen in Netzwerken anderer Länder einnimmt. Nach der Netzwerktheorie kann jedoch nicht nur ein Unternehmen mehr oder minder international aufgestellt sein, sondern auch das Netzwerk selbst. Ein hoher Internationalisierungsgrad bedeutet in diesem Fall, dass gut ausgebildete Beziehungen zwischen den unterschiedlichen nationalen Teilen eines globalen Netzwerkes bestehen. Findet jedoch wenig Austausch zwischen den Verbunden der unterschiedlichen Länder statt, so ist von einem niedrigen Internationalisierungsgrad auszugehen. Bei Betrachtung des Internationalisierungsgrades des gesamten Netzwerkes einerseits sowie eines einzelnen Mitgliedes andererseits, ergeben sich vier unterschiedliche Internationalisierungskombinationen: Die Anfangsphase, das einsame internationale Unternehmen, das Nachzüglerunternehmen, das internationale Unternehmen im Kreis von anderen.[180] Diese Kombinationen sind in Abbildung 2.7 illustriert und werden nachfolgend näher erläutert.[181]

Abbildung 2.7: Die vier Internationalisierungskonstellationen der Netzwerktheorie

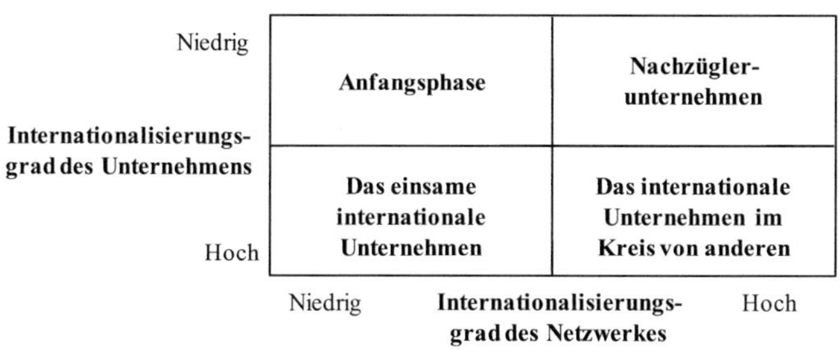

Quelle: Eigene Darstellung in Anlehnung an Johanson & Mattson (1988), S. 310

[180] Im englischen Ursprungstext von Johanson und Mattson (1988) heißen die vier Kombinationen 'the early starter, the lonly international, the late starter, the international among others'. Siehe hierzu [Johanson & Mattsson (1988), S. 309-316]

[181] Für die folgende Erläuterung zu den vier Internationalisierungskonstellationen siehe [ebd., S. 309-316]

1. Anfangsphase

Bei dieser Konstellation haben sowohl das zu betrachtende Unternehmen als auch die anderen Mitglieder des Netzwerkes, sprich das Netzwerk selbst, nur wenig Kontakt mit Firmen in ausländischen Netzen. Das heißt, dass das Unternehmen kaum Erfahrung mit Märkten in anderen Ländern hat und es auch nicht auf bereits bestehende internationale Beziehungen des Heimatnetzwerkes zurückgreifen kann. Unter diesen Umständen spielen Größe und Ressourcenausstattung des Unternehmens eine bedeutende Rolle, da die Aufnahme von Auslandstätigkeiten Ressourcen für Erfahrungs- und Wissensaufbau sowie Anpassung an die lokalen Gegebenheiten benötigt. Die Netzwerktheorie stimmt in diesem Fall mit der Annahme des Uppsala-Modells überein, welches davon ausgeht, dass zuerst in bekanntere Märkte mit Hilfe von indirektem Export vorgedrungen wird. Das internationalisierende Unternehmen kann somit zu Beginn von den Beziehungen des Exportagenten profitieren. Es kann somit größeren Investitionen und Bemühungen um eigene Kontakte im ausländischen Markt ausweichen, bis es das Verkaufsvolumen rechtfertigt.

2. Das einsame internationale Unternehmen

Wie ändert sich die eben beschriebene Situation, wenn das Unternehmen bereits international aufgestellt ist, nicht jedoch das heimische Netzwerk? In dieser Konstellation hat die Firma den Vorteil, dass sie höchstwahrscheinlich, bedingt durch die bereits gesammelte internationale Erfahrung, ein großes Repertoire an Ressourcen für den nötigen Anpassungsprozess an neue Gegebenheiten im Ausland besitzt. Überdies fällt das Eindringen in ausländische Netzwerke leichter, da Erfahrung und Ressourcenausstattung das Unternehmen in die vorteilhafte Position versetzen, es sich erlauben zu können, größere Investitionen zu tätigen, um sich in einem neuen Netzwerk aufzustellen. Beispielsweise kann das Unternehmen Beziehungen mit Mitgliedern des zu penetrierenden Netzwerkes aufbauen und ihnen im Gegenzug Zugang zu seinem heimischen verschaffen. Auf diese Weise kann auch dieses profitieren und erste internationale Kontakte aufbauen. Um die Vorzüge, die ein solches Unternehmen besitzt, voll ausschöpfen zu können, ist es wichtig, die Aktivitäten in den unterschiedlichen internationalen Netzwerken durch internationale Integration zu koordinieren.

3. Das Nachzüglerunternehmen

Im Falle des Nachzüglerunternehmens ist zwar das Netzwerk, sprich die anderen Mitglieder, bereits international vertreten, jedoch nicht das zu betrachtende Unternehmen. Dies heißt jedoch keineswegs, dass es überhaupt keine grenzüberschreitenden Kontakte hat. Diese sind jedoch nur indirekter Natur, da seine Lieferanten und Kunden bereits international vernetzt sind. Die bestehenden Verbindungen im nationalen Netzwerk sind für ein solches Unternehmen der Schlüssel zur Internationalisierung. Das Nachzüglerunternehmen sollte selbst aktiv werden und die indirekten Kontakte in direkte verwandeln. Es kann sich jedoch wegen seines späten Internationalisierungsstarts dazu gezwungen sehen, direkt in entfernte Märkte zu gehen, da die naheliegenden bereits in fester Hand sind. Häufig wird das Unternehmen jedoch nicht von selbst aktiv, sondern von seinen lokalen Kunden dazu aufgefordert bzw. diese verlangen, mit ihnen im Ausland tätig zu werden. Dieses Phänomen wird auch als 'follow customer', dem Kunden folgen, oder Huckepack-Strategie bezeichnet. Es tritt häufig in Industrien mit mächtigen Originalherstellern[182] auf. Ein prominentes Beispiel hierfür ist die Automobilindustrie. Es gibt zwei Hauptgründe für das vermehrte Auftreten dieser Konstellation. Erstens eine immer intensivere Auslagerung von Produktionsschritten, weg vom Originalhersteller und hin zum Zulieferer oder Dienstleister und zweitens die vermehrte Produktion im Ausland. Im Falle von „follow customer“ trifft laut Netzwerktheorie das Uppsala-Modell nur begrenzt zu, da meist nicht erst in naheliegende Märkte internationalisiert, sondern dem Kunden dorthin gefolgt wird, wo dieser hingeht. Auch die Entscheidung über die zu wählende Markteintrittsform wird vom Kunden mitbestimmt. Hat dieser beispielsweise vor, im Ausland zu produzieren, wird er die Forderung stellen, dass das ihm folgende Unternehmen es ihm gleich tut, um z.B. einen reibungsfreien Produktionsablauf zu gewährleisten.[183] Ein Nachzüglerunternehmen ist durch die späte Aufnahme der ausländischen Unternehmenstätigkeiten und Etablierung in einem Netzwerk einigen Nachteilen ausgesetzt. Geringere Markterfahrung vis-à-vis seinen Konkurrenten wäre ein solcher. Außerdem ist es auch meist schwierig, sich in einem bereits etablierten Netzwerk zu positionieren. Beispielsweise ist es möglich, dass die besten Zulieferer bereits mit der Konkurrenz zusammenarbeiten oder staatliche Lizenzen vergeben sind. Durch ruinöse Preisunterbietung können größere, bereits ansässige Ri-

182 Der Begriff Originalhersteller steht hier für 'original equipment manufacturer' (OEM).

183 Vgl. [Gerlach & Brussig (2004), S. 99-106]; vgl. [Schmidt, Menke et al. (1995), S. 25]

valen das Geschäftsmodell des Nachzüglers unprofitabel machen. Im Vergleich zu einem Unternehmen in der Anfangsphase hat es jedoch den Vorteil, dass die Kunden bereits an ausländische Produkte gewöhnt sind und diesen nicht mit Vorbehalten entgegentreten.

4. *Das internationale Unternehmen im Kreis von anderen*
   Im vierten und letzten Fall sind sowohl das Unternehmen wie auch sein Heimatnetzwerk international aufgestellt. Die Koordination der unterschiedlichen Auslandsaktivitäten ist in diesem Szenarium die höchste Priorität. Dies kann es möglich machen, freie Produktionskapazitäten in einem Markt für einen anderen zu nutzen. Überdies kann die Spezialisierung einzelner Länder auf bestimmte Produktionsschritte zu einer Effizienzsteigerung führen. Ein wichtiger Aspekt für diese Art von Unternehmen ist die strategische Positionierung. Die meisten Konkurrenten des internationalen Unternehmens im Kreis von anderen sind ebenfalls übernational aufgestellte Firmen und die Netzwerke, in denen sie operieren, straff organisiert. Dies hat zur Folge, dass Positionsveränderungen einzelner Firmen im Netzwerk hauptsächlich durch JVs, Akquisitionen oder Zusammenschlüsse zu erreichen sind.

2.2.5.2 Weiterführende Forschung

In der Literatur gibt es einige Stimmen, die den positiven Einfluss von Clusterbildung auf die Mitgliedsunternehmen anzweifeln. Al-Laham und Souitaris (2008) kamen beispielsweise zu dem Ergebnis, dass die Internationalität eines Clusters sowie die Zusammenarbeit mit staatlichen Forschungseinrichtungen zwar als positiv zu werten sind, jedoch deren Anzahl und Mannigfaltigkeit keinen signifikanten Effekt haben.[184] Huggins (2000) betont, dass Austausch und Interaktion im Cluster nur zu Stande kommt, wenn vorher eine Vertrauensgrundlage geschaffen wurde.[185] Des Weiteren merken Wissenschaftler an, dass Clusterbildung alleine nicht die Innovationskraft der Teilnehmer fördert. Dies geschieht nur, wenn viele von sich aus innovative Firmen Teil

[184] Al-Laham und Souitaris (2008) untersuchen 853 deutsche Firmen aus dem Biotechnologiesektor [Al-Laham & Souitaris (2008), S. 575, 582]

[185] Huggins (2000) untersucht anhand verschiedener Netzwerke im Vereinigten Königreich, unter welchen Umständen diese erfolgreich sind [Huggins (2000), S. 116 f., 132]

des Clusters sind.[186] Nach Lee (2009) ist die Mitgliedschaft in einem Cluster für hochtechnologische Firmen sogar meist von Nachteil, da zwar andere Unternehmen von ihrem Wissen profitieren, diese jedoch wenig im Ausgleich zurückgeben können.[187] Weitere Forscher weisen auf potenzielle Risiken hin, die mit der Netzwerkbildung einhergehen können. Beispiele hierfür sind die Gefahr von Trittbrettfahrern, Überspezialisierung der Unternehmen im Netzwerk oder das Aufkommen von Selbstgenügsamkeit.[188]

Diese Kritikpunkte am Netzwerkkonzept lassen die Frage aufkommen, ob nicht auch der Prozess der Internationalisierung auf diese eben aufgezeigten Schwachstellen hin zu untersuchen ist. Studien, die sich direkt mit dem Internationalisierungsmodell der Netzwerktheorie beschäftigen, sind jedoch rar. Axelsson und Johanson (1992) untersuchen anhand von Fallstudien mit schwedischen Firmen das Zutreffen der Theorie in der Praxis. Sie bestätigen hierbei drei der vier Konstellationen, nämlich die Anfangsphase, das Nachzüglerunternehmen sowie das internationale Unternehmen im Kreis von anderen.[189]

2.2.6 Resümee – Prozess der Internationalisierung

Das Ziel von Kapitel 2.2 war es, Theorien vorzustellen, die sowohl versuchen, den Prozess der Internationalisierung zu erklären, als auch Aussagen über die zu wählende Markteintrittsstrategie machen. Speziell bei den mikroökonomischen Ansätzen, die von der Homo-oeconomicus-Prämisse und vollständiger Markttransparenz ausgehen, ist zu hinterfragen, wie realistisch diese Vorannahmen sind und ob sich diese negativ auf deren praktische Anwendbarkeit auswirken. Des Weiteren ist zu bemängeln, dass die vorgestellten Theorien, außer dem Uppsala-Modell, kaum auf organisationales Lernen eingehen, obwohl in der Literatur bekannt ist, dass dies ein wichtiger Aspekt für die

---

[186] Die Studie über Cluster aus Italien und dem Vereinigten Königreich von Beadry und Breschi (2003) hat zum Ziel zu untersuchen, ob Firmen, die in einem Cluster angesiedelt sind, per se innovativer sind [Beaudry & Breschi (2003), S. 330-332, 339]

[187] Ziel der Untersuchung von Lee (2009) ist es herauszufinden, ob Firmen in einem Cluster mehr in F&E investieren. Dies wurde anhand von Daten der Weltbank zu verschiedensten Ländern und Industrien analysiert [Lee (2009), S. 1170]

[188] Palazuelos (2005) untersucht, welche Faktoren zum Erfolg eines Netzwerkes führen [Palazuelos (2005), S. 138]; Andersson, Serger et al. (2001) weisen auf unterschiedliche Risikoarten bei Clusterinitiativen hin [Andersson, Serger et al. (2001), S. 13]

[189] Vgl. [Axelsson & Johanson (1992), S. 200-207]

Entwicklung von Unternehmen darstellt. Auch wird der Umgang mit Nichtwissen, also die Vorgehensweise in völlig unbekannten Situationen wie etwa der Erschließung neuer, ausländischer Märkte, von allen Theorien vollständig außer Acht gelassen.

2.3 Theorien der internationalen Unternehmenstätigkeit

Wie soll sich ein Unternehmen aufstellen und organisieren, um erfolgreich zu sein, nachdem es den Schritt hin zur Internationalisierung gewagt hat? Die Beantwortung dieser Frage ist das Ziel der Theorien, die zum Gegenstand die internationale Unternehmenstätigkeit haben. Sie beschäftigen sich mit der optimalen internationalen Aufstellung, Organisation und Koordination. Von besonderer Bedeutung für diese Ansätze ist das jeweils zugrunde liegende Globalisierungsverständnis bzw. die Auffassung darüber, wie sich die Globalisierung auf die Märkte, Kunden und ihr Verhalten auswirkt. Basierend auf dieser Grundannahme, welche teilweise stark variiert, werden Empfehlungen zur strategischen Ausrichtung des Unternehmens gegeben. Levitt (1983) postulierte beispielsweise in seinem Artikel „the globalization of markets", dass durch die fortschreitende Globalisierung eine Vereinheitlichung der Kundenwünsche weltweit zu beobachten sein wird.[190] Er prophezeite das Aufkommen eines globalen Marktes für standardisierte Produkte und rief Unternehmen daher dazu auf, sich vom Gedanken der nationalen Unterschiede zu verabschieden. Vielmehr betonte er die Notwendigkeit, zu standardisieren und durch Skaleneffekte die Produktionskosten niedrig zu halten. Ende der 80er Jahre trat ein weiterer Wissenschaftler mit einer gegenläufigen These ins Licht der Öffentlichkeit. Ohmae (1989) argumentierte, dass die von Levitt (1983) vorgeschlagene Produktstandardisierung über Märkte hinweg nur in Einzelfällen möglich sei. Er riet Unternehmen stattdessen dazu, ihre Güter auf die in der Triade Europa, USA und Japan herrschenden unterschiedlichen Kundenbedürfnisse anzupassen. [191] Die Beispiele von Levitt (1983) und Omae (1989) bestätigen, was in der Einleitung bereits aufgezeigt wurde. Bis heute gibt es weder ein einheitliches Verständnis für Globalisierung noch einen Konsens darüber, welche Veränderungen sie mit sich bringt. Daher muss bei den nachfolgenden Theorieansätzen die jeweilige Auffassung hierüber mit in Betracht gezogen werden.

---

[190] Vgl. [Levitt (1983), S. 92 f.]
[191] Vgl. [Ohmae (1989), S. 152-156, 161]

Zur Erklärung der internationalen Unternehmenstätigkeit gibt es viele verschiedene theoretische Zugänge.[192] In der Literatur wird jedoch hauptsächlich zwischen kontingenz- und fähigkeitsorientierten Ansätzen unterschieden. Die vorliegende Arbeit folgt dieser Unterteilung und stellt häufig aufgeführte Vertreter beider Seiten vor, die das Potenzial haben, für Familienunternehmen von Bedeutung zu sein. Kontingenzansätze gliedern die Unternehmensumwelten in verschiedene Gruppen. Ihren Charakteristika entsprechend werden diesen verschiedene Strategievarianten zugeordnet. Laut Engelhard und Dähn (199) wird trotz „variierender Gewichtung, Auswahl und Spezifizierung sowohl der Umweltelemente als auch der internationalen Strategie .. innerhalb dieser Ansätze grundsätzlich eine gewisse Eignung einer bestimmten Unternehmensstrategie für eine Umweltsituation unterstellt."[193] So auch bei dem EPG-Konzept sowie dem Anordnungs- und Koordinationsmodell, welche in den nachfolgenden Unterkapiteln erläutert werden. Nachteilig an den Kontingenzansätzen ist, dass sie die Umwelt sowie die strategischen Optionen sehr stark vereinfacht darstellen. Aus diesem Kritikpunkt haben sich die fähigkeitsorientierten Ansätze entwickelt. Ihre Vertreter fordern, „auf eine Strukturierung der widersprüchlichen, dabei ineinander verwobenen Realitätsausschnitte zu verzichten und sie stattdessen in ihrem unüberschaubaren Umfang als wettbewerbsentscheidende Herausforderung für die Fähigkeit des Managements zu betrachten."[194] Ziel dieser Theorien ist es daher, spezifische Fähigkeiten im Unternehmen aufzubauen, welche die unterschiedlichen Führungsebenen dazu befähigen, mit der Komplexität der Umwelt umzugehen.[195] In dieser Arbeit werden als prominente Vertreter dieser Schule das transnationale Organisationsmodell sowie das AAA-Dreieck betrachtet.

2.3.1 EPG-Konzept

Die wissenschaftliche Diskussion zu internationalen Strategien wurde zu großen Teilen vom Aufkommen multinationaler Unternehmen (MNU) in der Nachkriegszeit geprägt. Es finden sich in der Literatur unterschiedliche Ansätze zur Abgrenzung der verschiedenen Grundstrategietypen. Sie fußen jedoch meist auf der Basis von Perlmutters (1969a) EPG-Konzept, wobei E für ethnozentrisch, P für polyzentrisch und G für geo-

[192] Vgl. [Chng & Pangarkar (2000), S. 98-101]
[193] [Engelhard & Dähn (1997), S. 27]
[194] [ebd., S. 32]
[195] Vgl. [ebd., S. 27-33]

zentrisch steht.[196] Auf Grund der Bedeutung dieses Modells und da es auch den Ausgangspunkt für weitere zu besprechende Theorien bildet, soll dies nachfolgend diskutiert werden.

2.3.1.1 Zugrunde liegende Theorie

Das EPG-Konzept stellt idealtypische Orientierungsmuster zwischen Mutter- und ausländischer Tochtergesellschaft dar. Perlmutter (1985) stellt dabei die Frage, was die unterschiedlichen Stadien sind, durch die sich ein Unternehmen hin zum global aufgestellten Konzern entwickelt. Seiner Auffassung nach ist die Globalisierung ein Prozess hin zu globalen Märkten und Konzentration. Perlmutter (1985) ist daher der Ansicht, dass mehr und mehr nationale Unternehmen sich zu globalen Marktteilnehmern entwickeln werden. Sie müssen hierbei einerseits die Herausforderung von globaler Integration und andererseits von nationaler Anpassung meistern.[197] Das EPG-Modell beschreibt die einzelnen Entwicklungsstadien, beginnend mit dem ethnozentrischen Unternehmen über das polyzentrische hin zum geozentrischen.[198] In neueren Schriften wird ethnozentrisch auch als international, polyzentrisch als multinational und geozentrisch als globale Strategie bezeichnet.[199] Nachfolgend werden diese drei Grundtypen internationaler Strategien erläutert.[200]

Phase I – Das ethnozentrische (internationale) Unternehmen

Die Strategie ethnozentrischer Firmen ist durch eine starke Konzentration auf die Aktivitäten der Zentrale im Heimatland des Unternehmens geprägt. Die ausländischen Geschäftstätigkeiten, meist Export, in seltenen Fällen aber auch Produktion, spielen bei diesem Unternehmenstyp keine strategische Rolle. Sie fungieren lediglich als Möglichkeit, neue Absatzmärkte zu erschließen. Meist wird im Ausland nur der Überschuss an heimischer Produktion abverkauft, was bedeutet, dass die Produkte nicht oder nur in sehr geringem Umfang auf die lokalen Kundenwünsche angepasst werden. Der Kommunikationsfluss besteht aus Anweisungen des Stammhauses an das Ausland. Beim ethnozentrischen Unternehmen soll die Entsendung von Füh-

[196] Vgl. [Perlmutter (1969a), S. 67 f.]
[197] Vgl. [Chakravarthy & Perlmutter (1985), S. 9]
[198] Vgl. [Perlmutter (1969a), S. 69-75]
[199] Siehe hierzu auch [Bartlett & Ghoshal (2002b), S. 39-63]
[200] Siehe zu den drei Typen folgende Quellen [Perlmutter, Douglas et al. (1973), S. 15]; [Perlmutter (1969a), S. 69-75]; [Perlmutter (1969b), S. 12-14]

rungskräften aus der Heimat sicherstellen, dass die ausländischen Einheiten die Vorgehensweisen, Praktiken und Systeme des Stammhauses übernehmen. Ausländischen Managern hingegen wird nicht zugetraut, dies adäquat auszuführen, da sie nicht die gleiche Nationalität und Kultur haben. F&E wird im Ursprungsland durchgeführt, das Marketing nur marginal auf das Ausland angepasst und die Verkaufsmannschaft zumindest im Heimatland ausgebildet.

Phase II – Das polyzentrische (multinationale) Unternehmen

Was den polyzentrischen vom ethnozentrischen Ansatz unterscheidet, ist die Erkenntnis, dass die unbekannte Umwelt des Ziellandes in der Unternehmensstrategie zu berücksichtigen ist. Demnach reicht es nicht aus, die Auslandsaktivitäten vom Stammhaus aus zu steuern, da sie eine Anpassung an die nationalen Gegebenheiten erfordern. Die ausländischen Tochtergesellschaften sollen im Zielland durch den Aufbau eines nationalen Markenauftritts als einheimische Unternehmen anerkannt werden. Teil dieser Strategie ist es, zusätzlich zu den Managern aus dem Ursprungsland lokale Manager in den Führungskreis der ausländischen Niederlassung zu berufen. Sie sollen Wissen und Erfahrung über das Gastland mitbringen. Die Zentrale verfolgt nicht länger das Ziel, die Ursprungslandstrategie im Ausland weiterzuführen, sondern versucht lediglich, die unterschiedlichen nationalen Strategien zu optimieren. Von einer inhaltlichen Abstimmung der Einzelstrategien der Länder untereinander wird vom Stammhaus jedoch abgesehen. Diese Entscheidungsfreiheit für die Länderdependancen beinhaltet auch, dass unterschiedliche Produktlinien in den verschiedenen Ländern eingeführt werden, die auf die lokalen Kundenbedürfnisse zugeschnitten sind. Des Weiteren werden Marketing- und Verkaufsaktivitäten von der jeweiligen Landesführung aufgesetzt. Wichtig bei der polyzentrischen Strategie ist, dass die durch den hohen Anpassungsgrad entstehenden Kosten an den Kunden weitergegeben werden können.

Phase III – Das geozentrische (globale) Unternehmen

Nach Perlmutters (1969a & b) Auffassung ist die geozentrische, sprich globale Aufstellung und Organisation der Geschäftstätigkeiten das für ein Unternehmen erstrebenswerte Endstadium des aufgezeigten Entwicklungsprozesses. Geozentrisch bedeutet, dass nationale Grenzen nicht mehr beachtet werden, da die gesamte Welt als ein potenzieller Markt angesehen wird. Aus diesem Grund werden keine Produktanpassungen mehr vorgenommen, sondern Standardausführungen entwickelt, die weltweit an die globalen Kunden verkauft werden. Überdies wird keine Unterscheidung mehr zwischen Ursprungsland und Ausland gemacht. Das geozentrische Unternehmen wird als global aufgestellter und agierender Spieler angesehen. Die am besten qualifizierten Personen, Praktiken und Systeme werden unabhängig vom Herkunftsland ausgewählt und weltweit implementiert. Fertigungsstätten werden dort platziert, wo der Standortvorteil am größten ist. Eine geozentrische Strategie impliziert, dass Erfahrungskurven- und Skalierungseffekte maximal ausgeschöpft werden, um die Kosten niedrig zu halten. Hierdurch ist es einem Unternehmen möglich, seine Konkurrenten im Preiskampf zu unterbieten.

2.3.1.2 Weiterführende Forschung

Perlmutters (1969a & b) EPG-Konzept wurde in weiteren Studien empirisch überprüft und validiert. Das Ergebnis von Caligiuri und Stroh (1995) beispielsweise unterstreicht in großen Teilen die Bedeutung des EPG-Modells für die Praxis. Ethnozentrische Unternehmen legen hiernach Wert auf die Implementierung der heimischen Firmenkultur, was für sie eine Art Kontrollmechanismus darstellt. Die Tatsache, dass der Studie zufolge diese Firmen weniger erfolgreich sind als ihre poly- oder geozentrischen Gegenspieler, ist ein weiteres Indiz für das Zutreffen der EPG-Theorie. Die Untersuchung weist jedoch keinen starken Unterschied bei poly- und geozentrischen Firmen auf, was laut Caligiuri und Stroh (1995) dafür spricht, dass die geozentrische Strategie zwar dem Ideal entspricht, jedoch nur selten erreicht wird.[201] In zwei weiteren Forschungsarbeiten zum Themengebiet Marketing zeigen Perlmutter, Douglas et al. (1973) welch große Bedeutung das EPG-Konzept für diese Disziplin hat.[202] Eine weitere Untersuchung von Taggart (1998b) verdeutlicht überdies die Nützlichkeit des EPG-Modells bei der Strategieimplementierung. Erstreckt sich diese über mehrere Länder, so kann anhand der drei

[201] Siehe hierzu auch die Untersuchung von Caligiuri und Stroh (1995), die bei ihrer Studie 51 internationale Personalmanager befragen, inwiefern ihr Unternehmen das Bestreben verfolgt, die Kultur des Stammhauses in den Auslandsniederlassungen zu verankern [Caligiuri & Stroh (1995), S. 499, 503 f.]

[202] Die erste Studie analysiert die Auffassung von Managern in MNUs. Gefragt wird, ob sie der Ansicht sind, dass sich unterschiedliche Marketingstrategien mit dem EPG-Konzept übereinbringen lassen. In der zweiten Untersuchung werden Marketingmanager befragt, ob sie die unterschiedlichen strategischen Ausrichtungen der drei Grundmodelle bei verschiedenen Unternehmensausrichtungen sowie Situationen für sinnvoll halten [Perlmutter, Douglas et al. (1973), S. 10, 15]

unterschiedlichen Strategietypen das Verhältnis von Mutter- zu Tochtergesellschaft verdeutlicht werden. Hierdurch wird die Strategie den Mitarbeitern verständlich gemacht, wodurch sich ihre Kooperationsbereitschaft erhöht.[203]

Trotz der positiven Befunde gibt es auch negative Stimmen. Einige Autoren bemängeln beispielsweise, dass das Konzept seit seiner Entstehung Anfang der 70er Jahre nicht weiterentwickelt wurde. Dies wäre jedoch wichtig gewesen, da heutzutage Unternehmen längst nicht mehr derart hierarchisch aufgebaut sind. Diese Veränderung im Managementstil wirkt sich auf die Brauchbarkeit des Modells aus, da mittlerweile nicht mehr nur die oberste Führungsriege für den internationalen Erfolg wichtig ist, das Modell aber nur hierauf eingeht.[204] Ein weiterer Kritikpunkt wird von Mayrhofer und Brewster (1996) hervorgebracht. Ihrer Studie verdeutlicht, dass die meisten Unternehmen einen starken Hang zum Ethnozentrismus haben. Sie sind der Ansicht, dass diese Unternehmen nicht darin versagen, sich auf eine höhere Stufe vorzuarbeiten. Ganz im Gegenteil hat Ethnozentrismus ihrer Meinung nach, anders als von Perlmutter (1969a & b) dargestellt, wesentliche Vorteile den anderen beiden Typen gegenüber, wie etwa vereinfachte Kontrolle und Koordination.[205]

2.3.2 Anordnungs- und Koordinationsmodell

Das Anordnungs- und Koordinationsmodell von Porter (1986c) ist das zweite Kontingenzmodell, welches in dieser Arbeit betrachtet wird.[206] Es baut in großen Teilen auf dem EPG-Konzept von Perlmutter (1969a & b) auf. In Porters (1986c) Theorie ist die Wahl der passenden Strategie für die Organisation der internationalen Geschäftstätigkeiten gleichzeitig die Suche nach einem Wettbewerbsvorteil. Dieser ergibt sich aus der spezifischen Anordnung und Koordination der einzelnen Aktivitäten der Wertkette[207].

[203] Taggart (1998b) befragt in seiner Studie Manager, die im Vereinigten Königreich in Niederlassungen von japanischen, amerikanischen und europäischen Unternehmen arbeiten [Taggart (1998b), S. 577, 584]

[204] Siehe hierzu [Novicevic & Harvey (2001), S. 335 f., 351]

[205] Mayrhofer und Brewster (1996) analysieren in der Studie MNUs aus dem europäischen Raum auf ihre Ausprägung bezüglich des EPG-Konzepts [Mayrhofer & Brewster (1996), S. 769-771]

[206] Vgl. [Porter (1986), S. 23-35]

[207] Die Wertkette, im Englischen als 'value chain' bezeichnet, ist ein auf Porter (1986) beruhendes Konzept. Es beschreibt ein Unternehmen als eine Ansammlung von Tätigkeiten. Diese erschaffen Werte, wie Produkte oder Dienstleistungen, benötigen Ressourcen und sind in Prozessen miteinander gekoppelt. Die Wertkette ist in zwei Teile untergliedert. Primäraktivitäten (z.B. Logistik, Produktion, Marketing, Service) liefern einen direkten wertschöpfenden Beitrag zur Erstellung eines Gutes oder

Aus der unterschiedlichen Anordnung ihrer Teile in verschiedenen Ländern einerseits sowie dem Ausmaß der zentral oder dezentral organisierten Koordination dieser Aktivitäten andererseits ergeben sich vier unterschiedliche Strategietypen.[208] Diese und speziell die von Porter (1986c) favorisierte Globalstrategie werden im folgenden Unterkapitel näher erläutert.

2.3.2.1 Zugrunde liegende Theorie

Nach Porters (1991) Auffassung hat die Globalisierung die weltweite Ausbreitung von Branchen zur Folge. Dies begründet er mit der voranschreitenden Homogenisierung der Käuferbedürfnisse, dem technologischen Fortschritt sowie der Öffnung von Staaten. All diese Faktoren haben seiner Ansicht nach zur Folge, dass Globalstrategien, mit standardisierten Produkten, die durch Ausschöpfung von Skaleneffekten Einsparungen mit sich bringen, immer attraktiver für Unternehmen werden.[209] Er weist jedoch darauf hin, dass trotz der zunehmenden Attraktivität von Globalstrategien und der damit einhergehenden Sichtweise der internationalen Geschäftstätigkeiten als ein einheitliches System nationale Unterschiede nicht ignoriert werden dürfen. Seiner Ansicht nach ist es die größte Herausforderung für Unternehmen, die richtige Balance zwischen multinationaler und globaler Aufstellung zu finden.[210]

Nach Porters (1986a) Modell lässt sich die strategische Entscheidung bezüglich der optimalen internationalen Aufstellung eines Unternehmens in zwei Bereiche, nämlich Anordnung und Koordination, unterteilen. Ob jedoch eine konzentrierte Anordnung bei gleichzeitig hoher Koordination, was eine Globalstrategie darstellen würde, zu einem Wettbewerbsvorteil führt, ist branchenabhängig.[211]

Die internationale *Anordnung* der Aktivitäten der Wertkette eines Unternehmens zeigt auf, wo und in wie vielen unterschiedlichen Nationen sie durchgeführt werden. Um eine

Dienstleistung. Unterstützungsaktivitäten (z.B. Infrastruktur, Personalwesen, Beschaffung) hingegen sind notwendige Voraussetzung für die Ausführung der Primäraktivitäten. Eine genauere Ausführung hierzu ist zu finden in [ebd., S. 20-22]

208 Vgl. [ebd., S. 13, 17, 20]

209 Vgl. [Porter (1991), S. 85]

210 Vgl. [Porter (1986), S. 12 f., 34]

211 Siehe für die folgende Ausführung zu Anordnung und Koordination [Porter (1991), S. 77-82]; [Porter (1986), S. 20 f.]

Entscheidung über die passende Anordnung zu treffen, sind zwei Fragen zu klären: Erstens, sollen die Aktivitäten auf ein oder mehrere Länder verteilt werden? Zweitens, falls diese Entscheidung positiv für die Mehrländeroption ausfällt, welche? Wie oben schon angesprochen, sind diese Entscheidungen meist branchenabhängig. In manchen Sektoren ist es vorteilhaft, die Aktivitäten der Wertkette auf ein oder wenige Länder zu konzentrieren und die hierbei entstehenden Erzeugnisse in Auslandsmärkte zu exportieren. Dies ist speziell in solchen Industrien der Fall, wo beträchtliche Einsparungen durch hohes Produktionsvolumen erzielt werden können. Es ist auch dort attraktiv, „wo eine steile Lernkurve, die Vorteile aus nur einem Standort zieht, entsteht, oder wo Vorteile dadurch aufkommen, dass verbundene Aktivitäten an denselben Ort gelegt werden, damit sie besser koordiniert werden können.“[212] Im Gegensatz zur eben besprochenen Konzentration der Teile der Wertkette kann unter bestimmten Umständen auch deren Verteilung auf verschiedene Länder zu einem Wettbewerbsvorteil führen. Dies ist beispielsweise dann der Fall, wenn ansonsten hohe Kommunikations-, Transport- oder Lagerkosten anfallen. Außerdem werden hierdurch auch Nachteile wie nationale Regulierungen, Wechselkursrisiko oder Lieferverzögerungen umgangen. Ist eine Produktstandardisierung durch national variierende Kundenbedürfnisse nicht möglich, sollte die Wertkette ebenfalls in den entsprechenden Ländern dupliziert werden. Nachdem über Konzentration oder Verteilung der Teile der Wertkette entschieden wurde, steht im zweiten Schritt die Standortfrage an. Zu Beginn werden im Allgemeinen alle Aktivitäten im Heimatland ausgeführt. Im Vergleich dazu kann ein Unternehmen, das eine globale Strategie verfolgt, jedoch alle Teilaktivitäten von der Produktion des Zubehörs bis hin zu F&E in unterschiedlichen Ländern abwickeln. Wichtig ist dabei nur, dass der jeweilige Standort einen Vorteil verspricht, den es auszuschöpfen gilt.

Der zweite Aspekt, durch den nach Porter (1986a & c) ein Wettbewerbsvorteil erzielt werden kann, ist die Entscheidung über die *Koordination* der internationalen Aktivitäten. Der Grad der Koordination zeigt auf, wie zentral, sprich von wo aus, die eben angesprochenen Teile der Wertkette gesteuert werden. Übernehmen die Landesniederlassungen selbst die Verantwortung über die Koordination der bei ihnen durchgeführten Aktivitäten, spricht dies für einen geringen Koordinationsgrad. Dies ist vor allem in Fällen vorteilhaft, in denen landesspezifisches Wissen, beispielsweise über Verbrau-

[212] [Porter (1991), S. 87]

cherbedürfnisse oder Absatzmethoden, von großer Bedeutung ist. Eine zentralistisch organisierte Koordination hingegen hat den Vorzug, dass Informationen besser ausgetauscht und Anstrengungen aufeinander abgestimmt werden können. Außerdem kann somit verhindert werden, dass Unterstützungsfunktionen, wie das Personalwesen oder die Abteilung für Informationstechnologie (IT), in jedem Land dupliziert werden. Somit können hohe Kosten und uneinheitliche Standards vermieden werden.

Jede Unternehmensführung hat also eine Entscheidung bezüglich Anordnung und Koordination der internationalen Geschäftstätigkeiten zu treffen. Aus der Kombination dieser Entscheidungsoptionen ergeben sich nach Porters (1986a & c) Modell vier unterschiedliche Strategietypen. Diese sind in der Matrix in Abbildung 2.8 grafisch dargestellt.

Entscheidet sich das Management für die Verteilung der Wertkette auf viele Länder und die damit einhergehende Duplikation der Aktivitäten sowie deren dezentrale Koordination, so folgt das Unternehmen einer landesbezogenen Strategie.

Abbildung 2.8: Die vier internationalen Strategietypen

Koordination der Aktivitäten \ **Anordnung der Aktivitäten**	verteilt	konzentriert
zentral	**Strategie von hohen Auslandsinvestitionen & starker Koordination der ausländischen Geschäftstätigkeiten**	**Globalstrategie**
dezentral	**MNU mit landesbezogener Strategie (Auslandsniederlassungen operieren nur im Land)**	**Exportbasierte Strategie mit dezentralisiertem Marketing**

Quelle: Porter (1986a), S. 19; Porter (1986c), S. 28

Bewegungen auf der Matrix von der unteren linken Ecke hin in Richtung der oberen rechten bedeuten, dass die strategische Ausrichtung immer globaler wird. Porters

(1986c) Matrix sollte jedoch nicht dahingehend verstanden werden, dass es nur vier Strategien im Gesamten gibt. Ganz im Gegenteil, durch unterschiedlich starke Ausprägung von Anordnung und Koordination bekommt jede der vier Strategietypen viele Unterarten. Die einfachste Art einer Globalstrategie beispielsweise ist es, so viele Aktivitäten wie nur möglich in einem Land zu vereinen, sie möglichst zentral zu koordinieren und die ganze Welt von dort aus zu bedienen. Nach Porter (1986c) stellt eine solche Strategie mit globaler Ausrichtung die Königsdisziplin dar, da sie am besten an die globalen Veränderungen angepasst ist.[213]

2.3.2.2 Weiterführende Forschung

In der Literatur finden sich einige Studien, die die praktische Anwendbarkeit des Konzepts von Porter (1986a & b) bestätigen.[214] Taggart (1998b) etwa schreibt „Porter's … paradigma … offer[s] MNC managers real assistance for differentiating competitive strategy at subsidiary level, and for optimal adjustment of the strategies of all subsidiaries within an individual MNC."[215] Auch das Ergebnis einer seiner weiteren Untersuchungen unterstreicht die Validität des Modells, da die Existenz von drei der vier Strategietypen auf Niederlassungsebene bewiesen wird.[216] Die Existenz von Porters (1986a & c) Globalstrategie in der Praxis wird durch eine Untersuchung von Morrison und Roth (1993) bestätigt.[217]

Ein Kritikpunkt am Anordnungs- und Koordinationsmodell ist seine Einfachheit. So beanstanden Sundaram und Black (1992) genau diesen Punkt und zweifeln daher die

[213] Vgl. [Porter (1986), S. 27-29]

[214] Für die quantitative Umfrage von Lin und Hsieh (2010) wurden 62 Produktionsniederlassungen von ausländischen MNUs in Taiwan untersucht. Die Autoren weisen hierdurch das Zutreffen der vier Strategien nach [Lin & Hsieh (2010), S. 55, 58]

[215] MNC ist die Abkürzung für 'multinational company'. Diese Aussage von Taggart (1998b) ist das Ergebnis einer Befragung im Vereinigten Königreich von Niederlassungsmanagern japanischer, amerikanischer sowie europäischer MNUs. Hierbei werden unterschiedliche Internationalisierungstheorien auf ihre praktische Anwendbarkeit überprüft [Taggart (1998b), S. 577, 584]

[216] Bei dieser Untersuchung wird Porters (1986a & b) Modell in einem ersten Schritt auf die Aufgaben, die Niederlassungen bei jedem der vier Strategietypen haben, umgemünzt. Innerhalb einer empirischen Studie mit MNUs des Vereinigten Königreichs werden dann die mit den Auslandsniederlassungen verfolgten Strategien geclustert. Das Ergebnis bestätigt drei der vier Strategietypen. Lediglich der exportbasierten Strategie mit dezentralem Marketing kann keine der untersuchten Niederlassungen zugeordnet werden [Taggart (1998a), S. 330 f., 334]

[217] Morrison und Roth (1993) zeigen, dass in ihrer Untersuchung amerikanische Unternehmen identifiziert werden können, die die Eigenschaften eines MNUs mit Globalstrategie aufweisen [Morrison & Roth (1993), S. 804 f., 811 f.]

Erklärungskraft des Modells an. Ihrer Ansicht nach vernachlässigt es die Tatsache, dass nicht alle Auslandsniederlassungen die gleiche strategische Zielsetzung haben. Aus diesem Grund sollte es möglich sein, zwischen ihnen zu unterscheiden.[218] Moon (1994) hält dem Modell zugute, dass es den relativen Internationalisierungsgrad eines Unternehmens im Vergleich zur Branche abbildet und aufzeigt, wie sich dieses globaler aufstellen kann. Jedoch bemängelt er, dass es heutzutage nicht mehr nur als globale Strategie bezeichnet werden kann, wenn ein Unternehmen in einem Land produziert und dann exportiert, da dies suggeriert, dass eine Strategie, bei der in mehreren Ländern produziert wird, weniger global ist. Aus diesem Grund sollte die Achse 'Anordnung der Aktivitäten' durch die Anzahl der Länder ersetzt werden. Überdies gibt es nach Moon (1994) heutzutage nicht mehr nur die auf Produktion ausgerichtete Globalstrategie. Vielmehr stellt die Erschließung von neuen Märkten durch Marketing ebenfalls eine solche Strategie dar. Aus diesem Grund schlägt der Autor vor, die 'Koordination der Aktivitäten'-Achse in Produktions- und Marketingkoordination zu unterteilen, um beide Optionen abzubilden.[219]

2.3.3 Transnationales Organisationsmodell

Der bekannte Begriff 'glocal', was die Abkürzung für 'think global and act local' ist, wurde von den beiden Autoren des transnationalen Organisationsmodells, Bartlett und Ghoshal (1988), geprägt.[220] Die von ihnen vorgeschlagene Organisationsform ist der erste fähigkeitsorientierte Ansatz, der in dieser Arbeit betrachtet werden soll. Globales Lernen sowie neue Aufgaben und Herausforderungen verschiedener Managertypen stehen hierbei im Mittelpunkt.[221] Dies ist jedoch nicht alles. Das transnationale Organisationsmodell schlägt auch eine neue Organisationsform, das integrierte Netzwerk, vor. Dieses baut auf den drei Grundtypen internationaler Strategie des EPG-Konzepts auf. Es kann somit, wie in Abbildung 2.9 dargestellt, als vierte Strategieform verstanden werden.

[218] Vgl. [Sundaram & Black (1992), S. 743-745]
[219] Für eine genauere Ausführung des von Moon (1994) vorgeschlagenen dreidimensionalen Modells siehe [Moon (1994), S. 562-569]
[220] Vgl. [Bartlett & Ghoshal (1988), S. 69, 73]
[221] Vgl. [Bartlett & Ghoshal (1995), S. 142]

Abbildung 2.9: Die vier Organisationsformen internationaler Strategie

Quelle: Eigene Darstellung in Anlehnung an Bartlett und Ghoshal (2002), 65-81; Perlmutter (1969a), S. 69-75

Bartlett und Ghoshal (2002b) vertreten die Meinung, dass sowohl die internationale, die multinationale als auch die globale Organisationsform ihre Vorteile hat, jedoch keine davon ein geeignetes Modell für die heutige Zeit darstellt. Um einen weltweiten Wettbewerbsvorteil zu erlangen muss, nach den Autoren auf Kosten und Erträge sowie Innovation und Effizienz gleichzeitig geachtet werden. Aus diesem Grund wird beim transnationalen Organisationsmodell keine generelle Entscheidung bezüglich zentraler oder dezentraler Unternehmenssteuerung mehr vorgenommen. Im Gegensatz zu den drei anderen Formen werden manche Ressourcen und Fähigkeiten vom Stammhaus und andere von den Auslandsniederlassungen gesteuert. Das Resultat ist ein komplexer Organisationsaufbau, dessen Stärke es ist, die verteilten Ressourcen und Fähigkeiten durch starke Interdependenz zu integrieren.[222]

2.3.3.1 Zugrunde liegende Theorie

Bartlett und Ghoshal (2002b) sind der Auffassung, dass in der Vergangenheit jede Branche eine bestimmte strategische Anforderung mit sich brachte. Aus diesem Grund haben die ursprünglichen drei Organisationsstrategien diese gut erklärt.[223] So wird bei der internationalen Strategie das Wissen und Können des Heimatunternehmens im Ausland ausgeschöpft. Das Ziel des multinationalen Ansatzes liegt darin, durch den der

[222] Vgl. [Bartlett & Ghoshal (2002b), S. 69 f.]
[223] Vgl. [ebd., S. 18]

Auslandsniederlassung gegebenen Freiraum die Kundenbedürfnisse optimal zu bedienen. Bei der Globalstrategie wiederum liegt das Hauptaugenmerk auf dem Erlangen eines Kostenvorteils. Dies soll durch den globalen Verkauf von Standardprodukten, einer zentralistischen Organisation und den dadurch erzielbaren Skaleneffekten erreicht werden.[224] Heutzutage jedoch, argumentieren die Autoren, reicht diese eindimensionale strategische Ausrichtung nicht mehr aus. Im Zuge der Globalisierung erwarten die Kunden weltweit qualitativ hochwertige und dabei kostengünstige Produkte, diese müssen jedoch gleichzeitig national differenziert sein. Um im globalen Wettbewerb erfolgreich zu sein, muss eine Firma daher alle drei Ziele miteinander vereinen, d. h. zum transnationalen Unternehmen werden.[225] Dies ist jedoch keine einfache Aufgabe, sondern eine harte Umstellung. Das Unternehmen muss zum integrierten Netzwerk heranwachsen, bei dem zunehmend spezialisierte Einheiten, die weltweit verteilt sind, miteinander intern verbunden sind, um die strategischen Ziele von Effizienz, Innovationskraft und Anpassungsfähigkeit zu erreichen. Die Stärke dieses Konstrukts liegt in seinen drei Eigenschaften: Verteilung, Spezialisierung und Interdependenz. Das integrierte Netzwerk, welches in Abbildung 2.10 dargestellt ist, wird nachfolgend anhand seiner drei Merkmale näher besprochen.[226]

Abbildung 2.10: Das integrierte Netzwerk

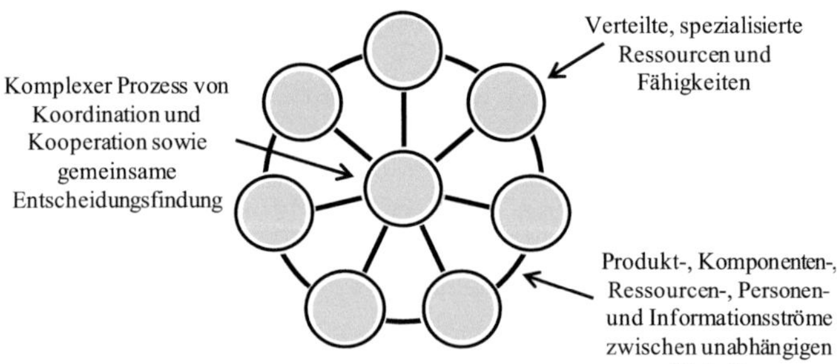

Quelle: Eigene Darstellung in Anlehnung an Bartlett und Ghoshal (2002), S. 102

[224] Für weitere Ausführungen zu diesen drei Organisationsmodellen siehe Kap. 2.3.1.1
[225] Vgl. [Bartlett & Ghoshal (2002b), S. 18 f., 29, 70 f.]
[226] Die Ausführung über das integrierte Netzwerk bezieht sich auf [ebd., S. 101-108]

Das frühzeitige Erkennen von neuen Markttrends, technologischen Entwicklungen sowie dem strategischen Verhalten von Rivalen wird durch die globale *Verteilung* der Geschäftsaktivitäten ermöglicht. Die Fähigkeit, solche weltweit verteilten Impulse wahrzunehmen und adäquat auf sie zu reagieren, stellt einen wichtigen Wettbewerbsvorteil dar. Überdies erlaubt eine auf viele Länder verteilte Organisationsaufstellung, von unterschiedlichen Faktorkosten zu profitieren und schützt vor der Problematik des Wechselkursrisikos.

Trotz der weltweiten Ausbreitung der Wertkette sollte diese dennoch so aufgestellt sein, dass Skaleneffekte erzielt werden können, um dem internationalen Preisdruck standzuhalten. Durch moderne Produktionskonzepte wie z.B. das modulare Produktdesign kann trotz *Spezialisierung* von Teilen der Wertkette dieses Ziel erreicht werden. Hierbei wird das Produkt so konzipiert, dass so viele Teile wie möglich standardisiert sind, wodurch Skaleneffekte erzielt werden können. Um jedoch trotzdem auf unterschiedliche Kundenwünsche eingehen zu können, werden einzelne Module auf deren Bedürfnisse angepasst. Diese werden jeweils am kostengünstigsten Standort produziert.

Interdependenz zwischen den einzelnen Landesgesellschaften, also Zusammenarbeit, die weder zentral noch dezentral organisiert ist, spielt heutzutage, nach Ansicht der Autoren, eine wichtige Rolle. Nur durch das Teilen von Ressourcen, den Austausch von Informationen und Wissen sowie kollektiver Problemlösung kann ein Wettbewerbsvorteil erzielt werden.

Ein weiterer Unterschied des transnationalen Organisationsmodells vis-à-vis der internationalen, multinationalen, und globalen Aufstellung ist die Rolle der Auslandsniederlassungen. Während weder Perlmutter (1969a & b) noch Porter (1986a & c) eine solche Differenzierung der strategischen Ausrichtung der einzelnen Landesgesellschaften vornehmen, ist dies beim transnationalen Organisationsmodell ein zentraler Bestandteil. Statt alle ausländischen Niederlassungen als gleich zu betrachten, sollte deren strategische Wichtigkeit sich an ihrer Rolle, ihrem Verantwortungsbereich sowie ihrem Einfluss orientieren. Eine solche Differenzierung hat erstens die strategische Bedeutung der lokalen Umwelt, in der die Auslandsorganisation agiert, in Betracht zu ziehen. Zweitens muss die lokale Ausstattung mit spezifischen Ressourcen und Fähigkeiten Beachtung finden. Aus der Kombination dieser beiden Dimensionen ergeben sich vier unterschiedliche strategische Ausrichtungen: Strategische Führung, mitwirkende Rolle, ausführende Rolle und schwarzes Loch.[227] Diese sind in Abbildung 2.11 visualisiert.[228]

Die Rolle der *strategischen Führung* nehmen solche Auslandsorganisationen ein, die ein hohes Maß an interner Kompetenz besitzen und gleichzeitig für einen strategisch wichtigen Markt verantwortlich sind. Die Zentrale sollte sie daher als gleichberechtigte Partner ansehen und bei der Erarbeitung und Implementierung von Strategien miteinbeziehen.

Eine *mitwirkende Rolle* fällt jenen Auslandsniederlassungen zu, die zwar wichtige Ressourcen und Fähigkeiten aufweisen, jedoch in einem Markt von niedriger strategischer Bedeutung operieren. Diese können trotzdem zum Gesamterfolg beitragen, indem ihre Kompetenz ausgeschöpft und für andere Märkte genützt wird.

Abbildung 2.11: Die vier Ausrichtungsformen nationaler Organisationen

Quelle: Bartlett und Ghoshal (2002), S. 122

Auslandsgesellschaften mit einer *ausführenden Rolle* haben gerade genügend interne Kompetenz, um ihre lokalen Operationen in ihrem strategisch unbedeutenden Markt

[227] Im Original heißen die vier Rollen 'strategic leader, implementer, contributor, black hole' [ebd., S. 122]

[228] Die weitere Ausführung über diese unterschiedlichen Rollen von nationalen Gesellschaften sind der folgenden Quelle entnommen [ebd., S. 117-130]

aufrechtzuerhalten. Aus dieser Kombination ergibt sich, dass sie nicht viel zur strategischen Ausrichtung des Gesamtunternehmens beitragen können. Jedoch sollte auch die ausführende Rolle nicht unterschätzt werden. Diese Niederlassungen, die bei den meisten Unternehmen die Mehrheit darstellen, sorgen für die Profitabilität der Organisation. Durch den alleinigen Verkauf des Produktes verursachen sie einerseits niedrige Kosten und tragen andererseits zum nötigen Volumen für Skaleneffekte bei.

Das *schwarze Loch* stellt eine Konstellation dar, bei der das Unternehmen zwar in einem strategisch wichtigen Markt vertreten ist, jedoch nicht richtig in diesen vordringen kann und dort nur geringe Kompetenzen besitzt. Dies ist allerdings keine akzeptable Position für eine Niederlassung. Eine Methode, wie sie dennoch genützt werden kann, ist zu versuchen, von diesem hochentwickelten Markt Wissen abzugreifen. So haben beispielsweise viele amerikanische und europäische Unternehmen Niederlassungen in Japan eröffnet, um technologisches Fachwissen sowie neue Markttrends aufzugreifen.

Was das transnationale Organisationsmodell als fähigkeitsorientierten Ansatz von Kontingenzansätzen unterscheidet, ist das Ziel, spezifische Fähigkeiten im Unternehmen aufzubauen, welche die unterschiedlichen Führungsebenen in die Lage versetzen, mit der vielschichtigen Umwelt umzugehen. Was heutzutage zählt, um diese Komplexität zu bewältigen, ist nach Bartlett und Ghoshal (2002a) das weltweite Aufspüren und Zusammenbringen von Wissen, die Fähigkeit des organisationalen Lernens, Innovationskraft sowie sachkundiges Personal. Sie fassen dies auch unter dem Begriff 'global learning' zusammen.[229] So schreiben sie folgendes:

> „To survive, a company must have achieved global scale, international resource access, and worldwide market position; to emerge as a competitive leader, however, requires much more. The new winners are the companies that are sensitive to market or technical trends no matter where they occur, creatively responsive to worldwide opportunities and threats, and able to exploit their new ideas and products globally in a rapid and efficient manner."[230]

Die Autoren rufen dazu auf, neue Wege der Innovation zu beschreiten. Neben der herkömmlichen Vorgehensweise, bei der F&E im Stammhaus durchgeführt wird und die daraus gewonnenen Erkenntnisse weltweit weitergegeben werden, schlagen sie noch zwei weitere Methoden vor. Die erste greift auf die Ressourcen, Marktnähe, Kreativität

[229] Vgl. [Bartlett & Ghoshal (2002a), S. 34, 36]; vgl. [Bartlett & Ghoshal (1995), S. 142]
[230] [Bartlett & Ghoshal (2002b), S. 132]

und Innovationskraft der einzelnen nationalen Organisationen zurück und lässt die anderen Teile der Organisation daran teilhaben. Voraussetzung für diese Art von Innovation ist ein weltweiter Lernprozess. Bei der zweiten Methode müssen die Ressourcen und Fähigkeiten der weltweit verteilten Einheiten miteinander vernetzt werden. Dies muss sowohl auf Ebene der Zentrale als auch auf der der Landesniederlassungen geschehen, um Innovation Hand in Hand zu stimulieren.[231] An dieser Stelle soll das metanationale Organisationsmodell[232] von Doz, Santos et al. (2001) vorgestellt werden, da es den oben aufgegriffenen Ansatz noch einen Schritt weiterführt. Während das transnationale Modell organisationales Lernen und Wissensaustausch im bereits bestehenden Organisationsnetzwerk verstärken will, schlägt die metanationale Theorie einen weitreichenderen Ansatz vor.[233] Doz et al. (2001) schreiben in ihrem Buch 'From Global to Metanational' „success in the future will increasingly depend on .. [the] ability to access knowledge from outside .. [the] existing subsidiaries and connect it with the skills that are scattered across .. [the company's] global operations network."[234] Die Hauptherausforderung für ein modernes Unternehmen ist folglich, sich Zugang zu Wissen, Innovationen sowie neuen Trends zu verschaffen, die außerhalb der Unternehmensgrenze zu finden sind. Die Autoren schlagen hierfür einen dreistufigen Prozess vor. Im ersten Schritt muss ein Netzwerk etabliert werden, das zum Ziel hat, innovative Technologien, Wissen oder aufkommende Kundenwünsche, die von Wettbewerbern bisher übersehen wurden, aufzuspüren. Ein solches Netzwerk kann beispielsweise aus Kunden, Zulieferern, Universitäten oder speziellen Forschungseinrichtungen bestehen. Im zweiten Teil des Prozesses muss das aufgespürte Wissen mobilisiert, sprich zusammengetragen werden, um es in neue, innovative Produkt- oder Dienstleistungsvorschläge zu überführen. Dies kann durch Aufsetzen eines speziellen Projektes erreicht werden. Im dritten und letzten Schritt müssen nun diese neuen Ideen durch die bestehende Wertkette in ein reales Produkt umgesetzt werden. Hierbei liegt der Fokus auf einer möglichst hohen Gewinnmarge.[235]

---

[231] Vgl. [ebd., S. 133-138]

[232] Der metanationale Ansatz soll hier nur als Ergänzung zum 'global learning' des transnationalen Modells vorgestellt werden, nicht jedoch die komplette dahinter stehende Theorie. Für weitere Ausführungen bezüglich der metanationalen Unternehmung empfiehlt sich das Buch „From Global to Metanational: How Companies Win the Knowledge Economy" von Doz, Santos und Williamson aus dem Jahre 2001.

[233] Vgl. [Doz, Santos et al. (2001), S. 112]

[234] [ebd., S. 3 f.]

[235] Vgl. [ebd., S. 5-9, 76-84]

Wie soll nun jedoch ein so komplexes Organisationsmodell wie das transnationale umgesetzt und geführt werden? Hierbei ist nach Bartlett und Ghoshal (2003) eine neue Art des Managements nötig. Sie fordern dazu auf, sich von dem Gedanken des global einsetzbaren, generischen Managers zu lösen. Vielmehr sind sie der Meinung, dass zwischen drei Gruppen von Führungskräften unterschieden werden muss, nämlich Divisions-, Landes-, und Abteilungsmanagern.[236] Zusätzlich zu diesen gibt es im transnationalen Modell noch die Unternehmensführung, die in der Zentrale angesiedelt ist und deren Hauptaufgabe es ist, die komplexen Interaktionen zwischen den drei anderen Managementgruppen zu fördern.[237] Nach den Autoren ist der kritischste Aspekt bei der Entwicklung einer transnationalen Organisation die Herausforderung, Führungskräfte zu entwickeln, die es verstehen, in ihren spezialisierten Rollen, die dennoch eng mit den übrigen verflochten sind, zu agieren.[238]

Der Divisionsmanager: Stratege, Architekt & Koordinator [239]

Die Hauptaufgabe des Divisionsmanagers ist es, die weltweit erzielten Skaleneffekte auszuweiten und effizienter zu gestalten. Hierdurch soll die Wettbewerbsposition des Unternehmens gestärkt werden. Diese Aufgabe beinhaltet nicht nur Chancen und Risiken über Landes- und operative Grenzen hinweg wahrzunehmen, sondern auch das Geschick, Aktivitäten über diese hinaus zu koordinieren und Fähigkeiten miteinander zu verknüpfen. Der Divisionsmanager hat die Aufgabe, das Potenzial der weltweit integrierten Abläufe sicherzustellen. Um dies zu erreichen, gilt es drei Rollen auszufüllen. Er muss der Stratege für seine Division sein, der Architekt, der das weltweit verteilte Anlagevermögen sowie die Ressourcen der Division bestmöglichst einsetzt. Zeitgleich gilt es, die grenzüberschreitenden Transaktionen zu koordinieren.

Der Landesmanager: Marktsensor, Entwickler & Beitragsleister [240]

Auslandsniederlassungen sind für die meisten international agierenden Unternehmen von großer Bedeutung. Die zentrale Aufgabe der Manager dieser Gesellschaften ist es,

[236] Im englischen Originaltext heißen die drei Arten von Führungskräften 'business manager, country manager, functional manager'. Die Gesamtunternehmensführung wird als 'corporate management' bezeichnet. Siehe hierzu [Bartlett & Ghoshal (2002b), S. 232]

[237] Vgl. [Bartlett & Ghoshal (2003), S. 102]

[238] Die folgende Ausführung bezüglich der vier Managementarten bezieht sich auf nachfolgende Quellen [ebd., S. 102-108]; [Bartlett & Ghoshal (2002b), S. 232-249]; [Bartlett & Ghoshal (1997), S. 94-105]

[239] Im englischen Originaltext heißen die drei Rollen 'strategist, architect, coordinator' [Bartlett & Ghoshal (2002b), S. 233]

[240] Im Original 'sensor, builder, contributor' [ebd., S. 238]

aufmerksam den jeweiligen Markt zu beobachten und möglichst flexibel auf Veränderungen zu reagieren. Dieser Bedarf an Flexibilität birgt jedoch Konfliktpotenzial mit den Divisionsmanagern, die die höchstmögliche Effizienz und Auslastung zum Ziel haben. Um dieses zu minimieren, sind sowohl beidseitige Kommunikation als auch gemeinschaftlich getroffene Zielvereinbarungen gefordert. Landesmanager sind durch ihre Nähe zum ausländischen Markt sehr wertvoll für das Unternehmen. Sie haben drei Rollen zu meistern: Sie sollen Marktinformationen sowie Chancen und Risiken aufspüren und aus diesen ihre Schlüsse ziehen, die lokalen Ressourcen und Fähigkeiten weiterentwickeln und ihren Beitrag zur Unternehmensstrategie leisten.

Der Abteilungsmanager: Sammler, Verbindungsglied & Champion [241]

In vielen Firmen ist diese Art von Manager nicht als wertvolle Führungskraft, sondern lediglich als notwendige Unterstützungsfunktion angesehen, der ansonsten kein Gehör geschenkt wird. Zu einer Zeit jedoch, in der Expertise, Informationen und Wissen zunehmend spezialisierter und ausschlaggebend für den Firmenerfolg sind, sollte an dieser Stelle ein Umdenken stattfinden. Es muss die Basis dafür geschaffen werden, das Wissen der Abteilungsmanager weltweit zu vernetzen. Der Austausch zwischen z.B. Marketingmanagern unterschiedlicher Niederlassungen kann kreative Anstöße auch für andere Länder ergeben. Durch einen solchen Transfer an Informationen kann überdies ein wichtiger Beitrag zum organisationalen Lernen geleistet werden. Hierbei helfen Abteilungsmanager in dreierlei Weise. Erstens müssen sie das Wissen der Unternehmung in ihrem Spezialgebiet zusammenführen und sich als Experten zur Verfügung stellen. Zweitens haben sie die Aufgabe, die Ressourcen und Praktiken ihrer Sparte sowie der anderen weltweit zu verbinden und damit als Gesamtheit zugänglich zu machen. Als letzten Punkt müssen sie zu 'Champions' ihres Fachbereiches werden, diesen vorantreiben und für die interne Verbreitung der Expertise sorgen.

Der Unternehmensmanager: Visionär, Talentsucher & Farmer [242]

Da die eben vorgestellten Managertypen spezialisiert sind auf ihre Funktionen und daher häufig gegensätzliche Interessen vertreten, ist es die Hauptaufgabe der Unternehmensmanager, d.h. der höchsten Führungsriege, diese zu vereinen. Sie sind dafür zuständig, die verschiedenen Interessen zu koordinieren und Konflikte zu schlichten.

[241] Im Original 'repository, cross-pollinator, champion' [ebd., S. 242]
[242] Im Original 'visionary, talent scout, farmer' [ebd., S. 246]

Um die einzelnen Teile der Organisation in Einklang zu bringen, müssen sie ein gemeinsames Ziel und eine Vision erschaffen. Des Weiteren ist es ihre Aufgabe, Talente im Unternehmen zu suchen und diesen zu helfen, erfolgreiche Divisions-, Landes- und Abteilungsmanager zu werden. Es liegt dann als Farmer beim Unternehmensmanagement, den organisationalen Kontext so zu gestalten, dass die verschiedenen Zielausrichtungen der drei Typen von Managern gemeinsam abgewogen und koordiniert werden können.

2.3.3.2 Weiterführende Forschung

In der Literatur finden sich einige Befürworter des transnationalen Organisationskonzepts. So unterstützt eine Untersuchung von Holtbrügge (2005) die Existenz des Modells in der Realität.[243] Nach einer empirischen Studie von Hocking, Brown et al. (2007) ist der langfristige Einsatz von inländischen Führungskräften in den Auslandsgesellschaften ausschlaggebend für den Erfolg der transnationalen Organisation. Dies erleichtert ihren Ergebnissen nach auch das organisationale Lernen.[244] Boudreau, Lorch et al. (1998) geben Managern einige Hilfestellungen an die Hand, die sie bei der Umwandlung ihres Unternehmens in eine transnationale Gesellschaft beachten sollten. Wichtig ist beispielsweise die volle Unterstützung des Topmanagements. Des Weiteren sollte den Führungskräften bewusst gemacht werden, dass sie über die Landesgrenzen hinaus denken müssen. Von großer Bedeutung ist es, den Mitarbeitern transnationales Verständnis zu vermitteln, um ihre Kooperation zu sichern.[245]

Im Gegensatz zu den oben aufgezeigten positiven Ergebnissen zweifelt Taggart (1998b) die Nützlichkeit des transnationalen Modells als eigenständige Wettbewerbsstrategie an. Seiner Ansicht nach stellt es lediglich eine Grundlage für den Vergleich der strategischen Ausrichtung unterschiedlicher Auslandsniederlassungen eines Unternehmens dar.[246] Waldron (2008) stellt die Hypothese auf, dass falls das transnationale Organisati-

[243] Holtbrügge (2005) interviewt Manager in der jeweils größten Auslandsniederlassung von 19 deutschen Unternehmen, die in China, Frankreich, Indien, Russland sowie USA präsent sind [Holtbrügge (2005), S. 567, 572 f.]

[244] Hocking, Brown et al. (2007) zeigen anhand einer Fallstudie bei Ericsson Australien die Existenz des transnationalen Modells auf und weisen darauf hin, was für den Erfolg einer solchen Organisation wichtig ist [Hocking, Brown et al. (2007), S. 520, 529]

[245] Vgl. [Boudreau, Loch et al. (1998), S. 126 f.]

[246] Vgl. [Taggart (1998b), S. 584]

onsmodell Wert schaffend wirkt, dies auch einen Effekt auf den Unternehmenswert haben sollte. Dies ist jedoch nach seinen Ergebnissen nicht der Fall.[247] Gooderham und Ulset (2002) postulieren, dass das transnationale Modell keine komplett eigenständige Organisationsform darstellt, da sie ihrer Ansicht nach in großen Teilen auf der so genannten M-Form multinationaler Unternehmen aufbaut.[248]

2.3.4 AAA-Dreieck

Das AAA-Dreieck, welches Ghemawat (2007b) in seinem Buch „Redefining Global Strategy - Crossing Borders in a World Where Differences Still Matter“ vorstellt, ist der zweite zu betrachtende fähigkeitsorientierte Ansatz. Im Vergleich zu den drei bisher in diesem Kapitel dargelegten Konzepten postuliert diese Theorie jedoch nicht in erster Linie ein weiteres Organisationsmodell, sondern einen Ansatz, wie ein Unternehmen von landesspezifischen Unterschieden profitieren kann. Überdies unterscheidet sich Ghemawats (2007b) Verständnis von der Globalisierung und ihren Ausmaßen eklatant von dem der bisher vorgestellten Autoren. Seiner Ansicht nach werden der Globalisierungstrend und die internationale Assimilation bei weitem überschätzt, was zu Lasten der Anerkennung des Einfluss von Distanz und nationalen Grenzen geht. Aus diesem Grund spricht der Autor auch nicht von Globalisierung, sondern von „Semiglobalisierung“[249]. Er weist mit dem CAGE-Modell der Unterschiede[250] vier Felder, nämlich Kultur, Administration, Geographie und Ökonomie auf, in denen Distanz heute mehr denn je von Bedeutung ist. Das AAA-Dreieck[251], bei dem die drei As für Adaption, Aggregation und Arbitrage stehen, stellt drei Bereiche vor, in denen ein international tätiges Unternehmen einen Wettbewerbsvorteil in der semiglobalen Welt erzielen kann. Jede dieser drei Optionen benötigt wiederum eine andere organisationale Aufstellung, wobei eine Firma durchaus mehr als einem A folgen kann. Die oben ange-

[247] Waldron (2008) basiert seine Aussage auf einer statistischen Auswertung der UNCTAD (united nations conference on trade and development) top 100 transnationalen Unternehmen [Waldron (2008), S. 152-154, 159 f.]

[248] Um zu überprüfen, ob es sich beim transnationalen Modell um ein eigenständiges Organisationsmodell handelt, vergleichen die Autoren dessen Eigenschaften mit denen der M-Form [Gooderham & Ulset (2002), S. 119 f., 129-135]

[249] [Ghemawat (2007b), S. 10]

[250] Im englischen Originaltext wird es als ‘CAGE distance framework’ bezeichnet, wobei die einzelnen Buchstaben von CAGE für ‘culture, administation, geography, economy’ stehen [ebd., S. 40]

[251] Im Original stehen die drei As für ‘adaptation, aggregation, arbitrage’ [ebd., S. 105]

rissene Sichtweise Ghemawats (2007b) auf die Globalisierung, das CAGE-Modell sowie das AAA-Dreieck werden im folgenden Unterkapitel genauer erläutert.[252]

2.3.4.1 Zugrunde liegende Theorie

Mit der Aussage, dass die Welt noch längst nicht flach sei und dies auch wahrscheinlich nie der Fall sein werde, kritisiert Ghemawat (2008) Autoren, die eine komplett vernetzte und grenzenlose Welt mit Einheitskonsumenten postulieren.[253] Ein Beispiel hierfür ist die zu Beginn von Kapitel 2.3 vorgestellte Sichtweise von Levitt (1983). Solche Aussagen versucht Ghemawat (2007b & d) durch Untersuchungen zu widerlegen, die zeigen, dass der Globalisierungsprozess bei weitem nicht so fortgeschritten ist wie häufig behauptet wird. Beispielsweise machen demnach ausländische Direktinvestitionen weniger als 10% vom gesamten weltweiten Investitionsvolumen aus. Auch das Voranschreiten der Kommunikationstechnologie, welche von vielen Autoren als Hauptgrund für das Zusammenwachsen der Märkte angesehen wird, ist nach Ghemawat (2007b & d) eher regionaler Natur. So sind z.B. weniger als 5% aller Telefonate Auslandsgespräche und auch der Internetverkehr findet hauptsächlich innerhalb regionaler Grenzen statt. Eine weltweite Integration findet laut dem Autor zwar statt, diese wird aber auch in Zukunft nicht die prophezeiten Auswüchse erreichen. Ein weiterer Trend, der nicht für das Fortschreiten von Globalisierung spricht, ist zunehmender staatlicher Protektionismus. Nach Ghemawats (2007b & d) Ansicht findet insgesamt vielmehr eine Regionalisierung als eine Globalisierung statt, da die meisten Aktivitäten innerhalb regionaler Blöcke ablaufen.[254] Aus diesem Grund behält Distanz in einer semiglobalen Welt weiterhin seine Bedeutung für die Wirtschaft.[255]

Der Einfluss von Distanz auf die Internationalisierung wurde von Johanson und Vahlne (1975) bereits im Rahmen des Konzepts der psychischen Distanz herausgestellt. Jedoch ist dem CAGE-Modell, das nachfolgend vorgestellt wird, zugute zu halten, dass es einen weiteren Blickwinkel einnimmt und die Thematik umfangreicher aufschlüsselt.[256] Signifikante *kulturelle Distanz* zwischen Ländern wirkt sich normalerweise negativ auf

[252] Vgl. [ebd., S. 31, 40, 63, 105, 218]
[253] Vgl. [Ghemawat (2008), S. 1-3]
[254] Vgl. [Ghemawat (2007c), S. 56-60]; vgl. [Ghemawat (2007d), S. 54]; vgl. [Ghemawat (2005), S. 100]
[255] Vgl. [Ghemawat (2007b), S. 9-17, 30 f.]
[256] Die Informationen über das CAGE-Modell wurden folgenden Quellen entnommen [ebd., S. 40-45, 49-54]; [Ghemawat (2001), S. 138, 140-142, 144 f., 145]

ökonomische Interaktionen aus. Aspekte, wie unterschiedliche Volkszugehörigkeit, Religionen oder soziale Normen, können die wirtschaftliche Zusammenarbeit erschweren. Werden kulturelle Unterschiede nicht beachtet, kann dies den Erfolg von kompletten Produktkategorien zunichte machen. Die Europäische Union (EU) ist ein Vorzeigebeispiel für den bewussten Abbau von *administrativer bzw. politischer Distanz* zwischen den Mitgliedsstaaten. Maßnahmen wie Gesetze, Regulierungen oder Tarife, die dazu dienen, die heimische Industrie vor der ausländischen zu schützen, gleichzeitig aber die administrative Distanz erhöhen, werden in der EU nach und nach abgebaut. *Geografische Distanz* ist wohl der Aspekt, der vielen Menschen bei dem Schlagwort Distanz als erstes in den Sinn kommt. Sie ist in den meisten Fällen eine natürliche Gegebenheit, die jedoch durch gute Infrastruktur bewältigt werden kann. Zu geografischer Distanz gehört jedoch auch die Bedeutung von unterschiedlichen Zeitzonen, einem fehlenden Meereszugang oder klimatischem Gefälle. Starkes Einkommens- oder Vermögensgefälle zwischen Konsumenten unterschiedlicher Länder vergrößert die *ökonomische Distanz* zwischen ihnen und wirkt sich auf das Handelsvolumen aus. Weitere Beispiele für ökonomische Distanz sind Unterschiede in Kosten und Qualität von natürlichen sowie finanziellen Ressourcen oder Humankapital.

Ghemawat (2007b) stellt an dieser Stelle die Frage, warum es vielen Unternehmen nicht gelingt, auf den von ihnen bearbeiteten internationalen Märkten ebenso erfolgreich zu sein wie im Heimatland. Die Antwort hierauf liegt seiner Ansicht nach im falschen Umgang mit Distanz. Wie das CAGE-Modell verdeutlicht, können Unterschiede zwischen verschiedenen Nationen von erheblichem Ausmaß sein. Distanz wird, laut dem Autor, von den meisten Unternehmen als Hürde betrachtet, die es zu umgehen gilt. Sie bauen ihre Strategie daher auf die Aspekte auf, in denen der Zielmarkt dem heimatlichen ähnelt. Hierdurch soll ein möglichst hoher Grad an Standardisierung und Skaleneffekten erreicht werden. Problematisch ist an dieser Sichtweise jedoch, dass sie blind für die Möglichkeiten macht, die unterschiedliche regionale Eigenschaften mit sich bringen. Distanz sollte also nicht als Hindernis, sondern als Chance für die internationale Strategie betrachtet werden. Ghemawat (2007b) schlägt daher vor, sie durch Adaption, Aggregation und Arbitrage in einen Wettbewerbsvorteil umzuwandeln.[257]

[257] Vgl. [Ghemawat (2007b), S. 105]; vgl. [Ghemawat (2003), S. 76-78]

1. Adaption

Das Anbieten von Variation ist der wohl nahe liegendste Ansatz, um sich an Unterschiede zwischen Ländern anzupassen. Dies kann beispielsweise durch auf das Land oder an die Region angepasste Produktvariationen oder spezielle Unternehmensrichtlinien, z.B. im Personalwesen, geschehen. Um es jedoch nicht bei einer, nach Ghemawats (2007b) Ansicht, nichtssagenden Aufforderung wie 'think global and act local' zu belassen, schlägt er vier Maßnahmen vor, wie Variation eingeführt und gleichzeitig die damit einhergehende Komplexität sowie die steigenden Kosten handhabbar gemacht werden können.[258] Die erste Methode ist strategische Fokussierung um die Heterogenität der Anforderungen einzugrenzen. Ein Unternehmen kann sich beispielsweise auf bestimmte Regionen konzentrieren und beschließen, nur ausgewählte Produkte anzubieten, die sich besonders gut für Variationen eignen. Ebenso kann es sich auf ein Marktsegment spezialisieren. Eine weitere Maßnahme, die darauf abzielt, die unternehmensinterne Anpassung zu reduzieren, ist der Einsatz von externen Partnern. Die Last der Anpassung wird in diesem Fall vom Unternehmen weg auf den Partner verlagert, der in diesem Bereich schon Erfahrung haben sollte. Dies kann z.B. durch das Schließen von strategischen Allianzen oder JVs umgesetzt werden. Ein weiterer Ansatz ist, über das Design die Kosten der Adaption zu reduzieren. Die bereits angesprochene Methode des modularen Produktdesigns ist ein Beispiel hierfür. Die Steigerung der Innovationskraft ist die vierte Methode. Beispielsweise kann ein Unternehmen seine internationale Präsenz nutzen, um Innovationen, Wissen und Expertise, die in den verschiedenen Ländern vorhanden sind, aufzuspüren.[259] Für jedes der drei As empfiehlt sich eine spezielle Organisationsform, um seine strategische Ausrichtung bestmöglich umzusetzen. Der Wettbewerbsvorteil von Adaption liegt darin, durch eine Variationsstrategie, die dennoch ein gewisses Maß an Skaleneffekten ermöglicht, ein profitabler und gleichzeitig gut angepasster Marktteilnehmer zu sein. Bei einer solchen Strategie empfiehlt sich eine länderorientierte Organisation, bei der die Koordination im Land vorgenommen wird und die Wertkette möglichst auf diejenigen Länder verteilt ist, die dem Heimatland ähneln. Dieses Organisationsmodell gleicht der multinationalen Strategie.[260]

[258] Vgl. [Ghemawat (2007b), S. 107 f., 113]; vgl. [Ghemawat (2003), S. 78]
[259] Vgl. [Ghemawat (2007b), S. 113-130]
[260] Vgl. [Ghemawat (2007a), S. 60 f.]

2. Aggregation

Bei der Aggregationsstrategie geht es darum, Bereiche nach bestimmten Gesichtspunkten zu bündeln. Hierdurch sollen Skaleneffekte erzielt und Komplexität reduziert werden. Nach welchen Gesichtspunkten zusammengefasst wird, ist unternehmens- und branchenabhängig. Am einfachsten ist zumeist die geografische Aggregation. Hierbei können beispielsweise alle Länder eines Kontinents, alle Regionen eines Landes oder eines Wirtschaftsblocks zusammengefasst und als eine Einheit behandelt werden. Aggregation sollte jedoch nicht nur nach geografischen Aspekten vorgenommen werden, sondern auch nach den anderen drei Kategorien des CAGE-Systems.[261] Ein Beispiel für kulturelle Aggregation ist die Zusammenfassung nach Sprachräumen. Hierbei fallen Spanien sowie viele Länder Mittel- und Südamerikas in eine Gruppe. Für die Aggregation nach administrativen Gesichtspunkten bietet es sich an, z.B. die Mitgliedsstaaten des Commonwealth als eins zu betrachten. Diese haben durch die frühere britische Herrschaft eine ähnliche administrative und politische Grundlage. Des Weiteren unterteilen viele Unternehmen heute bereits in wirtschaftlich entwickelte und sich noch entwickelnde Länder, was einer ökonomischen Aggregation entspricht.[262] Der Wettbewerbsvorteil der Aggregationsstrategie liegt darin, durch Gruppierung Komplexität zu reduzieren und Skaleneffekte zu erzielen. Bei einem solchen Fokus sollte der Organisationsaufbau auch entsprechend der Gruppen, also beispielsweise nach regionalen Einheiten oder Produktdivisionen, aufgebaut werden. Die Koordination der einzelnen Aggregationseinheiten sollte weitestgehend diesen überlassen werden. Die Wertkette sollte auch hier auf Länder verteilt werden, die dem Heimatland ähneln.[263]

3. Arbitrage

Die Strategie des Ausnutzens von Unterschieden zwischen verschiedenen Märkten, sprich Arbitrage, wird von den meisten Führungskräften als längst erschöpftes Instrument angesehen. Ghemawat (2007b) zeigt jedoch anhand der vier Dimensionen des CAGE-Modells auf, wie es möglich ist, genau diese Unterschiede auf kreative

[261] Ghemawat (2007b; 2005) beschreibt die Gruppierung nach geografischen Gesichtspunkten am ausführlichsten. Der Autor schreibt aber auch, dass alle vier Kategorien betrachtet werden sollten. Für genauere Informationen zur geografischen Gruppierung siehe [Ghemawat (2007b), S. 140-155]; [Ghemawat (2005), S. 101-104]

[262] Vgl. [Ghemawat (2007b), S. 156-160]; [Ghemawat (2005), S. 107]

[263] Vgl. [Ghemawat (2007a), S. 60 f.]

Weise zu nutzen. Kulturelle Arbitrage bedeutet, dass kulturbedingte Eigenheiten genutzt werden, um einen Wettbewerbsvorteil zu erzielen. So legen sich beispielsweise deutsche Modehersteller einen italienischen Namen zu, wie etwa Carlo Colucci[264], um das mit Italien assoziierte Bild von modischer Eleganz und Lässigkeit für sich zu nutzen. Administrative Arbitrage nutzt Unterschiede im rechtlichen und politischen System von Ländern. Häufig handelt es sich hierbei um die Ausschöpfung von Steuervorteilen. Ein Unternehmen kann auch Vorzüge durch geografische Arbitrage erzielen. Hierbei wird die Auswirkung von physikalischer Distanz auf Transport- oder Kommunikationskosten genutzt. Sinkende Transportpreise haben beispielsweise dem niederländischen Blumenhandel, der mittlerweile Blumen aus aller Welt bezieht, zum Erfolg verholfen. Die vierte Arbitragemöglichkeit stellt die ökonomische Gegebenheit dar. Bei dieser Strategie werden landesabhängige Unterschiede wie z.B. Lohn- oder Kapitalkosten ausgeschöpft.[265] Die Arbitragestrategie bringt den Wettbewerbsvorteil mit sich, dass sie durch internationale Spezialisierung Skaleneffekte und Einsparungen erzielt. Dieses A kann am besten durch vertikale oder funktionale Organisation betrieben werden. Die Koordination sollte nach Funktionsbereich geschehen und die Wertkette dorthin verteilen, wo Arbitragemöglichkeiten bestehen.[266]

Will das Unternehmensmanagement dieser Art von internationaler Strategie folgen, so muss es festlegen, welches der drei As es als erstes implementieren will. Zu beachten ist dabei, dass Adaption die geeignete Strategie ist, wenn der Markt des Unternehmens noch wenig globalisiert ist. Bei einem stark globalisierten Markt hingegen empfiehlt sich die Aggregationsstrategie. Ist die Globalisierung der Produktion in der Branche schon weit fortgeschritten, ist die Arbitrageoption zu wählen. Aus dieser Konstellation ergibt sich das in Abbildung 2.12 dargestellte AAA-Dreieck.[267]

Da jedes der drei As einen anderen Organisationsaufbau erfordert, ist es nicht einfach, mehreren gleichzeitig zu folgen. Nach Ghemawat (2007b) sollte die Führungsriege eines Unternehmens zu Beginn ein A auswählen und dieses umsetzen. Später kann dann ein zweites oder sogar ein drittes hinzugefügt werden. Der Autor räumt jedoch ein, dass

[264] Carlo Colucci ist der Name sowie die Herrenmarke eines in Bayern ansässigen Familienunternehmens, das früher Nägelein hieß [Colucci (2010), S. 1]

[265] Vgl. [Ghemawat (2007b), S. 173-180]; vgl. [Ghemawat (2003), S. 78-82]

[266] Vgl. [Ghemawat (2007a), S. 60 f.]

[267] Vgl. [Ghemawat (2007b), S. 198 f.]

die erfolgreiche Implementierung aller drei As auf Grund des unterschiedlichen organisationalen Fokus äußerst selten ist.[268]

Abbildung 2.12: Das AAA-Dreieck

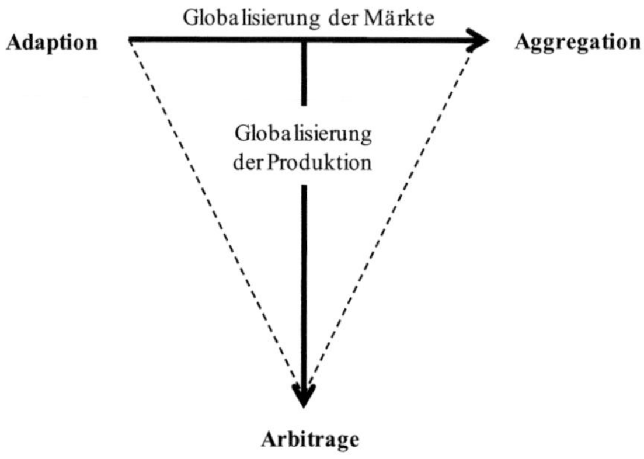

Quelle: Eigene Darstellung in Anlehnung an Ghemawat (2007), S. 198

2.3.4.2 Weiterführende Forschung

Zum Ansatz der Semiglobalisierung ist zu sagen, dass Ghemawat (2007b) nicht der Einzige ist, der sich gegen die These der Konvergenz der weltweiten Kulturen und Märkte stellt. Auch Beck (2007) spricht davon, dass diese Sichtweise, die im kulturellen Sinne häufig als McDonaldisierung bezeichnet wird, ein Irrtum ist.[269] Es ist an dieser Stelle jedoch festzuhalten, dass es nicht möglich war, weiterführende Forschung zum CAGE-Modell oder dem AAA-Dreieck zu finden. Es konnten lediglich mehrere Autoren aufgetan werden, die zumindest die Bedeutung von kultureller, geografischer und ökonomischer Distanz im Allgemeinen anerkennen und mit ihren Untersuchungen bestätigen.[270]

---

[268] Vgl. [ebd., S. 200-205]

[269] Vgl. [Beck (2007), S. 80-83]

[270] Für weitere Informationen zu diesen Studien siehe [Ambos & Ambos (2009), S. 10-12]; [Huang (2007), S. 177]; [Ojala & Tyrväinen (2007), S. 126, 128 f., 141 f.]

2.3.5 Resümee – Internationale Unternehmenstätigkeit

Das Ziel von Kapitel 2.3 war es, unterschiedliche Theorien der internationalen Unternehmenstätigkeit aufzuzeigen. Jedem der vier Modelle liegt ein anderes Verständnis von Globalisierung und den damit einhergehenden derzeitigen und zukünftigen Veränderungen zugrunde. Dies lässt jedoch die Frage aufkommen, wie stark ihre Erklärungskraft für die Unternehmenspraxis ist. Aufbauend auf der jeweiligen Sichtweise hat jedes Modell eine oder mehrere Strategien vorgeschlagen, wie ein international tätiges Unternehmen einen Wettbewerbsvorteil erzielen kann. Um die einzelnen strategischen Ausrichtungen optimal umzusetzen, werden von den Theorien passende Organisationsformen für die internationale Geschäftstätigkeit vorgeschlagen. Diese sind jedoch stark durch die jeweilige Globalisierungssichtweise geprägt.

2.4 Resümee Kapitel 2

Der Zweck von Kapitel 2 war es, ein umfassendes Bild der verschiedenen Facetten des Forschungsgebietes der Internationalisierung zu vermitteln. Hierfür wurden als Hinführung unterschiedliche Internationalisierungs-motive dargelegt, die auch den Zwang zur Aufnahme von grenzüberschreitenden Aktivitäten verdeutlichten. Als Grundlage für die später folgenden Theorien wurden im zweiten Schritt die meist genutzten Markteintrittsstrategien vorgestellt. Den Hauptteil des Kapitels, der für die spätere Hypothesenbildung von großer Bedeutung ist, machten zum einen die besprochenen Theorien zum Prozess der Internationalisierung und zum anderen die der internationalen Unternehmenstätigkeit aus. Auch wurde kritischen Stimmen zu den Modellen Gehör geschenkt.

Nachdem nun die Internationalisierung aus der strategischen Perspektive eingehend erörtert wurde, wird dieses Wissen in Kapitel 3 mit der zweiten wichtigen Komponente dieser Arbeit, nämlich Familienunternehmen, verknüpft.

3 Internationalisierung von Familienunternehmen im Kontext des Forschungsfeldes

In diesem Kapitel soll das Grundverständnis für einen speziellen Unternehmenstyp, die Familienunternehmen, gelegt werden. Die Bedeutung dieser Art von Unternehmen (Kap. 3.1) wird für die deutsche sowie für die internationale Wirtschaft häufig unterschätzt. In der Wissenschaft stellen Familienunternehmen ein noch junges und wenig bearbeitetes Gebiet dar (Kap. 3.2), weshalb die Erforschung der Internationalisierung dieser Unternehmen auch von besonderer Dringlichkeit ist. Zum besseren Verständnis wird in diesem Teil der Arbeit auf die Entstehung und den derzeitigen Stand des Forschungsgebietes eingegangen, die Kontroverse um die Definition von Familienunternehmen dargelegt und eine für diese Untersuchung gültige Variante abgeleitet. Des Weiteren wird die Kopplung von Familie, Unternehmen und Eigentum, charakteristisch für diesen Unternehmenstyp, diskutiert. Auf Grund dieser Dreierkonstellation ergeben sich eine Reihe von spezifischen Eigenschaften (Kap. 3.3), die Einfluss auf den Internationalisierungsprozess haben könnten. Das durch diese Unterkapitel gelegte Grundverständnis für Familienunternehmen wird hierauf folgend mit der Thematik Internationalisierung zusammengeführt. So wird der derzeitige Stand der Forschung zur Internationalisierung von Familienunternehmen dargestellt (Kap. 3.4). Da es jedoch auf diesem Gebiet bisher nur sehr wenige Erkenntnisse gibt, werden diese um die bei KMUs bereits bestehende Forschung erweitert, da viele Familienunternehmen in diese Größenklasse fallen. Der letzte Teil dieses Kapitels (Kap. 3.5) ist zugleich auch der bedeutendste. Hier werden die aus den Theoriekapiteln zwei und drei gewonnenen Erkenntnisse aufgenommen und gebündelt. Die sich hieraus ergebenden Untersuchungsbereiche werden nachfolgend empirisch überprüft.

3.1 Wirtschaftliche Bedeutung von Familienunternehmen

Die Bedeutung von Familienunternehmen wird in der Öffentlichkeit häufig unterschätzt, obwohl sie das Rückgrat der meisten Volkswirtschaften bilden. Schon im antiken Griechenland sowie im römischen Reich beruhten die wirtschaftlichen Aktivitäten hauptsächlich auf Familien. Einflussreiche

Vertreter, wie die Rothschilds oder Rockefellers, trieben die wirtschaftliche Entwicklung voran. Obwohl seit Beginn des 20. Jahrhunderts vermehrt nicht familiengeführte Unternehmen aufkommen, machen Familienunternehmen dennoch den Hauptanteil aus.[271] Der heutige Anteil von Familienunternehmen weltweit im Vergleich zu Publikumsgesellschaften ist beispielsweise in Großbritannien mit rund 77% recht niedrig, wohingegen er in den USA, Indien sowie dem Mittleren Osten sogar ca. 95% beträgt.[272] Auch Deutschland kann hier mithalten.[273] Nach einer Untersuchung des Instituts für Mittelstandsforschung (IfM) Bonn sind hierzulande 95% aller Unternehmen familiengeführt.[274] Der Bund deutscher Industrie (BDI) hat errechnet, dass gut die Hälfte der Bruttowertschöpfung der Industrie auf Familienunternehmen zurückzuführen ist.[275] Außerdem ist jeder zweite deutsche Arbeitnehmer bei einer Gesellschaft in Familienbesitz angestellt. Den Löwenanteil dieser Firmen bilden KMUs.[276] Es gibt jedoch auch große deutsche Familienunternehmen. „Mit 257.000 Beschäftigten und 55 Milliarden € Umsatz ist die Metro AG das größte … gefolgt von [der] BMW AG mit 46 Milliarden € und 103.000 Beschäftigten."[277] Insgesamt befinden sich 34% der deutschen Großunternehmen in Familienbesitz.[278] Auch im Ausland gibt es viele große und bekannte Familienunternehmen wie etwa Cadbury in Großbritannien, Carrefour in Frankreich, Fiat in Italien, Wal-Mart in den USA oder Samsung in Südkorea.[279]

3.2 Familienunternehmen – ein noch junges Forschungsgebiet

Familienunternehmen sind zwar die älteste Form der Unternehmensorganisation, gleichzeitig jedoch auch eine sehr junge Forschungsdisziplin.[280] Warum es zu dieser späten Entwicklung kam und wie diese vorangeschritten ist, soll nachfolgend geklärt werden. Überdies werden zwei unterschiedliche Ansätze vorgestellt, nach denen Familienunternehmen in der Wissenschaft definiert werden, sowie daraus eine für diese Arbeit gültige Definition abgeleitet. Der Fokus des letzten Unterkapitels liegt auf den

271 Vgl. [Bird, Welsch et al. (2002), S. 337]
272 Vgl. [Ibrahim, Angelidis et al. (2008), S. 95 f.]; vgl. [McCann, Leon-Guerrero et al. (2001), S. 50]
273 Vgl. [Klein (2000), S. 53]
274 Vgl. [Wallau & Haunschild (2007), S. 16-19]
275 Vgl. [o.V. (2008b), S. 7]
276 Vgl. [Brockmann, Classen et al. (2008), S. V]
277 [Wallau & Haunschild (2007), S. 35 f.]
278 Vgl. [ebd., S. 35]
279 Vgl. [Ibrahim, Angelidis et al. (2008), S. 95 f.]; vgl. [Cadbury (2000), S. 1-4]
280 Vgl. [Schwass (2005), S. 122]

spezifischen Eigenschaften dieses Unternehmenstyps, die auf die Kopplung und Koevolution von Familie, Unternehmen und Eigentum zurückzuführen sind. Ziel dieses Kapitels ist es, durch die eben angesprochenen Themen das Wissen sowie das Verständnis für diesen Unternehmenstyp zu mehren.

3.2.1 Entstehung des Forschungsgebietes

In der Literatur kam das Wort Familienunternehmen vor den 80er Jahren nur recht selten vor. Das Gebiet wurde zu dieser Zeit hauptsächlich von Praktikern, d.h. Beratern mit Verbindungen zu Familien mit Unternehmen, eingenommen.[281] Sie berieten auf Grund ihrer Praxiserfahrung und boten Kurse an, bei denen Familienunternehmer in Gebieten wie Recht, Finanzen oder Buchhaltung geschult wurden.[282] Zu Beginn der 80er Jahre nahm das bis dato praxisorientierte Feld jedoch eine Wendung hin zum Theoretischen, wodurch es zu den ersten grundlegenden wissenschaftlichen Erkenntnissen kam. Diese lassen sich in vier Bereichen zusammenfassen: Erstens wurde festgestellt, dass Familienunternehmen ein spezieller Organisationstyp sind, der sich stark von Publikumsgesellschaften unterscheidet. Zweitens sind sie aus verschiedenen Systemen[283] aufgebaut, durch die es drittens zu einem hohen Komplexitätsgrad der zwischenmenschlichen Beziehungen kommen kann. Dies birgt Konfliktpotenzial. Viertens wurde die Nachfolge zur größten Herausforderung von Familienunternehmen erklärt. Diese Erkenntnisse wurden zumeist in Büchern oder den ersten Ausgaben des ‘Family Business Review’ (FBR) publiziert.[284] Dieses Journal wurde im Jahre 1988 von dem zwei Jahre davor gegründeten ‘Family Firm Institute’ ins Leben gerufen. FBR bot den Wissenschaftlern einen Weg, ihre Artikel zu publizieren und sich auszutauschen, was in anderen bestehenden Journalen meist auf Grund von mangelnder Anerkennung des Forschungsgebietes nicht möglich war. Auch heute noch ist FBR das einzige Journal, das sich ausschließlich diesem Forschungsbereich widmet. Es sind jedoch in neuerer Zeit weitere Nischenpublikationen hinzugekommen, wie z.B. ‘Entrepreneurship Theory and Practice’ oder das ‘Journal of Business Venturing’, die häufig Artikel zu Familien-

---

281 Vgl. [Astrachan (2003), S. 567]

282 Vgl. [Hoy & Sharma (2006), S. 17]; vgl. [Handler (1989), S. 266]

283 Auf die verschiedenen Ansätze bezüglich der Systeme bzw. Teile, aus denen sich ein Familienunternehmen zusammensetzt, beispielsweise Familie, Unternehmen und Eigentum, wird in Kapitel 3.2.4 näher eingegangen.

284 Vgl. [Casillas & Acedo (2007), S. 150]

unternehmen publizieren.[285] Seit 1989 wurden einzelne theoretische Modelle speziell für Familienunternehmen entwickelt. Ein Beispiel hierfür wäre die 'stewardship theory' von Corbetta und Salvato (2004).[286] Zumeist werden jedoch die Theorien von anderen akademischen Disziplinen, wie z.B. dem strategischen Management, auf diese Organisationsform angewendet, da die Familienunternehmensforschung ein interdisziplinäres Feld darstellt.[287]

3.2.2 Derzeitiger Stand der Forschung

Wie sich bereits in den 80er Jahren abzeichnete, bildet die Nachfolgeproblematik auch heute noch den Forschungsfokus.[288] Nach einer Untersuchung von Chrisman, Chua et al. (2003b) geht es bei 22% der untersuchten Artikel weiterhin um diese Thematik. Anderen Gebieten wird jedoch zunehmend Aufmerksamkeit geschenkt. Die ökonomische Leistungsstärke von Familienunternehmen wird von 15% erforscht, gefolgt von den Grundsätzen der Unternehmensführung, Untersuchungen zum Wettbewerbsvorteil sowie der Innovationskraft und Kultur dieses Organisationstyps. Zu bemängeln ist jedoch, dass sich lediglich 3% aller Forschungsbestrebungen mit der Internationalisierung von Familienunternehmen auseinander setzen.[289] Aus diesem Grund sprechen sich einige Autoren dafür aus, dieses Gebiet stärker zu erforschen.[290] Nach Ibrahim, Angelidis et al. (2008) sollte eine leitende Frage hierbei sein, wie sich die Internationalisierungsstrategien von Familien- und Nicht-Familienunternehmen unterscheiden.[291]

---

285 Vgl. [Sharma, Hoy et al. (2007), S. 1018]; vgl. [Brockhaus (1994), S. 31]

286 Die Kernaussage der Stewardship-Theorie ist, dass Manager, die auf sich alleine gestellt sind, trotzdem verantwortungsvoll handeln und das fremde Eigentum kontrollieren. Sie steht also im Gegensatz zur Principal-Agent-Theorie. Auf die Stewardship-Theorie soll hier nicht weiter eingegangen werden, da sie für die vorliegende Arbeit nicht von Relevanz ist. Bei Interesse kann jedoch nachgelesen werden unter: Corbetta, G., & Salvato, C. (2004). Self-serving or self-actualizing? Models of man and agency costs in different types of family firms: A commentary on "Comparing the agency costs of family and non-family firms: Conceptual issues and exploratory evidence." *Entrepreneurship Theory and Practice*, 28, 355–362.

287 Vgl. [Casillas & Acedo (2007), S. 150]

288 Vgl. [Astrachan (2003), S. 567]

289 Um zu diesem Ergebnis zu kommen, haben die Autoren den Forschungsschwerpunkt von 190 Artikeln, die zwischen 1996 und 2003 publiziert wurden, analysiert [Chrisman, Chua et al. (2003b), S. 50] Für weitere Beiträge mit Aufstellung zu den Forschungsschwerpunkten siehe [Casillas & Acedo (2007), S. 147-149] sowie [Bird, Welsch et al. (2002), S. 340 f.]

290 Vgl. [Hoy (2003), S. 420]; vgl. [Gibb, Dyer et al. (1998), S. 291]

291 Vgl. [Ibrahim, Angelidis et al. (2008), S. 103]

Ein Nachteil der alles in allem noch jungen Familienunternehmensforschung ist, dass ihre Bedeutung derzeit noch häufig unterschätzt wird. Dies zeigt sich vor allem in der recht geringen Artikelveröffentlichung in den bekannten, etablierten Publikationen wie dem 'Organization Science', dem 'Academy of Management Journal' oder dem 'Strategic Management Journal'.[292] Da die auf Familienunternehmensforschung spezialisierten Nischenjournale jedoch nur von einem vergleichsweise geringen Fachpublikum gelesen werden, finden selbst hochwertige Artikel nur wenig Beachtung.[293] Ein weiterer Grund für die mangelnde Anerkennung ist die Kritik einiger Autoren, dass es bislang noch an empirischen Untersuchungen von hoher Qualität mangelt.[294] Hierbei ist jedoch ein Aufwärtstrend zu verzeichnen.[295] Zu beachten ist bei dieser Diskussion auch, dass sich die Familienunternehmensforschung im Spannungsfeld zwischen Theorie und Praxis befindet. Beide Bereiche müssen miteinander verzahnt werden, um theoretische Ergebnisse mit Praxisrelevanz für Familienunternehmen zu erhalten.[296] Eine weitere Ursache für das teilweise noch geringe Ansehen des Forschungsgebietes ist das Fehlen eines grundlegenden Theoriegerüstes. Obwohl es Arbeiten in diese Richtung gibt, existiert doch kein Konsens darüber, was als Grundlage zu wählen ist oder welche Disziplinen mit einzubeziehen sind.[297] Dies liegt wohl wiederum am noch frühen Stadium, in dem sich dieser Forschungszweig befindet. Ein weiterer Bereich, in dem bislang keine Übereinkunft erzielt werden konnte, ist die Definition von Familienunternehmen, weshalb die verschiedenen Ansätze im folgenden Unterkapitel diskutiert werden.

Resümierend ist zu sagen, dass sich dieses noch junge Forschungsgebiet in den letzten Jahrzehnten stark entwickelt hat und zunehmend seinen Platz als anerkannte Disziplin der Wirtschaftswissenschaften einnimmt. Jedoch wurden bislang Strategiethemen und vor allem die Internationalisierung weitestgehend außer Acht gelassen. Das noch unvollständige Theoriegerüst gibt Wissenschaftlern jedoch gleichzeitig die Möglichkeit, in diesem Bereich maßgeblich mitzuwirken.

---

292 Vgl. [Chrisman, Chua et al. (2003b), S. 930]

293 Vgl. [Hoy (2003), S. 419]

294 Vgl. [Astrachan (2009), S. 40]; vgl. [Zahra & Sharma (2004), S. 336]; vgl. [Smyrnios, Tanewski et al. (1998), S. 57 f.]; vgl. [Sharma, Chrisman et al. (1997), S. 9-11]

295 Vgl. [Bird, Welsch et al. (2002), S. 346, 348]; vgl. [Gibb, Dyer et al. (1998), S. 288 f.]

296 Vgl. [Astrachan (2009), S. 40]; [Vought, Baker et al. (2008), S. 1119]

297 Vgl. [Hack (2009), S. 2]; vgl. [Pieper & Klein (2007), S. 308 f.]; vgl. [Sharma (2006), S. 45-47]; vgl. [Wortman (1994), S. 19 f.]

3.2.3 Definitionsansätze zur Abgrenzung von Familienunternehmen von Nicht-Familienunternehmen

Die definitorische Auseinandersetzung des Forschungsgebietes mit dem Begriff Familienunternehmen begann zwar schon in den 80er Jahren, kam jedoch nur schleppend voran. Abgesehen von wenigen Ausnahmen gab es zu Beginn kaum Interesse an einer solchen Abgrenzung.[298] Dies lag wahrscheinlich im geringen Bedürfnis der damals tätigen Praktiker nach einer theoretischen Definition. Erst im darauffolgenden Jahrzehnt erschien eine Vielzahl von unterschiedlichen Begriffsbestimmungen. Von einem Konsens kann derzeit jedoch noch nicht die Rede sein.[299] Dies führt dazu, dass Forschungsergebnisse nur schwer zu vergleichen sind, da die in der jeweiligen Untersuchung berücksichtigte Gruppe und Anzahl von Unternehmen wiederum von der zugrunde liegenden Definition abhängt.[300]

Die verschiedenen Definitionsansätze, die sich im Laufe der Zeit herauskristallisiert haben, lassen sich jedoch in zwei weiter ausdifferenzierbare Gruppen unterteilen, in den Komponenten- und den Verhaltensansatz. Bei ersterem suchen Forscher im jeweiligen Unternehmen nach bestimmten, vorher festgelegten Kriterien. Je nachdem in welchem Ausmaß diese vorhanden sind, wird eine Organisation als Familienunternehmen klassifiziert oder nicht. Die Forschung entscheidet damit, ob es sich beim Untersuchungsobjekt um ein Familienunternehmen handelt. Beim Verhaltensansatz hingegen werden diejenigen als Familienunternehmen angesehen, die sich selbst als solche begreifen. Es wird hierbei festgestellt, ob es in der Selbstbeschreibung des Unternehmens oder in dessen beobachtbarem Verhalten Indizien dafür gibt, ob es sich selbst als Familienunternehmen begreift. Die Klassifizierung geht bei diesem Ansatz also nicht vom Forscher, sondern von der Selbstwahrnehmung des jeweiligen Unternehmens aus. Diese beiden Ansätze lassen sich, wie in Abbildung 3.1 zu sehen ist, noch weiter untergliedern.[301] Die einzelnen Gruppen werden in den nachfolgenden Kapiteln zum Komponenten- und Verhaltensansatz besprochen.[302]

---

298 Vgl. [Handler (1989), S. 259]

299 Vgl. [Litz (1995), S. 100]

300 Vgl. [Anderson, Jack et al. (2005), S. 137]; vgl. [Westhead & Cowling (1998), S. 48]

301 Die Unterteilung in Komponenten- und Essenzansatz folgt [Klein (2008), S. 4-6] sowie [Chrisman, Chua et al. (2005), S. 556 f.]. Im englischen Original von Chrisman, Chua et al. (2005) wird der Komponentenansatz als 'component-of-involvement approach' und der Verhaltensansatz als 'essence approach' bezeichnet. Die Benennung der beiden Gruppen kann sich aber je nach Autor

Abbildung 3.1: Gruppierung der Definitionsansätze

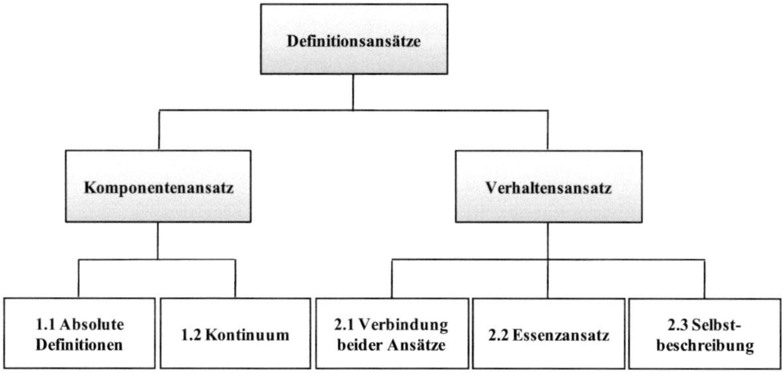

Quelle: Eigene Darstellung in Anlehnung an Klein (2008), S. 4-6; Chrisman, Chua & Sharma (2005), S. 556 f.

3.2.3.1 Komponentenansätze

Nachfolgend werden die beiden Untergruppen des Komponentenansatzes vorgestellt. Das erste Lager der Komponentenansätze schlägt absolute Definitionen vor, wohingegen das zweite von einem Kontinuum ausgeht.

Gruppe 1.1: Absolute Definitionen

Die erste Definitionsgruppe verbindet die Frage, welche Merkmale dafür ausschlaggebend sind, ob eine Organisation als Familienunternehmen zu klassifizieren ist. Solche absoluten Definitionen sind die häufigste Art, Familienunternehmen von Nicht-Familienunternehmen zu unterscheiden. Sie zeichnen sich durch ihre einfache

unterscheiden. So bezeichnet Hennerkes (2004) den Komponentenansatz als objektiven Ansatz und den Essenzansatz als subjektiven Ansatz [Hennerkes (2004), S. 16]

302 Es sollen hier nicht alle Unterarten von Definitionen vorgestellt werden, sondern lediglich die, welche in der Literatur häufig auftreten, sprich von Bedeutung für die derzeitige Forschung sind. Manche Autoren, wie etwa Klein (2008), nehmen Habbershons (2006) 'familiness' Ansatz zu den Verhaltensansätzen dazu. Da es sich hierbei jedoch nicht primär um einen Beitrag zur Definitionsdebatte handelt und er nicht in die für diese Arbeit gültige Definition (Kap. 3.2.3.3) einfließt, wird an dieser Stelle nicht weiter darauf eingegangen. Habbershons (2006) Erkenntnisse halten jedoch Einzug in Kapitel 3.3 (genauer 3.3.1.3), das sich mit den Eigenschaften von Familienunternehmen auseinander setzt.

Operationalisierbarkeit aus.[303] Problematisch ist jedoch, dass die vorausgesetzten Merkmale zwischen den einzelnen Definitionen stark variieren. Häufig auftretende Kriterien sind z.B. Eigentum, Management, Nachfolge und Einfluss. In Tabelle 3.1 sind beispielhaft einige absolute Definitionen aufgeführt, die nach dem Auftreten der Merkmale Eigentum und Management sortiert sind. Dieser Unterteilung wurde Folge geleistet, da Chua, Chrisman et al. (1999) in ihrer Untersuchung feststellen, dass diese beiden Kriterien bei absoluten Begriffsbestimmungen fast immer vorkommen, jedoch in drei unterschiedlichen Kombinationen. Diese sind wie folgt: (1) Eigentum und Management liegen bei der Familie, (2) das Eigentum muss in familiärer Hand sein, das Management jedoch nicht unbedingt oder (3) in jedem Fall ist mindestens ein Familienmitglied in der Unternehmensführung, die Familie muss aber nicht Eigentümer sein. Der kleinste gemeinsame Nenner der Definitionskontroverse ist nach den Autoren Kombination (1). Ergo, die meisten Forscher sprechen von einem Familienunternehmen, wenn Eigentum und Management vereint bei der Familie liegen.[304]

Eine umfangreichere Methode der absoluten Definition ist das 'bull's eye' von Shanker und Astrachan (1996). Sie unterscheiden zwischen drei aufeinander aufbauenden Definitionen. Die weit gefasste Begriffsbestimmung schließt die größte Anzahl an Unternehmen ein, da sie lediglich voraussetzt, dass die Familie einen gewissen Grad an Kontrolle über das Unternehmen hat, die auch zukünftig in der Familie verbleiben soll. Die mittelweite Definition fügt den eben genannten Kriterien noch hinzu, dass der Gründer oder ein direkter Nachfolger die Firma führt. Die engste Begriffsbestimmung verlangt zudem die Beteiligung mehrerer Generationen, die Einbindung der Familie in das Tagesgeschäft und das Innehaben von mehr als einer Führungsposition. Bei einer Untersuchung ergab sich, dass es bei Anwendung der weiten Definition 20,3 Millionen Familienunternehmen in den Vereinigten Staaten gäbe, bei der mittleren 12,2 Millionen und bei der engsten lediglich 4,1 Millionen. Dies zeigt deutlich, wie sehr die Anzahl der zu betrachtenden Familienunternehmen definitionsabhängig ist.[305]

---

303 Vgl. [Klein (2008), S. 5]
304 Vgl. [Chua, Chrisman et al. (1999), S. 20 f.]
305 Vgl. [Shanker & Astrachan (1996), S. 113-117] Das bull's eye wird häufig in Untersuchungen verwendet, so z.B. auch bei [Uhlaner (2005), S. 41, 44]

Tabelle 3.1: Absolute Definitionen unterschieden nach den Merkmalen Eigentum und Management

Merkmal	Definitionen
Eigentum & Management	▪ „A business where a single family owns the majority of stock and has total control. Family members also form part of the management and make the most important decisions concerning the business“ Gallo & Sveen (1991)
Eigentum	▪ „Wir sprechen von Familienunternehmen immer dann, wenn sich eine Wirtschaftsorganisation im Eigentum einer Familie [...] befindet und diese deshalb einen bestimmenden Einfluss auf die Entwicklung des Unternehmens nehmen kann.“ Wimmer, Domayer et al. (2005) ▪ „Controlling ownership is rested in the hands of any individual or of the members of a single family“ Barnes & Hershon (1976)
Management	▪ A family business is „a business in which two or more extended family members influence the direction of the business“ Davis & Tagiuri (1985)

Quelle: Eigene Darstellung in Anlehnung an[306] Wimmer, Domayer et al. (2005), S. 6; Chua, Chrisman et al. (1999), S. 21; Gallo & Sveen (1991), S. 181 f.; Barnes & Hershon (1976), S. 106

Gruppe 1.2: Kontinuum

Ein weiterer Komponentenansatz, der ebenfalls Inhomogenität zwischen Familienunternehmen miteinbezieht, ist die F-PEC Skala von Astrachan, Klein et al. (2006). Im Gegensatz zu den absoluten Definitionen geht es hierbei nicht vorrangig darum, Familien- von Nicht-Familienunternehmen zu unterscheiden. Stattdessen soll der familiäre Einfluss auf das Unternehmen gemessen werden. Dieser Ansatz ist als Kontinuum zu verstehen, da sich der Einfluss auf einer Skala von Null Prozent Familien-

306 Für die Definitionen siehe [Wimmer, Domayer et al. (2005), S. 6]; [Gallo & Sveen (1991), S. 181f.]; [Barnes & Hershon (1976), S. 106] Die Definition von Davis & Tangiuri (1985) wurde entnommen aus [Chua, Chrisman et al. (1999), S. 21]

unternehmen, sprich kein Einfluss, bis hin zu einem 100-prozentigen Familienunternehmen mit vollständiger Einbindung der Familie bewegen kann. F-PEC ist die Abkürzung für 'Family influence through Power, Experience and Culture', was bedeutet, dass die drei Komponenten Macht, Erfahrung und Kultur betrachtet werden.[307] Der Faktor *Macht* „beschreibt die Einflussmöglichkeiten einer Familie über Eigentum, Governance und/oder die Beteiligung an der Geschäftsführung … Daraus ergibt sich die prozentuale Beteiligung der Familie an Eigentumsrechten und den daraus folgenden Rechten zur Kontrolle (Governance) und Führung des Unternehmens."[308] Die Dimension *Erfahrung* ist auf die Hypothese gestützt, dass ein Familienunternehmen von Generation zu Generation dazulernt, wobei der Lerneffekt von der Gründergeneration auf die nachfolgende am größten ist. Dementsprechend werden die Unterkategorien, auf die sich Erfahrung auswirkt, wie Generation der Eigentümer oder der aktiven Führung mit einem nicht linearen Algorithmus gewichtet. Der dritte Teilbereich, *Kultur*, errechnet sich zum einen aus dem Ausmaß, in dem die Familie Einfluss auf das Wertesystem der Firma hat und zum anderen aus dem Engagement, welches die Familie im Unternehmen erbringt.[309] Der Ansatz von Astrachan, Klein et al. (2006) erscheint auf den ersten Blick einleuchtend, da durch die kontinuierliche Skala Unternehmen nicht auf Grund des Fehlens eines Merkmales aus der Familienunternehmensklassifizierung fallen. Auch wird die Mannigfaltigkeit dieses Organisationstyps berücksichtigt. Durch F-PEC kann, wenn sich das Unternehmen so gibt, wie es die Forscher prognostizieren, eine Aussage darüber gemacht werden, wie familienunternehmenstypisch es sich verhält.[310] Jedoch sollte beachtet werden, dass F-PEC eben nur die aufgezeigten Unterfaktoren miteinbezieht und dabei viele Aspekte außer Acht lässt, die ebenfalls typisch für Familienunternehmen sind, wie z.B. der Einfluss von Ehepartnern.[311]

[307] Vgl. [Astrachan, Klein et al. (2006), S. 168-174]

[308] [Klein (2008), S. 6]

[309] Die Ausführung über die F-PEC-Skala ist folgenden Quellen entnommen [ebd., S. 6-8]; [Astrachan, Klein et al. (2006), S. 168-174]; [Klein, Astrachan et al. (2005), S. 323-326]

[310] Vgl. [Astrachan, Klein et al. (2006), S. 173] Der F-PEC-Ansatz wurde von weiteren Wissenschaftlern in der Praxis getestet. Siehe hierzu [Holt, Rutherford et al. (o.J.), S. 2, 5]

[311] Für weitere Kritik siehe [Rutherford, Kuratko et al. (2008), S. 1099 f., 1105]

3.2.3.2 Verhaltensansätze

Verhaltensansätze bieten einen alternativen Zugang zur Bestimmung von Familienunternehmen. Es wird hierbei nach Unternehmensmerkmalen gesucht, die herausstellen, ob sich das Unternehmen in seinem Verhalten auf die Familie bezieht. Mit anderen Worten soll herausgefunden werden, ob sich die Organisation als Familienunternehmen wahrnimmt; ob sich also bei den Handlungen Eigenschaften feststellen lassen, die typisch für diesen Organisationstyp sind.[312] Im Folgenden werden die drei Untergruppen, beginnend mit dem verbindenden Ansatz von Litz (1995), erläutert.

Gruppe 2.1: Verbindung beider Ansätze (Komponenten- und Verhaltensansatz)

Litz (1995) war der erste Wissenschaftler, der im rein komponentenbasierten Ansatz keine Lösung für das Definitionsproblem sah. Aus diesem Grund schlug er eine Verbindung von Komponenten- und Verhaltensansatz vor. Nach dem Autor müssen als Grundvoraussetzungen das Eigentum sowie das Management in Familienhand liegen, was dem Komponentenansatz entspricht. Dies genügt seiner Ansicht nach jedoch nicht, weshalb er die beiden Komponenten um einen Verhaltensaspekt erweitert. Litz (1995) sieht den Kern eines Familienunternehmens nämlich darin, die familiäre Verbindung zum Unternehmen in der jetzigen wie in der kommenden Generation aufrechtzuerhalten oder gar zu verstärken.[313]

Eine weitere Definition, die beide Ansätze miteinander verbindet, ist die von Jorissen, Laveren et al. (2005). So schreiben sie Folgendes: „We classify firms as family firms if they perceive themselves as family firms and if a family possesses the majority of the shares."[314]

Gruppe 2.2: Essenzansatz

Einen prominenten Vorstoß machen Chua, Chrisman et al. (1999) mit dem Essenzansatz.[315] Sie definieren Familienunternehmen folgendermaßen:

> „The family business is a business governed and/or managed with the intention to shape and pursue the vision of the business held by a dominant coalition controlled

[312] Vgl. [Chrisman, Chua et al. (2005), S. 556 f.]
[313] Vgl. [Litz (1995), S. 100-103]
[314] [Jorissen, Laveren et al. (2005), S. 234]
[315] Vgl. [Chua, Chrisman et al. (1999), S. 19 f., 22, 24 f., 27 f., 35]

> by members of the same family or a small number of families in a manner that is potentially sustainable across generations …“[316]

Der Fokus des Essenzansatzes liegt auf der familiären Ausgestaltung der Unternehmensstrategie. Dabei wird untersucht, ob die strategische Ausrichtung sowie die Vision von der Familienkoalition formuliert werden und darauf ausgelegt sind, über mehrere Generationen nachhaltig fortzubestehen. Interessant an diesem Ansatz ist, dass auch eine Familie, die nicht am Unternehmen beteiligt ist, jedoch trotzdem seit Generationen z.B. die Geschäftsleitung stellt, durchaus die Unternehmensstrategie und Ausrichtung so maßgeblich beeinflussen kann, dass sich das Unternehmen als Familienunternehmen qualifiziert. Nachteilig an diesem Ansatz ist jedoch, dass Chua, Chrisman et al. (1999) mit ihrer Definition nur auf strategische Aspekte eingehen, wobei dies bei weitem nicht der einzige Bereich ist, in dem sich der familiäre Einfluss bemerkbar macht.[317]

Gruppe 2.3: Selbstbeschreibung

Ein weiterer Definitionsansatz ist der der Selbstbeschreibung von Birley (2001). Sie geht davon aus, dass ein Unternehmen, bzw. dessen Führungskräfte selbst am besten beurteilen können, ob es sich um ein Familienunternehmen handelt oder nicht.[318] In ihrem Artikel veröffentlicht Birley (2001) die Ergebnisse einer empirischen Untersuchung, in der sie das Zutreffen der Selbstbeschreibung von Unternehmen im Vergleich zu deren observierbarem Verhalten untersucht.[319] Für diese Analyse wurden Eigentümer-Unternehmer befragt, ob sie ihr Unternehmen als ein familiäres ansehen. Gleichzeitig mussten sie Fragebögen ausfüllen, die familienunternehmenstypisches Verhalten aufdecken sollten. Das Ergebnis dieser Studie war überraschend: Bei 17% der Unternehmen, die vom Eigentümer als Familienunternehmen eingeschätzt wurden, besagte die Auswertung des Fragebogens genau das Gegenteil. Andersherum ergab sich eine noch eklatantere Diskrepanz: 26% der Unternehmen, die vom Eigentümer nicht als Familienunternehmen klassifiziert wurden, wiesen laut Fragebogen typische Merkmale auf.[320] Dieses Ergebnis lässt Zweifel an der von Birley (2001) vorgeschlagenen Methode zur Definition von Familienunternehmen aufkom-

[316] [ebd., S. 25]
[317] Mehr zum familiären Einfluss und den Eigenschaften von Familienunternehmen in Kap. 3.3.
[318] Vgl. [Birley (2001), S. 64]
[319] Für diese empirische Untersuchung wurden Eigentümer-Unternehmer in 16 Ländern befragt [ebd., S. 64 f.]
[320] Vgl. [ebd., S. 73]

men. Zwar wirkt sich Selbsteinschätzung, wie die Studie zeigt, in Teilen auf das Verhalten eines Unternehmens aus, das Resultat der Auswertung zeigt jedoch auch, wie diese Einschätzung von den subjektiven Erfahrungen der Eigentümer-Manager abhängig ist. Problematisch ist, dass die Inkonsistenz der durch Selbsteinschätzung erzielten Ergebnisse eine klare Abgrenzung von Familien- und Nicht-Familienunternehmen nur schwerlich ermöglicht.[321]

3.2.3.3 Definition der vorliegenden Forschungsarbeit

Nachdem nun unterschiedliche Definitionsansätze vorgestellt wurden, in der Wissenschaft jedoch kein Konsens herrscht, wird nun eine Version abgeleitet, die für diese Forschungsarbeit gelten soll. Die aufgezeigten Vor- und Nachteile sowie die teilweise schwierige Operationalisierbarkeit manches Ansatzes wurden hierbei in Betracht gezogen. Jede Definitionsform wurde daraufhin untersucht, inwiefern sie die Aussagekraft der nachfolgenden empirischen Untersuchung stärken würde. Da nach Chua, Chrisman et al. (1999) der kleinste gemeinsame Nenner für eine Definition von Familienunternehmen die Kombination der Komponenten Eigentum und Management ist, soll dies auch für diese Arbeit gelten. Aufbauend auf dieser Festsetzung soll die Definition des Wittener Instituts für Familienunternehmen (WIFU) verwendet werden, da sie eine sehr gute Abgrenzung von Familien- und Nicht-Familienunternehmen ermöglicht. Die für die empirischen Erkenntnisse untersuchten Unternehmen qualifizieren sich also nach dieser Definition als Familienunternehmen. Das WIFU veröffentlicht auf seiner Internetseite die folgende Definition von Familienunternehmen:

> „Wir sprechen immer dann von einem Familienunternehmen, wenn sich ein Unternehmen
>
> - ganz oder teilweise im Eigentum einer Familie oder mehrerer Familien bzw. Familienverbände befindet und wenn diese aus einer unternehmerischen Verantwortung heraus die Entwicklung des Unternehmens maßgeblich bestimmen.
> - Diese Verantwortung der Unternehmerfamilie(n) wird entweder aus einer Führungs- oder Aufsichtsfunktion bzw. aus beiden Funktionen heraus wahrgenommen. …
>
> Das transgenerationale Moment ist für Familienunternehmen essentiell. Bei einem Unternehmen kann also, streng genommen, erst dann von einem

[321] Vgl. [ebd., S. 73, 74 f.]

> Familienunternehmen gesprochen werden, wenn in der Familie geplant wird, das Unternehmen in die nächste Familiengeneration weiterzugeben. …"[322]

Diese Definition soll noch um den, in Publikationen von Wimmer und Gebauer (2004) betonten, Einfluss der Familie auf die Entwicklung des Unternehmens ergänzt werden. Sie ist also nicht nur Anteilseigner, sondern

> „bestimmt … die strategisch-unternehmerische Ausrichtung des Unternehmens. Sie prägt dessen Kultur, seine Werte, die Kommunikations- und Entscheidungsmuster … mit. Familienunternehmen gewinnen ihre spezifische Identität dadurch, das das Unternehmen der langfristigen Existenzsicherung der Familie dient und umgekehrt die Familie als sinnstiftender Orientierungspunkt für das Unternehmen fungiert."[323]

3.2.4 Kopplung und Koevolution der Einzelsysteme des Familienunternehmens

Seit Beginn der Forschung zu Familienunternehmen setzten sich Wissenschaftler mit der Frage auseinander, welche Subsysteme bei diesem Unternehmenstyp zusammenspielen und dabei seine spezifischen Eigenschaften hervorbringen.[324] Zu Beginn wurde von der Kopplung von Familie und Unternehmen, dem so genannten 2-Kreise-Modell, ausgegangen. Dieses wurde jedoch im Laufe der Zeit weiter ausdifferenziert. Beides wird im nachfolgenden Kapitel näher behandelt. Der Fokus wird auf einem Modell liegen, welches unter anderem auf Wimmer, Gebauer (2004) und Simon (2002a) zurückzuführen ist. Die vorliegende Arbeit wird sich bezüglich der später zu erörternden spezifischen Eigenschaften von Familienunternehmen auf dieses Modell stützen. Hierbei wird von der Dreiteilung des Systems Familienunternehmen, nämlich in Familie, Unternehmen und Eigentum, ausgegangen.

Bevor näher darauf eingegangen wird, was ein Familienunternehmen ausmacht, sollte die Frage geklärt werden, was mit dem Begriff Familie gemeint ist. Nach Klein (2000) wird darunter heutzutage „die Kernfamilie, d.h. Mutter, Vater und ihre unmündigen Kinder verstanden."[325] Den ehemals institutionellen und prägenden Charakter haben jedoch nur noch manche Familien, speziell die mit Unternehmensanschluss. „Dieser

[322] [WIFU (2010), S. 1]
[323] [Wimmer & Gebauer (2004), S. 5]
[324] Vgl. [Gersick, Davis et al. (1997), S. 4 f.]
[325] [Klein (2000), S. 59]

zeigt sich in einem zeitlich unbegrenzten Bestand, einem gemeinsamen Ursprung und vor allem einer gemeinsamen Idee."[326]

3.2.4.1 Entstehung und Weiterentwicklung des dualen Systemansatzes

Die Erforschung des Organisationsphänomens Familienunternehmen hat seinen Ursprung im dualen Systemansatz. Hierbei wird von der Kopplung der Systeme Familie und Unternehmen ausgegangen.[327] Die auch als 2-Kreise-Modell bekannte Ursprungsform, dargestellt in Abbildung 3.2, hat zum Ziel, die Unterschiede zwischen den sich überschneidenden Systemen herauszustellen und wenn nötig Grenzen zwischen ihnen zu ziehen.[328]

Die grundlegende Erkenntnis ist, dass sich das Familien- und das Unternehmenssystem in vier Bereichen eklatant unterscheiden, was zu unterschiedlichen Rollen der Akteure führt.

Abbildung 3.2: Das 2-Kreise-Modell

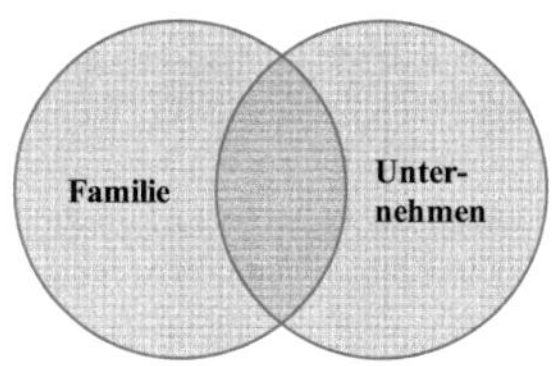

Quelle: Eigene Darstellung in Anlehnung an Donnelley (1964), S. 94 f.; Lansberg (1983), S. 44

Erstens stellen Familien emotionale Systeme dar, deren Zugehörigkeit vom Individuum nicht frei wählbar ist, während sie bei Unternehmen, einem rational geprägten System, vom Willen der jeweiligen Person abhängen. Zweitens sind Familien nach innen ausgerichtet und haben zum Ziel, die Mitglieder zu fördern und zu schützen. Unternehmen hingegen orientieren sich vorrangig am externen Markt, um durch Anpassungen an diesen profitabel zu bleiben. Drittens wird das Verhalten von Familienmitgliedern

[326] [ebd., S. 59]
[327] Vgl. [Donnelley (1964), S. 94 f.]
[328] Vgl. [Hollander & Elman (1988), S. 147 f.]

hauptsächlich im Lichte gewisser Normen und Regeln sowie der Loyalität zur Familie bewertet, wohingegen in der Wirtschaftswelt Personen danach beurteilt werden, inwiefern sie zum Unternehmenserfolg beitragen. Der letzte vom dualen Systemansatz identifizierte Unterschied, liegt darin, dass Familiensysteme sich zumeist stark gegen Veränderungen wehren, um ein Gefühl von Sicherheit und Beständigkeit zu wahren. Firmen hingegen setzten sich ständig mit ihrer Umwelt auseinander und müssen sich an diese anpassen, um bestehen zu können.

Von Individuen wird also verlangt, in einer Familie eine gänzlich andere Rolle zu erfüllen als in einem Unternehmen. Dies kann gut funktionieren, solange beide Systeme getrennt sind, überlappen sie jedoch, was bei Familienunternehmen der Fall ist, so führt dies zur Rollenvermischung und damit häufig zu Konflikten.[329] Jedoch fällt nicht nur das Rollenmodell im 2-Kreise-Modell auseinander. Auch das Verständnis der beiden Systeme steht im Konflikt zueinander. Das Familienunternehmen hat einerseits die wirtschaftlichen Prinzipien zu befolgen, muss aber gleichzeitig den Bedürfnissen der Familie wie etwa Renditeerwartungen oder Beschäftigung von Familienangehörigen nachkommen.[330]

Das 2-Kreise-Modell wurde in den folgenden Jahren weiter ausdifferenziert. So schlagen Tagiuri und Davis (1996) vor, das System Unternehmen weiter in Eigentum und Management zu unterteilen. Das so entstehende 3-Kreise-Modell soll nach den Autoren die Ausprägungen von Familienunternehmen besser erfassen. Durch die Unterteilung in die drei Kreise sowie das Überlappen dieser Teilebereiche ergeben sich sieben unterschiedliche Rollen, die in Abbildung 3.3 markiert sind.[331]

Ein Vorteil dieses Modells ist die Veranschaulichung der unterschiedlichen Rollen und der daraus möglichen resultierenden Konflikte zwischen den sieben Rollentypen. So mag beispielsweise ein Familienmitglied, das im Management sitzt (Position 4), ein Unternehmen im Ausland kaufen wollen, während ein anderes, das lediglich Anteile hält (Position 2), dagegen ist, weil es das Risiko nicht überblicken kann oder nicht auf die jährliche Ausschüttung verzichten will.

[329] Vgl. [Simon (2009), S. 33]; vgl. [Swartz (1989), S. 44]; vgl. [Lansberg (1983), S. 40]
[330] Vgl. [Kepner (1983), S. 58]
[331] Vgl. [Tagiuri & Davis (1996), S. 200 f.]

Abbildung 3.3: 3-Kreise-Modell nach Tagiuri und Davis

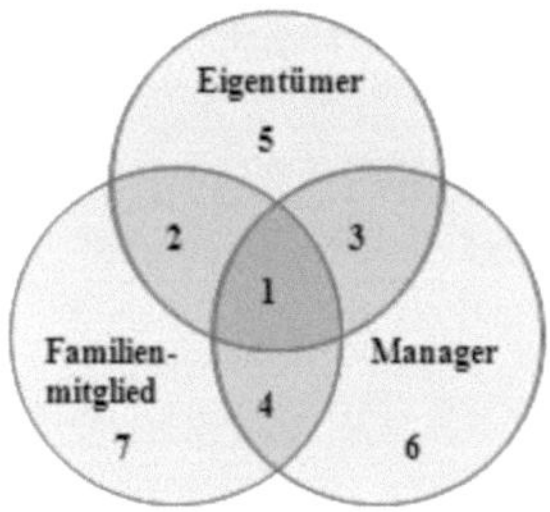

Quelle: Eigene Darstellung in Anlehnung an Tagiuri und Davis (1996), S. 200

Ein solcher Disput über die Internationalisierungsstrategie führt dann zu innerfamiliären Konflikten. Des Weiteren identifizieren Tagiuri und Davis (1996) mehrere Merkmale, die sich aus ihrem 3-Kreise-Modell ergeben und die typisch für Familienunternehmen sind. Diese, zusammen mit ihren Vor- und Nachteilen, die sich größtenteils auf Familienmitglieder beziehen, sind in Tabelle 3.2 aufgeführt.[332]

Das Modell von Tagiuri und Davis (1996) dient in dieser Arbeit lediglich als Erweiterung des 2-Kreise-Ansatzes und soll überdies einen ersten Eindruck davon vermitteln, wie die Kopplung der verschiedenen Systeme zu den spezifischen Eigenschaften dieses Unternehmenstyps führt. Als Grundlage für die vorliegende Untersuchung dient jedoch das 3-Kreise-Modell von Wimmer, Groth et al. (2004) sowie Simon (2002a), das im nachfolgenden Unterkapitel vorgestellt wird.

[332] Vgl. [ebd., S. 200-207]

Tabelle 3.2: Die bivalenten Merkmale von Familienunternehmen

Merkmal	Vorteil	Nachteil
Simultane Rollen der Individuen	- Starke Loyalität zur Familie und zum Unternehmen - Schnelle Entscheidungsfindung durch zentralisierte Autorität	- Verwirrung der Normen der einzelnen Systeme - Mangel an Objektivität - Vermischung von Familien- und Unternehmensproblematiken
Gemeinsame Identität	- Starke Loyalität - Entwicklung einer gemeinsamen Mission	- Gefühl der ständigen Überwachung - Ablehnung gegenüber Familie und Unternehmen
Gemeinsame Vergangenheit	- Gegenseitiges Erkennen und Ausgleichen von Stärken und Schwächen - Kraft durch Zusammenhalt	- Ausnutzen und Ausspielen von Schwächen
Emotionale Verstrickung	- Gegenseitiger Ausdruck von positiven Gefühlen führt zu Loyalität und Vertrauen	- Mangel an Objektivität - Zu viel Emotion kompliziert das Arbeitsverhältnis
Private Sprache	- Effizientere Kommunikation	- Zu persönliche Kommunikation kann sensible Reaktionen hervorrufen und zu Konflikten führen
Bewusstsein über die gegenseitigen Verhältnisse	- Geschäftsentscheidungen, die allen, vor allem aber Familienmitgliedern, dienen	- Gefühl von Überwachung und starker Einmischung
Bedeutung des Familienunternehmens	- Präsenz der Familie bringt Symbolik und Mission für die Angestellten mit sich	- Entwicklung von Rivalität zwischen den Familienmitgliedern

Quelle: Eigene Darstellung in Anlehnung an Tagiuri und Davis (1996), S. 201-207

3.2.4.2 Die drei gekoppelten Kreise des Familienunternehmens: Familie, Unternehmen und Eigentum

Obwohl es vielerlei Arten von Unternehmensfamilien gibt, sind sie doch alle durch Fragen bezüglich der Unternehmensführung und des Eigentums vereint.[333] Aus diesem Grund schlagen Wimmer, Groth et al. (2004) sowie Simon (2002a) in Anlehnung an Gersick (1999) die Unterteilung des Systems Familienunternehmen in Familie, Unter-

[333] Vgl. [Simon (2002a), S. 9]

nehmen und Eigentum vor.[334] Dieses in Abbildung 3.4 dargestellte 3-Kreise-Modell wird nachfolgend näher besprochen, da es die Grundlage sowie Begründung für die in Kapitel 3.3 zu diskutierenden spezifischen Eigenschaften von liefert.

Abbildung 3.4: 3-Kreise-Modell nach Wimmer, Simon et al.

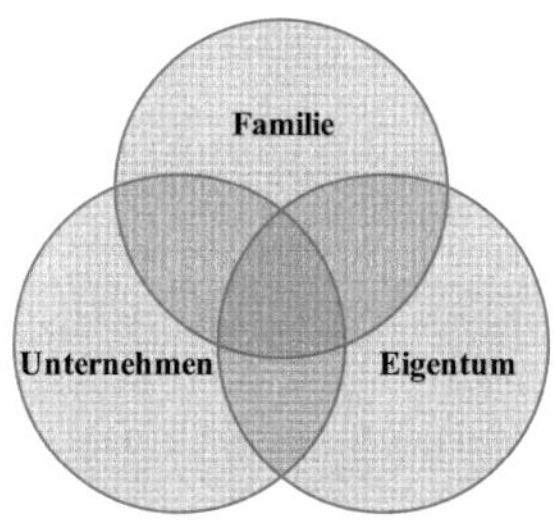

Quelle: Eigene Darstellung in Anlehnung an Wimmer, Groth et al. (2004), S. 4; Simon (2002a), S. 9

Im Unterschied zu Familienunternehmen sind bei Nicht-Familienunternehmen die drei Bereiche, die im Schaubild zu sehen sind, gegeneinander abgegrenzt. Sie folgen unterschiedlichen Ausrichtungen sowie Zielsetzungen und kein Akteur hat eine Doppel- oder gar Dreifachrolle.[335] Bei einem Familienunternehmen hingegen „ergibt sich das Charakteristische … aus der im Zeitverlauf sich ändernden strukturellen Kopplung der drei in ihrer Eigenlogik durchaus getrennt voneinander operierenden sozialen Systeme."[336] Hierbei wird auch von struktureller Kopplung gesprochen, da „die beteiligten Systeme sich wechselseitig für ihren eigenen Strukturaufbau nutzen, ohne dabei in ihre Eigenentwicklung durch die jeweils anderen determiniert zu sein."[337] Durch diese Koevolution inkorporiert das Unternehmen Merkmale, die eigentlich nur in Familien auftreten. Beispielsweise wird mündliche Kommunikation bevorzugt und formale Organisationsstrukturen vermieden, da sie sich auf einen begrenzten Personenkreis wie etwa den Gründer und seine Nachfolger stützt. Überdies bezieht das Unternehmen aus

[334] Vgl. [Wimmer, Groth et al. (2004), S. 4]; vgl. [Gersick, Lansberg et al. (1999), S. 287]
[335] Vgl. [Simon (2002a), S. 11]
[336] [Wimmer, Groth et al. (2004), S. 5] Die Bedeutung der Kopplung der Systeme wurde von einigen Autoren auch schon im 2-Kreise-Modell erkannt. Sie schreiben, dass das Gesamtsystem Familienunternehmen nicht nur die Summe seiner Einzelteile ist, sondern seine Besonderheit und spezifischen Eigenschaften aus der Interaktion der Einzelteile gewinnt [Whiteside & Brown (1991), S. 391]
[337] [Wimmer, Groth et al. (2004), S. 5]

der Tatsache, dass von seinem Erfolg das Schicksal der Eigentümerfamilie abhängt, seine charakteristische langfristige Zielorientierung.[338]

Durch die Koevolution der drei Bereiche, die durch ihre strukturelle Kopplung bedingt ist, werden auch die Familie und der Eigentümerkreis stark beeinflusst. Im Familienkreis tritt zu den normalen Aufgaben z.B. von Partnerschaft und Kindererziehung noch die Unternehmenssicherung hinzu, was die heimische Kommunikation meist erheblich okkupiert. Bedingt durch die Schicksalsgemeinschaft mit dem Unternehmen entwickelt die Familie sowohl eine besondere Identität als auch einen gesellschaftlichen Status. Über das gemeinsame Eigentum wiederum kommt für die Familie ein transgenerationaler Aspekt hinzu, der in normalen Familien meist schon längst nicht mehr besteht. Verbunden durch das Eigentum, dessen Weitergabe und Sicherung über Generationen hinweg Ziel ist, werden Großfamilien geschaffen, die unter normalen Umständen schon längst in kleinere Einheiten zerfallen wären. Dies kann sowohl Segen wie auch Fluch sein.[339] Zusammenfassend schreiben Wimmer, Groth et al. (2004) folgendes:

> „Betrachtet man Familienunternehmen in diesem Sinne als das Ergebnis einer zeitabhängigen Koevolution zwischen sozialen Systemen, die ihrer jeweiligen Eigenlogik verpflichtet sind, dann bekommt man zu Gesicht, wie sehr es sich dabei um komplexe soziale Biotope handelt, die letztlich in ihrem Wesen alleine unter betriebswirtschaftlichen Optimierungsgesichtspunkten nicht erfasst werden können.“[340]

Es ist also zu konstatieren, dass in der Koevolution der drei identifizierten Bestandteile von Familienunternehmen das außergewöhnliche Chancen- wie auch Risikopotenzial dieser Art von Organisation liegt. Genau durch diese Kopplung und Koevolution unterscheiden sie sich eklatant in ihren Eigenschaften von Publikumsgesellschaften. Gelingt die aufeinander abgestimmte Strukturentwicklung im Zeitverlauf, die notwendigen Veränderungen werden also angegangen und Konfliktpotenziale in Entwicklungsimpulse umgemünzt, so entwickeln sich in einem Familienunternehmen Ressourcen, die einer anderen Organisationsart vorenthalten bleiben. Gelingt dies jedoch nicht, so wird das Unternehmen zum Risiko. Es kann nicht langfristig überleben, wenn es dauerhaft als Austragungsort von familieninternen Konflikten missbraucht wird. Wimmer, Groth

[338] Vgl. [ebd., S. 5 f.] Diese sowie die folgenden Aussagen können auch wiedergefunden werden in [Wimmer & Groth (2005), S. 94-98]
[339] Vgl. [Wimmer, Groth et al. (2004), S. 6 f.]
[340] [ebd., S. 7 f.]

et al. (2004) bringen dies auf den Punkt, indem sie schreiben: „Familienunternehmen sind janusköpfig: Sie sind nur selten durchschnittlich, ihre Entwicklung verläuft oft entweder überaus positiv oder aber unterdurchschnittlich bzw. sehr kritisch.“[341]

3.2.5 Resümee – Forschungsfeld Familienunternehmen

Die Aufgabe von Kapitel 3.2 war es, einen Überblick über die Entstehung des Forschungsfeldes Familienunternehmen zu geben sowie eine für diese Untersuchung gültige Definition abzuleiten. Zudem wurde die Kopplung und Koevolution der drei Teile dieses Unternehmenstyps, nämlich Familie, Unternehmen und Eigentum herausgestellt. Wie bereits angedeutet, ist es genau diese gemeinsame Entwicklung der drei Bereiche, die zu den spezifischen Eigenschaften dieser Unternehmensart führt. Da es Teil der Forschungsfrage ist herauszufinden, ob und falls ja, inwiefern, sich diese Merkmale auf die Internationalisierung auswirken, ist es vonnöten, tiefer in diese Thematik einzusteigen. Aus diesem Grund ist das folgende Kapitel dieser Aufgabe gewidmet.

3.3 Spezifische Eigenschaften von Familienunternehmen

Die Untersuchung bezüglich der spezifischen Eigenschaften von Familienunternehmen baut auf dem eben vorgestellten 3-Kreise-Modell auf, da sich die Merkmale, wie bereits angesprochen, aus deren Kopplung und Koevolution ergeben. Die Analyse gliedert sich analog zu sechs von Wimmer, Domayer et al. (2005) vorgeschlagenen Dimensionen, die wie folgt lauten: Strategie, Umwelt, Architektur, Ressourcen, Personal und Selbsteinschätzung. Dieser Ordnungsvorschlag, der in Abbildung 3.5 visualisiert ist, soll als Raster für empirisch identifizierbare typische Merkmale dieser Unternehmensart dienen. Er wurde durch weiterführende Literaturrecherche ergänzt und ausgebaut. Zu beachten ist, dass alle sechs identifizierten Eigenschaften sich wiederum gegenseitig beeinflussen. Das Modell ist also nicht statisch, da die Merkmale miteinander interagieren.

[341] [ebd., S. 8]

Abbildung 3.5: Eigenschaften von Familienunternehmen

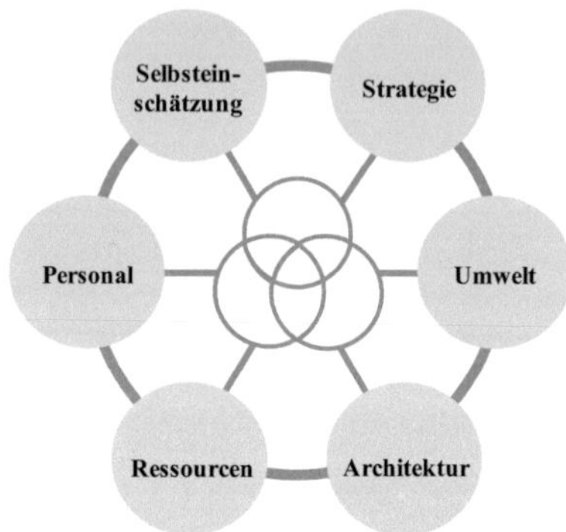

Quelle: Eigene Darstellung in Anlehnung an Wimmer, Domayer et al. (2005), S. 93-188

Die folgende Diskussion der spezifischen Merkmale von Familienunternehmen folgt dem in der obigen Abbildung gezeigten Schema, beginnend mit Strategie.

3.3.1 Auf Langfristigkeit ausgerichtete Strategie

In früheren Jahrzehnten konnten Führungskräfte meist davon ausgehen, dass sie auch in Zukunft auf die Umstände, die in der Vergangenheit zum Erfolg geführt haben, aufbauen können. Diese Überzeugung, obwohl in der Praxis noch häufig anzutreffen, sollte ein Relikt sein. Heutzutage muss es Ziel der Strategiearbeit sein, die gegenwärtige Identität der Organisation kritisch auf Umweltveränderungen, sprich neue Möglichkeiten und Risiken hin zu überprüfen und anzupassen. Typische Schritte hierbei sind die Analyse der organisationalen Umwelt und der eigenen Kernkompetenzen. Hierdurch soll das Entwerfen einer möglichen Zukunft sowie die unternehmenseigene Position in dieser ermöglicht werden.[342]

In der Literatur sind einige Eigenschaften bezüglich des Strategiefindungsprozesses von Familienunternehmen zu finden, in denen sie sich stark von Publikumsgesellschaften unterscheiden. Erstens weisen sie eine von Intuition geprägte Strategiearbeit auf und

[342] Vgl. [Wimmer, Domayer et al. (2005), S. 113-120]

zweitens üben Aspekte wie Risikoverhalten und langfristiges Denken einen starken Einfluss auf den Prozess aus. Drittens wird Familienunternehmen ein strategischer Vorteil durch Ressourcen, die als 'Familiness' und 'Family Capital' bezeichnet werden, nachgesagt. Diesen drei Merkmalen von Familienunternehmen sind die nachfolgenden Unterkapitel gewidmet.

Abbildung 3.6: Eigenschaften von Familienunternehmen – Strategie

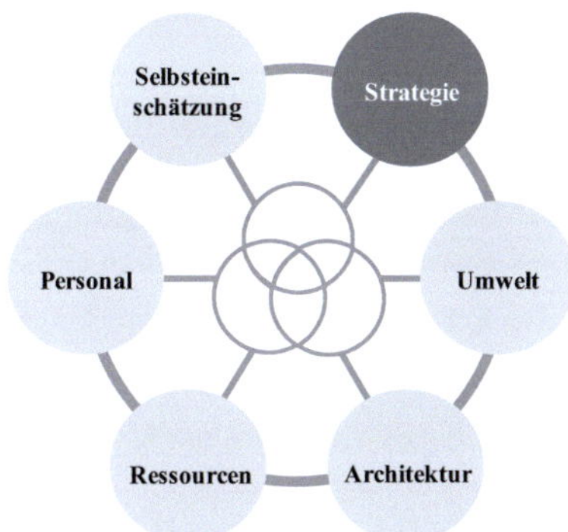

Quelle: Eigene Darstellung in Anlehnung an Wimmer, Domayer et al. (2005), S. 93-188

3.3.1.1 Von Intuition geprägter Strategiefindungsprozess

Häufig wird in Familienunternehmen der Unternehmensstrategie nur wenig Bedeutung beigemessen und kaum Ressourcen, wie z.B. Zeit, dafür bereitgestellt. Sofern es eine explizite Strategie gibt, folgt deren Findung meist keinem festgesetzten Prozess, sondern stützt sich auf die Intuition einiger wichtiger Schlüsselpersonen wie etwa des Gründers. Dieses Bauchgefühl für die passende Zukunftsausrichtung basiert meist auf langjähriger Geschäftskenntnis und einem sehr engen Kundenkontakt. Des Weiteren sind die meisten Eigentümer nicht gewillt, ihre strategischen Überlegungen mit anderen Unternehmensmitgliedern zu teilen, da sie befürchten, zu viel preiszugeben. Entweder überdenken sie diese Fragen alleine oder beziehen bestenfalls externe Dritte ein, um ihre Gedanken einer kritischen Überprüfung zu unterwerfen. Hinter diesem Verhalten steckt die veraltete Denkweise, dass strategische Fragen ausschließlich die Unternehmensspitze etwas angehen. Der Rest der Organisation hingegen wird im Dunkeln gehalten. Ihm kommt lediglich eine ausführende Rolle zu.[343] Es hat sich jedoch in Untersuchungen gezeigt, dass es durchaus auch Familienunternehmen gibt, die einer expliziten und erfolgreichen Strategie nachgehen. Diese zeichnet sich meist durch einen klaren Fokus auf ein enges Segment sowie die unternehmenseigene Kernkompetenz aus und bezieht die Schlüsselkunden gekonnt mit ein. Beispielhaft hierfür sind die so genannt'Hiddenhampions'[344]. Sie sind Weltmarktführer in einer bestimmten Marktnische und oftmals familiengeführt. [345]

3.3.1.2 Auswirkung von langfristigem Denken und Risikoverhalten auf die Strategie

Häufig wird Familienunternehmen geringeres Wachstum und Ertrag als Publikumsgesellschaften nachgesagt. Als Grund wird zumeist die auf das langfristige Überleben der Organisation ausgelegte Strategie angegeben, welche ihren Ursprung im Zusammenkommen von Familie, Unternehmen und Eigentum hat.[346] Diese Konstellation bringt mit sich, dass das Wohl und Wehe eines Teils von dem der anderen abhängig ist. Dieser Umstand schafft in der Regel die Grundlage für langfristiges Denken, da die Existenz und der Wohlstand der Familie über Generationen hinweg gesichert und nicht von kurzfristigen Entscheidungen gefährdet werden soll.[347] Dieses langfristige Denken spiegelt sich in der Strategie dieses Unternehmenstyps wieder. Es steht im Gegensatz zum auf schnelle Ergebnisse ausgerichteten Shareholder-value-Prinzip.[348]

Ein weiterer Aspekt, der sich auf die Strategie von Familienunternehmen auswirkt, ist der Umgang mit Risiko. In der Literatur gibt es keinen Konsens darüber, ob diese Organisationsform eher risikoavers- oder tolerant ist. Manche Autoren argumentieren, dass

[343] Vgl. [Nagel (2008), S. 115]; vgl. [Wimmer, Domayer et al. (2005), S. 122-124]

[344] Das Konzept der 'Hidden Champions' geht auf Simon (1992) zurück. Es handelt sich dabei nicht ausschließlich um Familienunternehmen, sondern auch um Pionierunternehmen. In Kapitel 3.4 wird näher darauf eingegangen, wie es diesen Unternehmen gelingt, trotz begrenzter Größe Weltmarktführer in einem bestimmten Marktsegment zu werden. Für weitere Informationen siehe [Simon (1992), S. 115-122]

[345] Vgl. [Wimmer, Domayer et al. (2005), S. 121 f.]; vgl. [Simon (1992), S. 116, 118]

[346] Vgl. [Jorissen, Laveren et al. (2005), S. 241]

[347] Vgl. [Bertrand & Schoar (2006), S. 75]; vgl. [Wimmer, Domayer et al. (2005), S. 121]; vgl. [James (1999), S. 42, 48]

[348] Vgl. [Kormann (2005), S. 19]; vgl. [Anderson & Reeb (2003), S. 1305]; vgl. [McCann, Leon-Guerrero et al. (2001), S. 56]

bei Familienunternehmen ein starker Geschäftsgeist vorhanden ist und sie daher zu riskanteren Investitionen neigen. Ein solches Verhalten wird häufig vor allem dann unterstellt, wenn das Unternehmen in der Anfangsphase, der Geschäftsführer noch nicht sehr alt oder seit Jahren im Amt ist.[349] Andere Wissenschaftler hingegen sprechen sich für eine starke Risikoaversion aus. Sie begründen diese Annahme mit der oben besprochenen langfristigen Ausrichtung, die zu konservativen Entscheidungen führen kann, da das Wohlergehen der Familie nicht gefährdet werden soll.[350] Klar ist jedoch in jedem Fall, dass sich das jeweilige Risikoverhalten stark auf die verfolgte Strategie auswirkt.

3.3.1.3 Strategischer Vorteil durch Familiness und Family Capital

Habbershon (1999) geht bei seiner Untersuchung der Frage nach, ob sich der Einfluss der Unternehmensfamilie positiv auf das Unternehmen auswirkt. Unter Rückgriff auf die Strategieliteratur, spezieller den 'ressource-based-view'[351], stellt Habbershon (1999) ein Modell auf, in dem Familienunternehmen durch Einbindung und Interaktion mit der Unternehmensfamilie ein Vorteil entsteht.[352] Der Autor stellt mit dem Familiness-Konzept die These auf, dass es durch das Zusammenspiel von drei Faktoren mit der Unternehmensumwelt, nämlich den Familienfaktoren wie Einfluss oder Traditionen, den Handlungen der einzelnen Familienmitglieder sowie dem Unternehmen selbst, zu spezifischen Ressourcen kommt. Diese bezeichnet er als 'familiness'. Sind sie positiver Natur sowie wertvoll, selten, nicht vollständig imitierbar oder substituierbar, dann stellen sie einen nachhaltigen strategischen Wettbewerbsvorteil dar. Hierdurch können der Wohlstand der Familie und das Bestehen des Unternehmens über Generationen hinweg gesichert werden.[353]

Habbershons (2006) Konzept wurde vielfach untersucht und weiter entwickelt.[354] Einige Wissenschaftler schlagen vor, das Modell durch die 'social-capital-Theorie' zu

349 Vgl. [Zahra (2005), S. 36]; vgl. [Xiao, Alhabeeb et al. (2001), S. 317-319]

350 Vgl. [Naldi, Nordqvist et al. (2007), S. 40 f.]; vgl. [Reid, Dunn et al. (1998), S. 64]

351 Für genauere Informationen zum Resource-Based-View siehe [Barney (1991), S. 99-117]

352 Vgl. [Habbershon & Williams (1999), S. 13-17]

353 Vgl. [Habbershon (2006), S. 881 f.]; vgl. [Habbershon, Williams et al. (2003), S. 452-455, 457, 460-462]

354 Für weitere Untersuchungen zum Familiness-Konzept siehe [Tokarczyk, Hansen et al. (2007), S. 28-30]; [Westhead & Howorth (2007), S. 407, 422-425]; [Sirmon & Hitt (2003), S. 352] Chrisman, Chua et al. (2003a) schlagen in diesem Artikel vor, das Familiness-Modell zu erweitern [Chrisman, Chua et al. (2003a), S. 471]

erweitern, um Familiness und die dahinterstehenden Faktoren besser erklären zu können.[355] Dieser Ansatz identifiziert Ressourcen, die durch zwischenmenschliche Beziehungen entstehen.[356] Hoffman, Hoelscher et al. (2006) greifen diesen Gedankengang auf und stellen hierauf aufbauend das Konzept von 'family capital' vor. Ihrer Ansicht nach unterscheiden sich Familienunternehmen hauptsächlich durch den Einfluss, den die familiären Beziehungen auf das Unternehmen haben, da diese intensiver und anhaltender sind als familienexterne. Das family capital kann daher zu einem strategischen Wettbewerbsvorteil, welcher zwei Quellen entspringt, führen. Erstens teilen Familienmitglieder Informationskanäle, sprich spezielle soziale Netzwerke miteinander, die die Kommunikation vereinfachen. Zweitens sind sie durch familiäre Normen, wie z.B. geteilte moralische Anschauungen, Vertrauen ineinander sowie Obligationen und Erwartungen, verbunden. Diese Familiennorm dient als soziale Kontrolle im Unternehmen und wirkt sich nach den Autoren positiv auf die Effizienz der Abläufe aus. Vereint führen beide Dimensionen zu Ressourcen, die nur ein Familienunternehmen aufweisen kann, was diesem Organisationstyp einen strategischen Vorteil gegenüber Nicht-Familienunternehmen verschafft.[357]

3.3.2 Orientierung an der Organisationsumwelt

Die Beschäftigung mit der Differenz von Unternehmen und relevanter Umwelt ist eine wichtige Aufgabe der Unternehmensführung. Es ist hierbei Ziel, die Organisation immer wieder von neuem an die wahrgenommene Umwelt anzupassen und sie dabei möglichst vorteilhaft für die Zukunft aufzustellen.[358]

Teil dieser Auseinandersetzung ist es, sich mit den Kunden sowie dem externen Netzwerk zu beschäftigen. Der Tenor der Literatur ist, dass Familienunternehmen zu diesen eine einzigartige Beziehung pflegen, sprich sich in der Auseinandersetzung mit diesen beiden Umweltaspekten spezifische Eigenschaften von Familienunternehmen zeigen.

[355] Vgl. [Pearson, Carr et al. (2008), S. 954-965]
[356] Vgl. [Hoffman, Hoelscher et al. (2006), S. 136]
[357] Vgl. [ebd., S. 137-141]
[358] Vgl. [Wimmer, Domayer et al. (2005), S. 128 f.]

Abbildung 3.7: Eigenschaften von Familienunternehmen – Umwelt

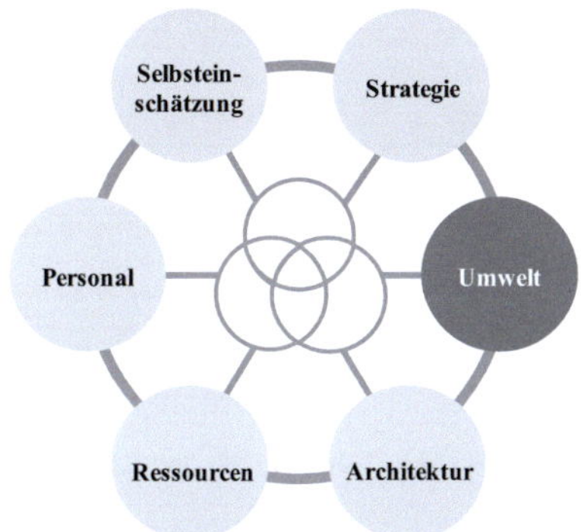

Quelle: Eigene Darstellung in Anlehnung an Wimmer, Domayer et al. (2005), S. 93-188

3.3.2.1 Starke Kundenorientierung

In einer Zeit, in der Unternehmen mit viel Mühe versuchen, ihre Mitarbeiter auf mehr Kundenorientierung zu trimmen, und wo Bedeutung und Wertschätzung hierfür wieder zurückkehrt, kommt Familienunternehmen ihre Personenorientierung zugute. So schreibt Simon (2002b): „Eine Bindung der Kunden an das Unternehmen herzustellen, braucht in familienartigen Unternehmen nicht erst mühsam gelernt zu werden, da es ein kultureller, „selbstverständlicher" Wert ist."[359] Familienunternehmen verstehen es häufig, eine besonders intensive Kundenbeziehung, die häufig über den geldwerten Nutzen hinausgeht, aufzubauen. Durch diese enge Beziehung und häufig auch Zusammenarbeit kommt es zu einer internen Sensibilisierung für die Bedürfnisse und Anforderungen der Klienten. Im Zentrum des Bemühens steht das Verlangen, ein Problem im Kern zu verstehen und es hierdurch im Sinne des Kunden bewältigen zu können. Diese Eigenschaft ist Teil des Erfolgs von vielen Familienunternehmen.[360] Da heutzutage meist nicht mehr die Angebotsseite der Engpass ist, kann ein Unternehmen nur Erfolg haben, wenn es die Wünsche seiner Klienten kennt, diese ernst nimmt und innovativ auf diese reagiert.[361]

[359] [Simon (2002b), S. 31]
[360] Vgl. [Tokarczyk, Hansen et al. (2007), S. 28 f.]
[361] Vgl. [Wimmer, Domayer et al. (2005), S. 130-132]; vgl. [Simon (1992), S. 120]

3.3.2.2 Zusammenarbeit mit dem erweiterten Netzwerk und Entwicklung von Reputation

Neben den Kunden gibt es selbstverständlich noch viele weitere Außenkontakte, die für ein Unternehmen von Bedeutung sind. Hiermit ist die Beziehung zum erweiterten Netzwerk der Firma, d.h. zu den Lieferanten, Konkurrenten und Vertriebspartnern gemeint, um nur einige zu nennen. „All die Außenkontakte zusammen schaffen jenes Netz an wechselseitig Nutzen stiftenden Austauschbeziehungen, in das jedes Unternehmen auf seine ganz spezifische Weise eingebunden ist und in dem es die Voraussetzungen für sein Überleben mitgestalten kann.“[362] Familienunternehmen messen dabei, ähnlich wie bei ihren Kunden, der Beziehung und Zusammenarbeit mit dem erweiterten Netzwerk einen hohen Stellenwert bei. Untersuchungen zeigen, dass Familienunternehmen öfter als Publikumsgesellschaften den Kontakt zum Netzwerk suchen und sich stärker in ihre lokale Umwelt integrieren.[363] Überdies können sie von den sozialen Beziehungen und Netzen der Unternehmensfamilie profitieren.[364]

Diese starke Interaktion mit der relevanten Umwelt zum einen und zum anderen die familienunternehmenstypischen Merkmale wie etwa das Bestehen über Generationen hinweg sowie häufiger, direkter Kontakt mit den Eigentümern machen Familienunternehmen zu einem attraktiven und loyalen Partner. Dies bildet die Grundlage für eine gute Reputation.[365] Bei vielen Familienunternehmen ist der Prozess der Markenbildung, der durch andauernde positive Erfahrungen hervorgerufen wird, ein selbstverständliches Beiprodukt, da die Familie, meist sogar mit dem eigenen Namen, für Qualität, Zuverlässigkeit und Kontinuität steht.[366] Diese Eigenschaften schätzen nicht nur Kunden, sondern auch Lieferanten, Vertriebspartner und andere Netzwerkmitglieder.[367]

3.3.3 Organisationale Architektur und Wandel

Schon lange können sich Unternehmen nicht mehr darauf verlassen, dass die von ihnen in der Vergangenheit gewählten Organisationsstrukturen auch die Anforderungen der

[362] [Wimmer, Domayer et al. (2005), S. 133]
[363] Vgl. [Steier (2007), S. 1106]
[364] Vgl. [Jorissen, Laveren et al. (2005), S. 238]
[365] Vgl. [Anderson & Reeb (2003), S. 1306]; vgl. [Brokaw & Murphy (1992), S. 77]
[366] Vgl. [Wimmer (2008), S. 111 f.]
[367] Vgl. [Anderson & Reeb (2003), S. 1306]; vgl. [Brokaw & Murphy (1992), S. 77]

Zukunft erfüllen. Heutzutage ist eine gut angepasste Struktur sowie kontinuierlicher organisationaler Wandel wichtiger denn je.[368] Welche Struktur jedoch die beste ist und wie eine Reorganisation auszusehen hat, ist dabei ein strittiges Thema.

Abbildung 3.8: Eigenschaften von Familienunternehmen – Architektur

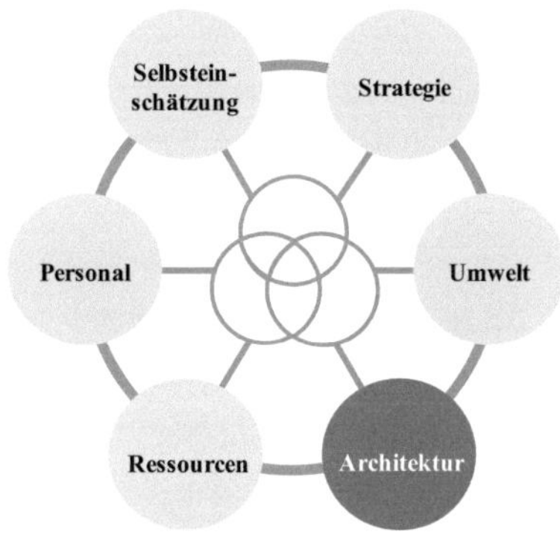

Quelle: Eigene Darstellung in Anlehnung an Wimmer, Domayer et al. (2005), S. 93-188

Sowohl in puncto Unternehmensarchitektur wie auch bei organisationalem Wandel treten spezifische Eigenschaften von Familienunternehmen ans Licht. So weisen sie meist eine sozial geprägte Struktur auf und stehen Veränderungen eher skeptisch gegenüber.

3.3.3.1 Sozial und familial geprägte Architektur

Bei einem Familienunternehmen darf nie vergessen werden, dass das Unternehmen und seine Struktur um einige Schlüsselpersonen und deren Eigenheiten, Arbeitsweisen und Gewohnheiten herum wachsen. Besonders dem Pionier kommt hierbei eine prägende Rolle zu. Die Tatsache, dass die Eigentümerfamilie diesem Personenkreis großes Vertrauen entgegenbringt und ihn für sehr tüchtig hält, macht verständlich, dass es nicht für nötig gehalten wird, eine klare Organisationsstruktur mit abgegrenzten

[368] Vgl. [Wimmer, Domayer et al. (2005), S. 137 f.]

Zuständigkeitsbereichen und Entscheidungsbefugnissen zu schaffen.[369] Naturgemäß gibt es jedoch auch in dieser sozial geprägten Unternehmensarchitektur Einfluss- und Machtunterschiede. Diese kommen jedoch auf informellen Wegen zustande, beispielsweise indem Mitarbeiter über die Zeit in komplexe Themen hineinwachsen oder sich Vertrauen erarbeiten. Auf diese Weise entwickelt sich im Unternehmen eine Reihe von Entscheidungsträgern, die durch ein familiär geprägtes Netz eng miteinander verbunden sind und deren Autorität meist nicht angezweifelt wird. Sie alle vereint, dass sie ein besonders enges Verhältnis zur Eigentümerfamilie haben. Solange diese ihnen vertraut, ist das Weiterkommen im Unternehmen gesichert. Wird das Vertrauen jedoch verspielt, trennen sich die Wege. Somit schützt die Familie wiederum ihr Eigentum und damit den Fortbestand des Unternehmens.[370] Eine solche soziale Organisationsarchitektur bringt einige Vorteile mit sich. Beispielsweise kommt es auf Grund der Nähe der Schlüsselpersonen zueinander zu raschen Entscheidungen, was das Unternehmen sehr flexibel macht.[371] Des Weiteren bilden sich keine starren, hierarchischen Strukturen oder überbürokratische Abläufe aus. Eigeninitiative wird als wichtige Eigenschaft angesehen, was engagierten Mitarbeitern zugute kommt. Alles in allem steht bei der sozialen Architektur wie in der Familie die Person und nicht formalisierte Regeln im Vordergrund.[372] Es ergeben sich jedoch auch Nachteile. Oftmals steht vor allem der Patriarch wie auch die informelle Handhabung der Einführung neuer Praktiken und Strukturen im Weg. Außerdem sind Aspekte wie „das verbindliche Festlegen von Verantwortlichkeiten, der Respekt vor übertragenen Kompetenzen … [sowie] das offene Bewältigen von unvermeidlichen Konfliktsituationen … Fähigkeiten, die normalerweise in einer familialen Organisationsstruktur nicht ausgeprägt werden.“[373]

Eine weitere Besonderheit dieser sozialen Architektur von Familienunternehmen ist die informelle Kommunikation im Unternehmen, die ebenfalls auf die Anwesenheit der Familie zurückzuführen ist. Sie weist auf Grund des Vertrauensverhältnisses und der Personenbezogenheit meist eine geringe soziale Distanz zwischen den Kommunikationspartnern auf. Überdies wird, wenn möglich, mündlich kommuniziert, da zu viel Schriftlichkeit mit Skepsis begegnet wird. Hierdurch wird zwar einerseits Bürokratie

369 Vgl. [Kotey (2003), S. 17 f.]
370 Vgl. [Wimmer, Domayer et al. (2005), S. 151 f.]
371 Vgl. [Allio (2004), S. 28 f.]; vgl. [Leach (1994), S. 9 f.]
372 Vgl. [Wimmer, Domayer et al. (2005), S. 152 f.]
373 [ebd., S. 143]

vermieden, jedoch ist andererseits ein gewisses Maß an schriftlichem Austausch wichtig, da er als Gedächtnis des Unternehmens fungiert.[374] Der sparsame Umgang mit Gelegenheiten zum gegenseitigen Austausch, wie z.B. Besprechungen, ist ein weiterer Aspekt von familialen Kommunikationsmustern. Da Arbeit und Kommunikation häufig als gegensätzlich angesehen werden, wird nur die Zeit als produktiv erachtet, die unmittelbar in den Arbeitsprozess einfließt. Die heutzutage zunehmende Komplexität kann jedoch meist nur im Miteinander bewältigt werden, was Umdenken in Familienunternehmen erfordert.[375]

3.3.3.2 Widerstand und organisationale Hindernisse bei Architekturwandel

Da die Veränderungsgeschwindigkeit stetig zunimmt, ist die Wandlungsfähigkeit einer jeden Organisation der entscheidende Faktor für die Zukunftssicherung.[376] In Familienunternehmen besteht jedoch die immanente Tendenz, sich Erneuerungen zu widersetzen, auf Beständigkeit zu pochen und an in der Vergangenheit bewährten Erfolgsmustern festzuhalten.[377] Wandel fällt Familienunternehmen meist schwer und wird häufig erst durch personelle Veränderungen an der Spitze ermöglicht. In der heutigen schnelllebigen Zeit reicht es aber nicht mehr aus, Struktur und Strategie ein Mal pro Generation neu aufzurollen. Führungskräfte in Familienunternehmen müssen aufhören, sich vor Ungewissheit und Risiko zu scheuen und lernen, sich diesen Situationen bewusst zu stellen. Somit kann Sicherheit im Umgang mit diesen Zuständen erlernt werden. Gerade bei einem solchen Lernprozess ist das Management gefragt. Es darf sich nicht illusionärer Selbstgewissheit hingeben, sondern muss bei sich selbst Irritation, Beunruhigung und Unwissenheit zulassen. Gleichzeitig muss es dafür sorgen, dass der Rest des Unternehmens nicht in einen Daueralarmzustand versetzt wird. Besonders eigentümergeführte Familienunternehmen weisen in diesem Aspekt Eigenheiten auf, die diesem Lernprozess im Wege stehen. Dem Eigentümer fällt es oft schwer, sich die eigene Unsicherheit und das Nichtwissen einzugestehen und dieses mit der nächsten Führungsebene zu diskutieren. Er will allwissend und souverän in jeder Situation sein und bespricht solche schwierigen Zustände höchstens mit externen Dritten. Hierdurch

[374] Vgl. [ebd., S. 147-149]
[375] Vgl. [ebd., S. 147-149]; vgl. [Simon (2002b), S. 20-23]
[376] Vgl. [Wimmer (2003), S. 5]
[377] Vgl. [Zahra, Hayton et al. (2008), S. 1035]; vgl. [Wimmer & Groth (2005), S. 129]; vgl. [Reid, Dunn et al. (1998), S. 55, 64]; vgl. [Leach (1994), S. 12]

wird zudem auch das Aufkommen eines selbstbewussten, mitdenkenden mittleren Managements unterdrückt, wodurch mit diesem neue und schwierige Situationen nicht besprochen werden können. Diese Selbstherrlichkeit der Spitze bedeutet, dass das Unternehmen deren potenzieller Lernfähigkeit auf Gedeih und Verderb ausgeliefert ist.[378]

Was langlebige Familienunternehmen auszeichnet ist, dass sie unterscheiden können, an welchen Traditionen und Arbeitsweisen festgehalten werden sollte und an welchen nicht. Sie sind offen für Veränderungen, legen Flexibilität an den Tag. Überdies haben sie gelernt, Unsicherheit als normalen Umstand anzusehen, dem, zusammen mit anderen Führungskräften, entgegengetreten werden muss.[379]

3.3.4 Restriktiver Umgang mit Ressourcen zur langfristigen Kontrollwahrung

Der Aufrechterhaltung der langfristigen Unternehmensautonomie, wodurch Eigentum und Kontrolle bei der Familie verbleiben sollen, wird in Familienunternehmen ein sehr hoher Stellenwert beigemessen.[380] Grund hierfür ist die damit einhergehende Garantie, dass durch die wirtschaftliche Unabhängigkeit das Schicksal der Familie auch in Zukunft in ihrer Hand verbleibt. Daher ist Autonomie eine der prägenden Entscheidungsprämissen, nach der die anderen Unternehmensfestlegungen ausgerichtet werden.[381] Typisch für Familienunternehmen ist ihre hieraus resultierende Sparsamkeit im Umgang mit Ressourcen. Das genaue Auf-jeden-Cent-achten, was seinen Ursprung im restriktiven Ressourcenmanagement hat, ist ein häufig zu beobachtendes Phänomen.[382]

Am stärksten äußert sich diese Eigenschaft des restriktiven Ressourcenmanagements zur langfristigen Kontrollerhaltung in der Unternehmensfinanzierung von Familienunternehmen.[383] Daher werden nachfolgend die Eigenheiten bezüglich einer meist hohen Eigenkapitalquote sowie der ablehnenden Haltung gegenüber Fremdkapital aufgezeigt.

---

378 Vgl. [Ohle (2009), S. 48]; vgl. [Wimmer, Domayer et al. (2005), S. 104-106, 150]
379 Vgl. [Wimmer & Groth (2005), S. 130]
380 Vgl. [Chrisman, Chua et al. (2003a), S. 467]
381 Vgl. [Wimmer & Groth (2005), S. 126]
382 Vgl. [Weissman & Schultheiss (2006), S. 75]; vgl. [Wimmer, Domayer et al. (2005), S. 156 f.]
383 Vgl. [Wimmer & Groth (2005), S. 126]

Abbildung 3.9: Eigenschaften von Familienunternehmen – Ressourcen

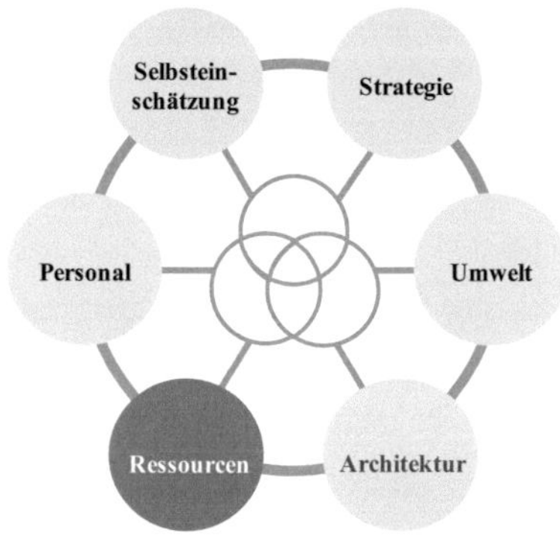

Quelle: Eigene Darstellung in Anlehnung an Wimmer, Domayer et al. (2005), S. 93-188

3.3.4.1 Hohe Eigenkapitalquoten

Finanzielle Unabhängigkeit hat sowohl für die Familie wie auch für das Unternehmen einen hohen Stellenwert. Wie oben schon angedeutet wird zur langfristigen Kontrollsicherung eher auf hohe Eigenkapitalquoten gesetzt als auf Fremdfinanzierung.[384] Auch werden bereitwillig niedrigere Eigenkapitalrenditen sowie langsameres Wachstum in Kauf genommen, wenn dadurch die Expansion unter familiärer Aufsicht stattfinden kann.[385] In Familienunternehmen sind häufig Eigenkapitalquoten von über 50% zu beobachten, wohingegen die Quoten bei Nicht-Familienunternehmen eher zwischen 20 und 50% liegen.[386] Da Führungskräfte von Familienunternehmen externes Eigenkapital, z.B. durch einen Börsengang, meist ablehnen, da auch dies wieder die Aufgabe der vollständigen Kontrolle bedeuten würde, werden die hohen Eigenkapitalquoten meist durch eine strikte Thessaurisierungspolitik erreicht.[387] Da den Eigentümern das langfristige und autonome Überleben des Unternehmens am Herzen liegt und sie diejenigen sind, die über die Gewinnentnahme entscheiden, wird verständlich, warum diese meist

[384] Vgl. [Wu, Chua et al. (2007), S. 893]
[385] Vgl. [Wimmer, Domayer et al. (2005), S. 160]
[386] Diese Aussage wurde [ebd., S. 159] entnommen. Diese beziehen sich jedoch wiederum auf einen Beitrag von Albach, H. & Freund, W. (1989). *Generationswechsel und Unternehmenskontinuität*, Gütersloh, S. 144.
[387] Vgl. [Hennerkes (2004), S. 18 f.]; vgl. [Poutziouris & Fletcher (2002), S. 123]

recht zurückhaltend ausfällt.[388] So entstehen in der Firma finanzielle Ressourcen, die wiederum für Investitionen verwendet werden können. Das Unternehmenswachstum wird also hauptsächlich durch die eigene Ertragskraft ermöglicht.[389]

3.3.4.2 Abneigung gegenüber Fremdkapital

Der Verzicht auf starke Fremdfinanzierung ist ebenso wie die Entscheidung für eine hohe Eigenkapitalquote eine bewusst getroffene zum Zwecke der Autonomieerhaltung. Jedoch ist auch sie janusköpfig, da dadurch von einer extensiven Expansionspolitik Abstand genommen werden muss. Hierdurch wird die Möglichkeit in Kauf genommen, von der Konkurrenz überholt zu werden.[390]

Die Einführung von Basel II hat die Abneigung von Familienunternehmern gegenüber der Aufnahme von Bankkrediten noch weiter verstärkt. Auf Grund der neuen Verordnung müssen sie dem Geldinstitut mehr Einblick in die Finanzen und die Strategie des Unternehmens gewähren als früher. Hierin sehen viele Unternehmer einen Vertrauensbruch durch zu starke Überwachung. Außerdem wollen sie sich häufig nicht in die Karten sehen lassen.[391]

Untersuchungen zeigen, dass Familienunternehmen auch Beteiligungskapital nicht sehr positiv gegenüberstehen und stattdessen versuchen, Finanzmittel aus dem familiären Netzwerk zu akquirieren.[392] Außerdem werden, wenn die Entscheidung für Fremdkapital gefallen ist, vorzugsweise langfristige Darlehen im Gegensatz zu kurzfristigen aufgenommen. Das Risikopotenzial von letzterem wird als höher eingestuft, da es schneller zurückgezahlt werden muss, was einen kurzfristigen Liquiditätsengpass verursachen kann.[393]

---

388 Vgl. [Leach (1994), S. 7]
389 Vgl. [Wimmer, Domayer et al. (2005), S. 159 f.]
390 Vgl. [López-Gracia & Sánchez-Andújar (2007), S. 281]; vgl. [Wu, Chua et al. (2007), S. 893]; vgl. [Wimmer & Groth (2005), S. 128]; vgl. [Mishra & McConaughy (1999), S. 60, 62 f.]
391 Vgl. [Wimmer, Domayer et al. (2005), S. 166- 168]
392 Vgl. [Poutziouris & Fletcher (2002), S. 119]
393 Vgl. [Mishra & McConaughy (1999), S. 58]

3.3.5 Familiär geprägte Personalpraktiken

Es ist bekannt, dass alleiniges Binden von Personal durch Arbeitsverträge oder monetäre Anreize nicht ausreicht, um ihr Engagement sicherzustellen. Aus diesem Grund verfügen Firmen über ein Verhaltensrepertoire, was dazu dienen soll, die Beziehungen zu den Mitarbeitern auf eine Art und Weise zu gestalten, dass die gegenseitigen Erwartungen zumindest größtenteils erfüllt werden. Die hier angesprochene Aufgabe ist auch unter dem Begriff Personalmanagement bekannt.[394]

Der Literatur zufolge unterscheiden sich die Personalpraktiken von Familienunternehmen stark von denen der Nicht-Familienunternehmen. Woher kommt dieser Unterschied? Er entspringt, wie die anderen bisher aufgezeigten Eigenschaften auch, dem Zusammenkommen von Familie, Eigentum und Unternehmen. Da hier die drei Bereiche zusammenfallen, die in ihrer Funktionsweise jedoch eklatant anders geartet sind, kommt es zu einer kulturstiftenden sowie strukturbildenden Kraft, die sich auf das Personalmanagement auswirkt.[395] Besonders ein familienorientierter Führungsstil sowie Naturwüchsigkeit im Umgang mit Personal sind zu verzeichnen.

Abbildung 3.10: Eigenschaften von Familienunternehmen – Personal

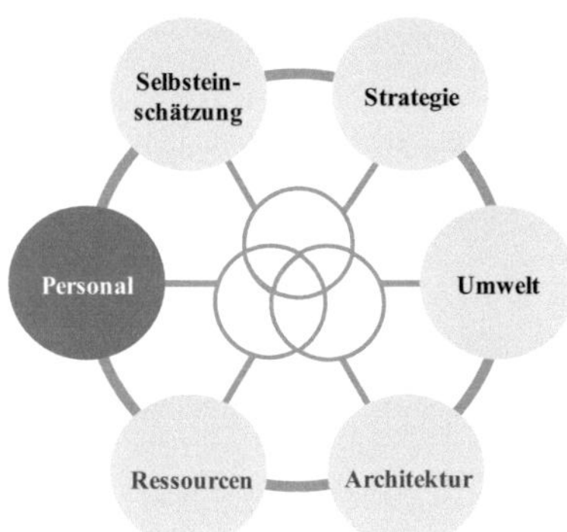

Quelle: Eigene Darstellung in Anlehnung an Wimmer, Domayer et al. (2005), S. 93-188

[394] Vgl. [Wimmer, Domayer et al. (2005), S. 172]
[395] Vgl. [ebd., S. 177]; vgl. [Sirmon & Hitt (2003), S. 341 f.]

3.3.5.1 Familienorientierter Führungsstil

Die familialen Eigenheiten zeigen sich im Führungsstil sowie in der Person, die das Unternehmen führt, also dem Familien- oder Fremdmanager. Beide Aspekte werden im Folgenden diskutiert.

Typisch für Familienunternehmen ist eine patriarchische Art der Führung. Wie in der Familie selbst, so wird in Familienunternehmen auch die Autorität des Familienoberhaupts, also meist des Vaters, der ja häufig auch Unternehmensgründer ist, anerkannt. Im Gegenzug hat dieser die Fürsorge- und Treuepflicht seinen Mitarbeitern gegenüber. Die Führungsverantwortung ergibt sich bei Familienunternehmen meist aus den Eigentumsverhältnissen und nicht aus den funktionalen Anforderungen. Dies erklärt auch, warum die Arbeitsteilung zwischen den Managementebenen in Familienunternehmen nur selten funktioniert.[396]

Die Naturwüchsigkeit im Umgang mit Personalangelegenheiten zeigt sich auch in der Einstellung, dass sich das benötigte Fachwissen durch tägliches, engagiertes Mitarbeiten entwickelt. Diese Anschauung macht auch vor der Managementebene selbst keinen Halt, da hier auf einen praxisorientierten Führungsstil Wert gelegt wird. So hat sich gezeigt, dass Vorstände von Familienunternehmen einen niedrigeren Ausbildungshintergrund besitzen.[397] Ausgenommen von dieser Ansicht sind lediglich unmittelbar produktbezogene Bereiche, wo ein hohes fachliches Niveau vorausgesetzt wird, um Qualität und Innovation zu sichern.[398]

Die Führung von Familienunternehmen wird häufig an die nächste Generation übergeben, wobei Fremdmanager oft gemieden werden. Warum ist das so und was sind die jeweiligen Vorteile? Auch in diesem Fall sind die treibenden Faktoren einerseits die Kontrollsicherung in Familienhand und andererseits das Vertrauen. Eigentümerfamilien und Patriarch fürchten den Verlust der ihnen so wichtigen Autonomie beim Einstellen eines Managers von außerhalb und bringen den eigenen Familienmitgliedern meist mehr Vertrauen entgegen, auch wenn diese weniger geeignet für die Position sind.[399] Es

---

396 Vgl. [Feltham, Feltham et al. (2005), S. 13]; vgl. [Wimmer, Domayer et al. (2005), S. 177 f.]
397 Vgl. [Jorissen, Laveren et al. (2005), S. 241]
398 Vgl. [Wimmer, Domayer et al. (2005), S. 179]
399 Vgl. [Goffee & Scase (1985), S. 56]

wird auch davon ausgegangen, dass Führungskräfte aus dem Familienkreis dem Unternehmen länger erhalten bleiben und mehr Einsatz zeigen, da es sich um die eigene Organisation handelt.[400] Letzterer Aspekt führt überdies zu geringeren Problemen zwischen Prinzipal und Agent, da Eigentum und Management zusammenfallen.[401] Es ist jedoch an dieser Stelle anzumerken, dass die Unternehmensnachfolge, besonders für die Familie, sehr schwierig sein kann. Die Wahl eines Nachfolgers bringt oft die Entscheidung zwischen mehreren gleichermaßen geliebten Kindern mit sich, die jedoch nicht unbedingt im selben Maße für die Position geeignet sind. Hier sind Konflikte vorprogrammiert.[402] Ein Vorteil beim Einsatz von Fremdmanagern ist, dass sie häufig besser für die Position ausgebildet sind und gegebenenfalls bereits Erfahrung in diesem Aufgabenbereich in anderen Unternehmen sammeln konnten. Dies kann die Zukunftsaussichten des Unternehmens erheblich steigern und zu mehr Wachstum verhelfen.[403] Familienunternehmen rekrutieren jedoch tendenziell lieber junge Personen und ziehen diese im Unternehmen zu Führungskräften heran. Führungspositionen werden nur ungern an Nicht-Unternehmensmitarbeiter vergeben, da von außen kommenden Einflüssen misstraut wird.[404]

3.3.5.2 Naturwüchsigkeit im Umgang mit Personal

In der Literatur lässt sich die Naturwüchsigkeit im Umgang mit Personal anhand von vier Dimensionen festmachen: Unternehmenskultur, Personalauswahl, Entlohnungsstruktur und Personalentwicklung. Alle vier werden im Folgenden näher erläutert.

Familienunternehmen verfügen meist über eine sehr ausgeprägte und familiäre *Unternehmenskultur*, die sich aus der Koevolution von Familie, Eigentum und Unternehmen ergibt. Die Grundlage wird vom Unternehmensgründer gelegt und von seinen Nachfolgern weiter fortgeführt und verändert. Die sich hieraus ergebende Kontinuität gibt der Kultur eine gewisse Stabilität über Generationen hinweg. Dies wird von den Mitarbeitern meist sehr geschätzt. So entsteht eine gegenseitige Vertrauensbasis sowie Loyalität

---

400 Vgl. [Allio (2004), S. 25 f.]; vgl. [Leach (1994), S. 6 f.]; vgl. [Brokaw & Murphy (1992), S. 75 f.]

401 Vgl. [James (1999), S. 44-47]

402 Vgl. [Leach (1994), S. 15] Das Thema Nachfolge ist ein sehr breites Feld, auf das hier nicht weiter eingegangen werden soll, da es nicht in Kürze umfassend dargestellt werden kann und nicht zur Beantwortung der Forschungsfrage beiträgt.

403 Vgl. [Bertrand & Schoar (2006), S. 78]; vgl. [James (1999), S. 51]

404 Vgl. [Wimmer, Domayer et al. (2005), S. 142, 180 f.]

und Identifikation von Seiten der Angestellten mit dem Unternehmen und der Familie.[405] Aus dieser Kultur schöpfen Familienunternehmen Kraft. Häufig verbunden hiermit ist eine überaus große Einsatzbereitschaft von Seiten der Mitarbeiter. Ein Nachteil dieser stark personifizierten und leistungsstarken Kultur ist die Art der Konfliktbewältigung. Passiert ein Fehler, so wird dieser einem Schuldigen zugewiesen, der sich reumütig zeigen muss. Dies kann sehr persönlich genommen werden. Da es nicht Teil der Unternehmenskultur ist, zwischen Arbeit und Person zu trennen, fällt das Beiseitelegen des Konfliktes schwer, was im schlimmsten Fall zum Ausscheiden der Person aus dem Unternehmen führen kann.[406]

Familiäre Muster finden sich auch in puncto *Personalauswahl* wieder. Im Vergleich zu Nicht-Familienunternehmen, die das Dazu-passen zum Unternehmen sicherstellen wollen, muss der Kandidat bei Familienunternehmen noch eine weitere Hürde bewältigen. Er, sowie häufig auch seine Familie, müssen zum Unternehmen sowie zur Unternehmensfamilie passen. Die Familie des Unternehmens legt meist großen Wert darauf, in die Personalentscheidungen miteinbezogen zu werden, vor allem, wenn es um Manager von außerhalb geht. So soll deren Übereinstimmung und Vertrauenswürdigkeit sichergestellt werden.[407]

Auch bezüglich der *Entlohnungsstruktur* lassen sich Unterschiede bei Familienunternehmen im Vergleich zu ihren nicht familiären Gegenspielern feststellen. Beispielsweise machen sie weniger Gebrauch von variablen Vergütungsschemen, die z.B. Unternehmensanteile für Fremdmanager beinhalten könnten.[408] Es wurde auch festgestellt, dass Familienunternehmen, die von Familienmitgliedern geführt werden, niedrigere Gehälter zahlen als solche, die von Fremdmanagern geleitet werden. Dies hängt mit der vorher angesprochenen Sparsamkeit im Umgang mit finanziellen Ressourcen zusammen.[409]

---

405 Vgl. [Weissman & Schultheiss (2006), S. 76]; vgl. [Leach (1994), S. 9]; vgl. [Brokaw & Murphy (1992), S. 77]
406 Vgl. [Wimmer, Domayer et al. (2005), S. 182]
407 Vgl. [ebd., S. 179 f.]
408 Vgl. [Jorissen, Laveren et al. (2005), S. 239]
409 Vgl. [Carrasco-Hernandez & Sánchez-Marín (2007), S. 218, 223]

Bei der *Personalentwicklung* ist zu beobachten, dass diese meist, außer in produkt- und qualitätsbezogenen Bereichen, stark vernachlässigt wird. Vor allem die Weiterbildung und Entwicklung der Führungskräfte durch bewusste Lernsituationen wird häufig als unnötig abgetan. Meist herrscht die Meinung vor, dass eine Person die Begabung zur Führung entweder schon in sich hat oder dass sie für diese Aufgabe nicht geeignet ist.[410]

3.3.6 Andersartige Akzentsetzung bei der Selbsteinschätzung

Die Einschätzung der momentanen wirtschaftlichen Lage, in der sich die Organisation befindet, ist von größter Bedeutung, soll die Unternehmensausrichtung ins subjektiv richtige Verhältnis zur wahrgenommenen Umwelt gesetzt werden. Bei einer solchen Selbsteinschätzung handelt es sich um die Auseinandersetzung mit der selbst angefertigten Beschreibung des Unternehmens. Ziel ist es, zu einer angemessenen und gemeinschaftlich geteilten Selbsteinschätzung zu gelangen. Dies kann jedoch nur erreicht werden, wenn Transparenz bezüglich der eigenen wirtschaftlichen Situation herrscht und Echtzeitinformationen zur Diagnose verfügbar sind.[411]

Abbildung 3.11: Eigenschaften von Familienunternehmen – Selbsteinschätzung

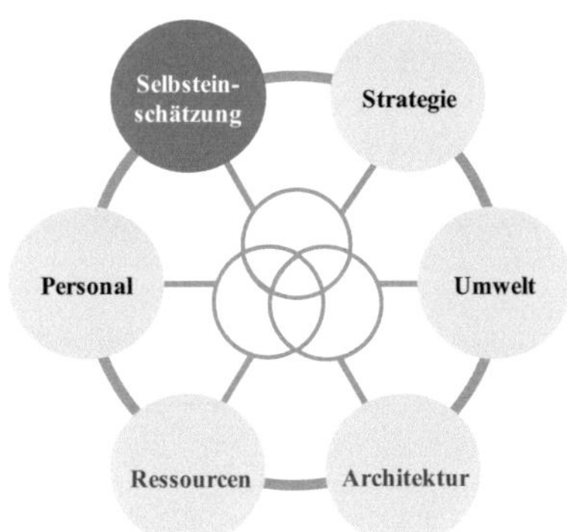

Quelle: Eigene Darstellung in Anlehnung an Wimmer, Domayer et al. (2005), S. 93-188

[410] Vgl. [Wimmer, Domayer et al. (2005), S. 178 f.]
[411] Vgl. [ebd., S. 184 f.]

In der Familienunternehmensliteratur gibt es bezüglich des Selbstbeobachtungsverhaltens dieses Organisationstyps Anzeichen, die deutlich machen, dass sich auch an dieser Stelle zwei spezifische Eigenschaften zeigen. Die Intransparenz der Finanzzahlen gekoppelt mit der stiefmütterlichen Behandlung des Controllings ist ein solches Merkmal. Überdies nehmen weiche Zielgrößen im Vergleich zu Nicht-Familienunternehmen einen sehr hohen Stellenwert ein.

3.3.6.1 Erschwerte Selbsteinschätzung durch Intransparenz von Finanzzahlen und stiefmütterlicher Behandlung des Controllings

> „Für Unternehmen ist es eine Überlebensfrage, über jene Kennziffern zu verfügen, die eine tragfähige Einschätzung des aktuellen wirtschaftlichen Zustandes der Gesamtorganisation … ermöglichen. Um so erstaunlicher ist es, immer wieder Unternehmen anzutreffen, die keine entscheidungsrelevanten Aussagen über betriebswirtschaftliche Problemlagen treffen können. Familienunternehmen zählen nicht selten zu dieser Kategorie.“[412]

Der Grund hierfür liegt nach Wimmer, Domayer et al. (2005) häufig in der Scheu vor den Kosten sowie in der Ablehnung von zusätzlichem Verwaltungsaufwand. Zudem will sich die Familie meist nicht in die Karten sehen lassen, besonders nicht bei Finanzangelegenheiten. Auch hier sind patriarchische Denkmuster verankert. Geht es um das Thema Finanzen, sind nur diejenigen informiert, die in Familie und Unternehmen eine Autoritätsstellung haben. Über Geld wird nicht offen gesprochen und unter dieser Prämisse ist auch die Aufstellung und Bedeutung von Finanz- und Rechnungswesen zu beurteilen.[413] Hier sind besonders vertrauenswürdige Personen, wie z.B. die Ehefrau in der Buchhaltung, anzutreffen. Die Scheu vor großen Verwaltungskosten führt meist dazu, dass es kein elaboriertes Controlling gibt. Unter Controlling sollen hier all die Aktivitäten verstanden werden, die vonnöten sind, um das Topmanagement sowie die Linienverantwortlichen dazu zu befähigen, den ihnen unterstellten Unternehmensteil in Form von Selbstkontrolle zu überblicken, um hieraus schlussendlich die passenden Zukunftsentscheidungen abzuleiten. Ein zeitgemäßes Controlling ist für die Selbstkontrolle unerlässlich und führt zu einer realistischeren Selbsteinschätzung. Generell ist es häufig weniger problematisch, die Zahlenbasis aufzubereiten als deren allgemeine Akzeptanz zu etablieren. So wird in Familienunternehmen oft, falls es ein Cont-

[412] [ebd., S. 183]
[413] Vgl. [Kotey (2003), S. 17 f.]

rolling gibt, nicht darüber diskutiert, welche Schlussfolgerungen aus den Zahlen abzuleiten sind, sondern ob diesen überhaupt Glauben geschenkt werden soll.[414]

3.3.6.2 Hohe Bedeutung von weichen Zielgrößen

Untersuchungen bezüglich der Ziele von Familienunternehmen zeigen, dass das Hauptaugenmerk weitaus weniger häufig auf harten Zielgrößen wie etwa der Maximierung des Gewinns, der Eigenkapital- oder Anlagenrendite liegt.[415] Weichen Zielgrößen hingegen, sprich nicht finanzielle Richtungspunkte, wie etwa Mitarbeiterzufriedenheit, Qualitätsstandards oder Innovationskraft wird große Bedeutung beigemessen.[416] Auch dieses spezifische Merkmal von Familienunternehmen lässt sich auf den familiären Einfluss zurückführen. Die häufig zu beobachtende Wichtigkeit von weichen Faktoren bedeutet aber nicht, dass dieser Organisationstyp generell leistungsschwächer ist. Das Einbeziehen von sowohl harten wie auch weichen Zielgrößen hat den Vorteil, dass es zu einer realistischeren Selbsteinschätzung führt. Hierdurch werden Entscheidungen auf einer solideren Basis getroffen.[417]

3.3.7 Resümee – Eigenschaften von Familienunternehmen

Durch Kapitel 3.3 sollte deutlich gemacht werden, dass sich Familienunternehmen auf Grund ihrer spezifischen Eigenschaften, die auf die Kopplung und Koevolution von Familie, Eigentum und Unternehmen zurückzuführen sind, von Nicht-Familienunternehmen unterscheiden. Die wichtigsten Merkmale, die auch für die Internationalisierung von Relevanz sein könnten, wurden aufgezeigt. Ob Familienunternehmen nun aber auf Grund dieser Besonderheiten eine höhere oder niedrigere Leistungskraft im Vergleich zu Publikumsgesellschaften haben, ist in der Forschung ein sehr strittigesThema. Es gibt hierzu eine ganze Reihe an Untersuchungen, die sowohpositiv[418] wie auch negativ[419] ausfallen.

---

414 Vgl. [Wimmer, Domayer et al. (2005), S. 183-185]

415 Vgl. [Jorissen, Laveren et al. (2005), S. 241]; vgl. [Mishra & McConaughy (1999), S. 62 f.]

416 Vgl. [Sciascia & Mazzola (2008), S. 341 f.]; vgl. [McCann, Leon-Guerrero et al. (2001), S. 56]

417 Vgl. [Wimmer, Domayer et al. (2005), S. 186 f.]

418 Positive Befunde zur Leistungsfähigkeit von Familienunternehmen haben folgende Untersuchungen ergeben [Chrisman, Chua et al. (2009), S. 743, 751 f.]; [Jaskiewicz, González et al. (2005), S. 198]; [Anderson & Reeb (2003), S. 1317, 1321, 1324]

419 Weitere Informationen zu negativen Befunden bezüglich der Leistungsfähigkeit von Familienunternehmen können den folgenden Quellen entnommen werden [Sciascia & Mazzola

Zusammenfassend ist daher zu sagen, dass es nicht möglich ist, ein generelles Urteil darüber zu fällen, ob die Merkmale von Familienunternehmen diesen zugute kommen oder nicht.[420] Hier kommt es sicherlich auf den Einzelfall an und wie mit diesen Eigenschaften umgegangen wird. Wichtig an dieser Stelle, vor allem im Hinblick auf die folgende empirische Untersuchung zur Internationalisierung, ist lediglich die Tatsache, dass sich Familienunternehmen durch ihre identitätsstiftenden Eigenschaften in vielerlei Hinsicht von Nicht-Familienunternehmen unterscheiden.

3.4 Stand der Forschung zur Internationalisierung von Familienunternehmen

In diesem Kapitel wird der Frage nachgegangen, was laut Literatur der derzeitige Stand der Forschung zur Internationalisierung von Familienunternehmen ist (Kap. 3.4.1). Generell ist leider festzustellen, dass sich die Familienunternehmensforschung bisher nur wenig mit dem Thema Internationalisierung auseinander gesetzt hat.[421] Aus diesem Grund werden die Erkenntnisse im zweiten Teil (Kap. 3.4.2) um die aus dem Bereich der KMUs ergänzt. Es lohnt sich, dieses Feld in die Analyse mit einzuschließen, da ein Großteil der deutschen Familienunternehmen gleichzeitig auch in diese Größenklasse fällt und in der Literatur zahlreiche Untersuchungen zur Internationalisierung von KMUs zu finden sind.[422]

3.4.1 Internationalisierung von Familienunternehmen – ein noch weitgehend unerforschtes Gebiet

Mit der Globalisierung sowie ihren Auswirkungen auf die Wirtschaftswelt, werden Familienunternehmen jeden Tag konfrontiert. Umso erstaunlicher ist es, dass es noch kaum wissenschaftliche Untersuchungen auf diesem Gebiet gibt.[423] Die Globalisierung der Märkte ist eine Realität, die alle Firmen, egal ob familiengeführt oder nicht, betrifft und sie vor neue Herausforderungen stellt. Heutzutage sind nicht mehr nur die

(2008), S. 341 f.]; [Barontini & Caprio (2006), S. 702 f., 706 f.]; [Barth, Gulbrandsen et al. (2005), S. 121-125]

420 Vgl. [Dyer Jr (2006), S. 268 f.]

421 Vgl. [Fernández & Nieto (2005), S. 85]; vgl. [Gallo & Pont (1996), S. 45]

422 Vgl. [Brockmann, Classen et al. (2008), S. V]

423 Vgl. [Fernández & Nieto (2005), S. 85]; vgl. [Gallo & Pont (1996), S. 45]

heimischen Konkurrenten und Märkte von Bedeutung. Es muss globaler gedacht und gehandelt werden als früher. Internationalisierung muss als Wachstumsstrategie verstanden werden.[424] Auf Grund der Bedeutung dieses Themas für Familienunternehmen und im Hinblick auf die Forschungsfrage dieser Arbeit werden nachfolgend die bisherigen Erkenntnisse der Wissenschaft zur Internationalisierung von Familienunternehmen vorgestellt. Es ist jedoch vorwegzunehmen, dass es nur sehr wenige Untersuchungen gibt und deren Generalisierbarkeit in Frage zu stellen ist, da sie sich oftmals nur auf ein Land, meist Spanien, beziehen. Auch wird auf häufig gewählte Markteintrittsstrategien und das Phänomen der so genannten 'Hidden Champions' der deutschen Wirtschaft eingegangen.

3.4.1.1 Bisherige Erkenntnisse

Die Frage, ob Familienunternehmen mehr oder weniger internationalisieren als Nicht-Familienunternehmen, ist in der Literatur nicht eindeutig geklärt. Eine Studie von Fernández und Nieto (2005) besagt, dass sie generell weniger international agieren. Sind sie international vertreten, so weisen sie einen geringeren Internationalisierungsgrad auf als Nicht-Familienunterenhmen, sprich der Anteil des im Ausland generierten Umsatzes am Gesamtumsatz ist niedriger.[425] Eine empirische Arbeit von Zahra (2003) fällt hingegen positiver für Familienunternehmen aus. Es wird gezeigt, dass sowohl der Faktor Eigentum wie auch die Einbindung der Familie sich positiv auf das internationale Engagement auswirken. Der Einfluss von familieneigenen Führungspersonen bremst jedoch nach dieser Studie das internationale Vorankommen, da diese der Internationalisierung mit mehr Vorsicht begegnen.[426] Auch zu den in Kapitel 2 vorgestellten theoretischen Modellen gibt es nur sehr wenige wissenschaftliche Befunde. Bezüglich der Theorien zum Prozess der Internationalisierung sprechen sich Forscher für das Zutreffen der Wettbewerbsvorteilstheorie[427] sowie des Uppsala-Model[428] aus. Eine ausgeprägte Kernkompetenz sowie Erfahrung in ausländischen Märkten scheinen von

[424] Vgl. [Brockmann, Classen et al. (2008), S. V f.]; vgl. [Claver, Rienda et al. (2008), S. 457]; vgl. [Casillas, Acedo et al. (2007), S. 42]

[425] Vgl. [Fernández & Nieto (2005), S. 81, 86]

[426] Vgl. [Zahra (2003), S. 501, 507]

[427] Vgl. [ebd., S. 508]

[428] Vgl. [Brockmann, Classen et al. (2008), S. 488 f.]; vgl. [Graves & Thomas (2008), S. 163]; vgl. [Basly (2007), S. 155, 170 f.]; vgl. [Claver, Rienda et al. (2007), S. 12]; vgl. [Zucchella, Palamara et al. (2007), S. 277 f.]

großer Bedeutung zu sein. Uppsala wird vor allem als gute Erklärung für den Internationalisierungsprozess von kleinen und mittleren Familienunternehmen (KMFU) angesehen, da vermutet wird, dass diese auf Grund ihrer Größe anders vorgehen, d.h. vor allem langsamer und vorsichtiger internationalisieren.[429] Hierzu gibt es jedoch auch Gegenstimmen.[430] Lediglich Gallo und Pont (1996) nehmen indirekt auf die Theorien der internationalen Unternehmenstätigkeit Bezug, indem sie konstatieren, dass Internationalisierung oft einen Wandel der Organisationsstruktur sowie des Managements erfordert, der in Familienunternehmen jedoch oft blockiert wird.[431]

Auch der Einfluss der spezifischen Eigenschaften von Familienunternehmen auf die Internationalisierung wird in der Wissenschaft stiefmütterlich behandelt. Es wird jedoch vermutet, dass sie die Auslandsaktivitäten beeinflussen. Im Hinblick auf die Besonderheiten bezüglich des familientypischen Merkmals *Strategie* ist festzuhalten, dass sich laut Untersuchungen das langfristige Denken positiv auf die Internationalisierung auswirkt. Es ist nicht Ziel, kurzfristige Erfolge vorzuweisen, sondern sich im Auslandsmarkt zu etablieren und dort langfristig erfolgreich zu sein. Diese Einstellung führt zu mehr Durchhaltekraft. Ein niedriges Wachstum oder eine niedrigere Gewinnmarge in den ersten Jahren führt daher nicht direkt zum Rückzug.[432] Wichtig für den internationalen Erfolg ist aber eine durchdachte Strategie, die jedoch in Familienunternehmen meist nicht vorhanden ist.[433] Auch die zentralistisch organisierte *Architektur* von Familienunternehmen wirkt sich in großen Teilen positiv aus, da die Macht im Unternehmen auf wenige Personen verteilt ist, die, wenn sie vom Potenzial der Internationalisierung überzeugt sind, diese gezielt vorantreiben können.[434] Dies ist vorteilhaft, da der persönliche Einsatz der Spitze von immenser Bedeutung für den Erfolg ist.[435] Die persönliche Kommunikationsform ist im internationalen Kontext jedoch kaum noch umsetzbar, was bedeutet, dass neue Methoden eingeführt werden müssen.[436] Ein Merkmal, das sich negativ auf die internationalen Geschäftsfähigkeiten auswirkt, ist der restriktive Umgang mit *Ressourcen*, speziell finanzieller Art, da interne Kapitalknap-

[429] Vgl. [Claver, Rienda et al. (2007), S. 12]; vgl. [Zucchella, Palamara et al. (2007), S. 277 f.]
[430] Vgl. [Cappuyns (2006), S. 457]
[431] Vgl. [Gallo & Pont (1996), S. 182]
[432] Vgl. [ebd., S. 55]; vgl. [Gallo & Sveen (1991), S. 184]
[433] Vgl. [Graves & Thomas (2006), S. 220]
[434] Vgl. [Klein (2008), S. 14]
[435] Vgl. [Cappuyns (2006), S. 457]
[436] Vgl. [Gallo & Pont (1996), S. 55]; vgl. [Gallo & Sveen (1991), S. 185 f.]

pheit und die Ablehnung von Fremdkapital die Internationalisierung erschwert.[437] Außerdem äußert sich gerade bei der Internationalisierungsfrage die Angst von Familienmitgliedern, die Kontrolle über das Unternehmen zu verlieren, weil sie ihnen zu undurchsichtig und riskant erscheint.[438] Familienunternehmenstypische Praktiken bezüglich des *Personals* wirken sich nach der Erkenntnis mehrerer Untersuchungen sowohl positiv wie auch negativ auf die Internationalisierung aus. Speziell die familiär geprägte Unternehmenskultur kann sich als hilfreich erweisen, da sie meist auch von Mitarbeitern im Ausland als positiv empfunden wird und diese stärker an das Unternehmen bindet. Des Weiteren hilft sie beispielsweise bei der Gründung und Führung eines JV oder einer strategischen Allianz mit einem anderen Familienunternehmen, da kulturelle Übereinstimmung und Vertrauen sehr wichtig für deren Erfolg sind. Überdies können eventuell bestehende Kontakte der Familie ins Ausland für das Unternehmen genützt werden. Wichtig ist, dass Familienmitglieder, besonders wenn sie Managementpositionen innehaben, international kundig sind, sei es durch Urlaube, Studium oder Berufserfahrung. Sie haben hierdurch mehr Wissen über andere Länder und der Schritt ins Ausland erscheint ihnen somit weniger riskant und undurchschaubar. Häufig fehlt es jedoch an dieser Erfahrung, vor allem wenn ältere Familienmitglieder in der Führungsverantwortung sind. Negativ wirkt sich auch aus, dass Fremdmanager meist abgelehnt werden, obwohl sie die nötige Erfahrung im Umgang mit ausländischen Märkten mit sich bringen könnten.[439]

3.4.1.2 Markteintrittsstrategien

Untersuchungen bezüglich der Markteintrittsstrategien von Familienunternehmen zeigen, dass Export, und zwar die direkte Variante, die am häufigsten genutzte Methode ist. An zweiter Stelle liegen eigene Tochtergesellschaften, gefolgt von kooperativen Engagements, also JVs und strategischen Allianzen. Das Schlusslicht bilden Lizensierungen und Franchisingabkommen.[440]

---

437 Vgl. [Graves & Thomas (2008), S. 161 f., 164]

438 Vgl. [Gallo & Pont (1996), S. 48]; vgl. [Gallo & Sveen (1991), S. 184-186]

439 Vgl. [Klein (2008), S. 13]; vgl. [Davis & Harveston (2000), S. 116]; vgl. [Gallo & Pont (1996), S. 51, 55]; vgl. [Gallo & Sveen (1991), S. 185, 187 f.]

440 Diese Zusammenstellung bezieht sich auf zwei Untersuchungen, eine aus Deutschland [Brockmann, Classen et al. (2008), S. 487] und eine aus den USA [Okoroafo (1999), S. 152-154]

Weiterführende Untersuchungen gibt es bezüglich des Eingehens von JVs und strategischen Allianzen. Wie bereits erwähnt wird argumentiert, dass beide Methoden zwischen Familienunternehmen eine höhere Erfolgschance haben.[441] Dies wird auf die gemeinsamen kulturellen Werte wie Loyalität, Vertrauen und Kontinuität zurückgeführt.[442] Außerdem werden sie als attraktive Markteintrittsmethoden für Familienunternehmen angesehen, da das Risiko geteilt wird und finanzielle Ressourcen gemeinsam aufgebracht werden.[443] Es wird jedoch bezüglich strategischer Allianzen angemerkt, dass es für deren Erfolg unerlässlich für Familienunternehmen ist, von ihrem Autonomiestreben Abstand zu nehmen und Wandel gegenüber offener zu sein.[444]

3.4.1.3 Die stillen Stars der deutschen Wirtschaft

Eine besondere Form der internationalen deutschen Unternehmen, die sich oft zudem noch in Familienhand befinden, sind die so genannten stillen Stars oder auch 'Hidden Champions'. Das Konzept dieser Firmen, die sehr häufig KMFUs[445] sind, geht auf Hermann Simon (1990) zurück. Die 'Hidden Champions' mischen in ihrem Nischensegment, durch Exzellenz in unauffälligen, meist Zulieferprodukten, beträchtlich auf dem Weltmarkt mit. Viele der heimlichen Gewinner liegen mit Weltmarktanteilen von über 50% weit über bekannten multinationalen Unternehmen und sind häufig Marktführer. Sie erbringen damit einen äußerst wichtigen Beitrag zur deutschen Leistungsbilanz und zeichnen sich durch einen hohen Exportanteil sowie Überlebenskraft aus.[446] Unternehmen wie Körber/Hauni, Webasto oder TetraWerke sind zwar längst nicht so bekannt wie große namhafte Firmen, sie wollen dies aber auch überhaupt nicht sein, sondern lieber im Hintergrund bleiben und von dort aus agieren.[447] Die internationale Strategie, die die stillen Stars so erfolgreich macht, lässt sich an mehreren Eckpunkten festmachen: Sie agieren in Marktnischen und entwickeln einzigartige Produkte, die sich

[441] Vgl. [Swinth & Vinton (1993), S. 29 f.]
[442] Vgl. [Cappuyns (2006), S. 457]
[443] Vgl. [Drozdow & Schleif (2009), S. 63-65]
[444] Vgl. [Roessl (2005), S. 211 f.]
[445] Simon (1996) weicht mit seiner Definition von KMUs von der, die in Kapitel 3.4.2 vorgestellt wird, stark nach oben hin ab. So fallen also auch Unternehmen in die Kategorie der stillen Stars, die nach der Definition, der diese Arbeit folgt, nicht mehr in die KMU-Kategorie fallen. Überdies müssen die heimlichen Gewinner nach Simon (1996) nicht zwingend KMUs sein, sind aber sehr häufig in Familienhand. Aus diesem Grund werden die 'Hidden Champions' auch an dieser Stelle und nicht erst im nachfolgenden Kapitel behandelt [Simon (1996), S. 17, 21]
[446] Vgl. [Simon (2006), S. 49]
[447] Vgl. [Simon (1996), S. 12-21, 29]; vgl. [Simon (1992), S. 115]

durch Innovation und Qualität auszeichnen. Sie verfallen dabei aber nicht der typisch deutschen Technikdominanz. Dem internationalen Wettbewerb wird nicht über den Preis, sondern über Differenzierung begegnet. Die enge Spezialisierung der 'Hidden Champions' wird dank globaler Vermarktung zum Erfolgsrezept. Kundennähe, das Erfüllen ihrer Bedürfnisse und Erbringen einer hervorragenden Serviceleistung zusätzlich zum Produkt, ist Dreh- und Angelpunkt ihrer Strategie. Beim Erschließen von Auslandsmärkten, der Produktion sowie F&E vertrauen sie überwiegend auf ihre eigene Kraft. Sie ziehen den Alleingang Kooperationen und Lizenzvergabe vor, nicht zuletzt um ihre Kernkompetenz zu schützen. Über den Führungsstil der 'Hidden Champions' schreibt Simon (1990) folgendes: „Den vorherrschenden Führungsstil der "Hidden Campions" könnte man als "aufgeklärt patriarchalisch" bezeichnen. Mitarbeiterloyalität und Unternehmenskultur sind stark ausgeprägt."[448] Teamarbeit und Leistungsorientierung werden betont.[449]

3.4.2 Erweiterung um die Erkenntnisse über die Internationalisierung von KMUs

Die Mehrheit der deutschen Familienunternehmen fällt gleichzeitig in die Kategorie der kleinen und mittleren Unternehmen.[450] KMUs sind für die deutsche Wirtschaft von großer Bedeutung. 99,7% aller landesansässigen Unternehmen fallen in diese Größenklasse, wobei 89,8% einen Jahresumsatz von unter einer Million Euro erwirtschaften. Überdies beschäftigen sie 70,5% der deutschen Arbeitnehmer und erwirtschaften 38,3% des Gesamtumsatzes aller heimischen Unternehmen.[451]

Im Alltag werden die Begriffe KMU, Mittelstand und Familienunternehmen häufig vermischt, da viele kleinere und mittlere Firmen gleichzeitig zum Mittelstand gehören und in Familienbesitz sind. Dennoch sind die drei Begriffe sehr unterschiedlich definiert. Familien- und mittelständische Unternehmen werden durch Eigentums- und Leistungskriterien abgrenzt. An dieser Stelle soll angemerkt werden, dass nicht genau

---

448 [Simon (1990), S. 13]

449 Vgl. [Simon (2006), S. 49]

450 Vgl. [Brockmann, Classen et al. (2008), S. V]; vgl. [Schauerte (2007), S. 10]; vgl. [Kormann (2005), S. 4]

451 Vgl. [Wallau (2009), S. 4, 7]; vgl. [o.V. (2008a), S. 1]; vgl. [Wallau & Haunschild (2007), S. 13] Diese Auswertungen basieren auf der KMU-Definition des IfM Bonn. Siehe hierfür [Wallau (2009), S. 3]

festgelegt ist, was unter dem deutschen Mittelstand zu verstehen ist und daher der Begriff nicht weiter verwendet wird.[452] KMUs hingegen sind durch Größengrenzen beim Jahresumsatz oder bei der Mitarbeiterzahl festgelegt.[453]

Nach einer Empfehlung der EU Kommission von 2003 fallen Unternehmen, die nicht mehr als 249 Mitarbeiter, weniger als 50 Millionen Euro Jahresumsatz oder eine Bilanzsumme von weniger als 43 Millionen Euro pro Jahr haben und bei denen mindestens drei viertel der Stimmrechte dem Eigentümer zustehen, unter die KMU-Klassifikation.[454] Die genaue Aufteilung zwischen kleinst-, kleinen, mittleren und großen Unternehmen ist Tabelle 3.3 zu entnehmen.

Tabelle 3.3: Unternehmensgrößenkriterien der EU-Kommission

Bezeichnung	Anzahl Mitarbeiter	*und* Jahresumsatz	*oder* Bilanzsumme
Kleinst	max. 9	max. 2 Mio. €	max. 2 Mio. €
Klein	max. 49	max. 10 Mio. €	max. 10 Mio. €
Mittel	max. 249	max. 50 Mio. €	max. 43 Mio. €
Groß	250 +	50 Mio. € +	43 Mio. € +

Quelle: Eigene Darstellung in Anlehnung an EU-Kommission (2003), S. 36-41

452 Vgl. [Kayser, Wallau et al. (2005), S. 48]; vgl. [Kless & Veldhues (2005), S. 226]

453 Vgl. [Wallau & Haunschild (2007), S. 3]

454 Vgl. [EU-Kommission (2003b), S. 36-41] Obwohl in dieser Arbeit der Definition der EU-Kommission gefolgt wird, soll zusätzlich noch die des IfM Bonn vorgestellt werden, da diese in der deutschen Literatur häufig angewendet wird und etwas von der EU-Definition abweicht. Demnach sind Unternehmen, die bis zu 9 Mitarbeiter und weniger als 1 Million € Jahresumsatz haben, als klein anzusehen. Bei weniger als 500 Mitarbeitern und 50 Millionen € Jahresumsatz handelt es sich um ein mittleres Unternehmen, darüber um ein großes [Wallau (2009), S. 3]

3.4.2.1 Internationalisierungsprozess

Wenn auch in der Forschung zu KMUs der Einfluss der Familie und die spezifischen Eigenschaften unberücksichtigt bleiben, so gibt es doch weitaus mehr Untersuchungen zur Internationalisierung von Unternehmen dieser Größenklasse.[455] Der Tenor der meisten Untersuchungen zu den traditionellen Ansätzen ist, dass Faktoren wie Erfahrung und Wissen über ausländische Märkte sowie deren geografische Distanz von großer Bedeutung für die Internationalisierung von KMUs sind.[456] Das Sammeln von Erfahrungen im Auslandsmarkt, was schlussendlich zu Wissen über diesen führt, vereinfacht den Internationalisierungsprozess. Hierdurch reduziert sich die Unsicherheit, wodurch sich wiederum die Risikobereitschaft der Führungskräfte erhöht. Dies führt schlussendlich zu weiteren Engagements auf anderen Märkten.[457] Sehr wichtig bei der Internationalisierung von KMUs ist die Erfahrung des Führungsteams mit dem Ausland, da dies sich sehr stark auf die Bereitschaft zur internationalen Geschäftsaufnahme auswirkt.[458] Eine unternehmerische Einstellung, die durch Risikobereitschaft und aktives Auf-ausländische-Märkte-vordringen geprägt ist, ist bei KMUs häufig anzutreffen und beschleunigt den Prozess ebenfalls.[459] All diese Faktoren sprechen stark für das Zutreffen der Uppsala-Theorie, genauer der Kette der psychischen Entfernung sowie des Internationalisierungsmodells. Havnes (2002) gibt jedoch zu bedenken, dass es sich hierbei nicht zwingend um einen Jahr für Jahr gleichförmig fortschreitenden Prozess handeln muss.[460] Ein weiterer Aspekt, der KMUs, laut Literatur, beim Internationalisierungsprozess hilft, ist die Mitgliedschaft in heimischen sowie in ausländischen Netzwerken. Hierfür gibt es mehrere Gründe. Einmal können die Kontakte des heimischen Netzwerkes als Chance für den Auslandseintritt genutzt werden.[461] Erfahrung mit dem Auslandsmarkt, Wissen über ihn, bereits bestehende Beziehungen zu wichtigen Marktteilnehmern oder der Regierung, gegenseitiges Vertrauen der Netzwerkpartner zueinander und geschultes Personal sind Einflussgrößen, die sowohl das heimische, jedoch sicher in größerem Umfang das ausländische, Netzwerk bereitstellen können.[462] Auch das geistige Eigentum kann durch die Erfahrung und die Beziehungen des Netzwerkes

455 Vgl. [Donckels (2002), S. 107 f.]
456 Vgl. [Schmidt, Menke et al. (1995), S. 42 f.]
457 Vgl. [Armario, Ruiz et al. (2008), S. 500]
458 Vgl. [o.V. (2004), S. 173]; vgl. [Reuber & Fischer (1997), S. 816]
459 Vgl. [De Clercq, Sapienza et al. (2005), S. 416]
460 Vgl. [Havnes (2002), S. 21]
461 Vgl. [Coviello & Munro (1995), S. 56, 58]
462 Vgl. [Spence (2003), S. 280 f., 291]

besser geschützt werden.[463] Häufig sind gerade bei KMUs Ressourcen wie Finanzen oder Personal nur begrenzt vorhanden. Dem kann begegnet werden, indem z.B. der Aufwand mit Netzwerkpartnern geteilt wird.[464] All diese Faktoren reduzieren Risiko und Unsicherheitswahrnehmung und begünstigen somit ein Voranschreiten des Internationalisierungsprozesses. Es soll an dieser Stelle jedoch angemerkt werden, dass die meisten Untersuchungen bezüglich der Hilfestellung von Netzwerken für KMUs sich auf wissensintensive Industrien, wie z.B. die Softwarebranche, beziehen. Dies könnte sich negativ auf die Generalisierbarkeit der Ergebnisse auswirken.[465] Ein Wettbewerbsvorteil durch den Besitz einer Kernkompetenz in Form eines Patentes oder speziellem Fachwissen wird als weiterer begünstigender Faktor angesehen.[466] Dies wiederum deutet auf das Zutreffen der Wettbewerbsvorteilstheorie hin.

Abgesehen von den bereits bekannten Theorien beschäftigen sich einige Wissenschaftler der KMU-Forschung mit dem Phänomen der so genannten ‘Born global’-Unternehmen, welche auch als ‘international new venture’ oder ‘global start-up’ bezeichnet werden. Diese Begriffe stehen für Unternehmen, die vom Start an eine sehr internationale Ausrichtung verfolgen.[467] ‘Born globals‘ fokussieren sich meist auf eine recht enge Marktnische und sind häufig Pionierunternehmen in dieser. Die Unternehmensführer weisen eine sehr ausgeprägte internationale Orientierung auf und konnten sich ein Netzwerk an Kontakten aufbauen. Ihre Produkte sind für den internationalen Vertrieb ausgelegt, werden aber auf die nationalen Kundenbedürfnisse angepasst.[468] Während beim ‘Born global‘-Konzept die Unternehmen von Anfang an simultan in viele internationale Märkte vordringen, beginnen die ‘born again globals’ erst nach einigen Jahren mit der Internationalisierung. Der Grund für diese meist plötzliche strategische Richtungsänderung liegt oftmals in einem radikalen Managementwechsel.[469]

463 Vgl. [Zain & Ng (2006), S. 201 f.]
464 Vgl. [Wilson (2006), S. 51]; vgl. [Gerum (2000), S. 282 f.]
465 Vgl. [Coviello & Munro (1995), S. 51 f.]
466 Vgl. [Hering, Pförtsch et al. (2001), S. 28]; vgl. [Baird, Lyles et al. (1994), S. 55]
467 Vgl. Genau genommen kommt die Theorie zu den ‘Born globals’ aus dem Bereich des ‘international entrepreneurship’. Für weitere Informationen hierzu siehe [Oviatt & McDougall (2005), S. 540]
468 Vgl. [Bell, McNaughton et al. (2003), S. 341, 346-348]; vgl. [McDougall, Oviatt et al. (2003), S. 73]; vgl. [Oviatt & McDougall (1994), S. 49]
469 Vgl. [Bell, McNaughton et al. (2003), S. 341, 346-348]; vgl. [Spence (2003), S. 292 f.]; vgl. [Bell, McNaughton et al. (2001), S. 184-187]

3.4.2.2 Internationale Unternehmenstätigkeit

Generell ist festzuhalten, dass es nur sehr wenige Untersuchungen zur Organisation der internationalen Unternehmenstätigkeit von KMUs gibt.[470] Zu vermuten steht, dass diese Organisationen auf Grund ihrer begrenzten Größe nur bedingt eine ausgeprägte internationale Organisationsform aufbauen können. Hierfür müssen sie wachsen und würden dabei die EU-Größenbegrenzung überschreiten, sprich zu der Kategorie der großen Unternehmen gezählt werden. Es wird jedoch von einigen Autoren festgestellt, dass KMUs bei fortschreitender Internationalisierung ihre Organisationsstruktur anpassen.[471] Sie konstatieren jedoch, dass sich KMUs hierbei gezwungen sehen, sich weiterhin auf einen begrenzten geografischen Bereich oder eine Marktnische zu fokussieren.[472]

3.4.2.3 Markteintrittsstrategien

Die beliebteste Markteintrittsstrategie[473] von deutschen KMUs ist der Export. Rund 98% aller deutschen Exporteure fallen in diese Größenklasse. Bemerkenswert ist, dass bei konstantem Unternehmensbestand die Zahl der exportierenden Firmen im Mittel über die letzten 10 Jahre um 20% angestiegen ist. Ein Grund hierfür, abgesehen von der Attraktivität ausländischer Märkte, ist, dass Export eine sehr Ressourcen sparende und risikoarme Markterschließungsform ist, was Unternehmen dieser Größe entgegenkommt. Außerdem kann Export als ein erster Schritt angesehen werden, um Erfahrung im Ausland zu sammeln.[474] Vor allem KMUs aus der Industrie zählen zu den Exportchampions mit Quoten von über 50%.[475] Auf Platz zwei liegen Kooperationsverträge, wie JVs oder strategische Allianzen, mit ausländischen Partnerunternehmen. Auch diese kommen dieser Unternehmensform entgegen, da der Kooperationspartner bei der Bereitstellung, von z.B. Finanzmitteln oder Personal, unterstützt. Wichtig für den Erfolg kooperativer Eintrittsstrategien ist auch bei KMUs eine weitestgehend zu-

---

470 Eine Studie von Roth (1992) setzt sich mit diesem Thema auseinander. Sie wird hier jedoch nicht weiter ausgeführt, da die untersuchten Unternehmen bei weitem nicht mehr unter die EU-Klassifikation von KMUs fallen [Roth (1992), S. 535 f., 539-541]

471 Vgl. [Baird, Lyles et al. (1994), S. 55]

472 Vgl. [Chetty & Campbell-Hunt (2003), S. 814]

473 Die folgende Darstellung der Markteintrittsstrategien geordnet nach Beliebtheit bei deutschen KMUs wurde folgenden Quellen entnommen [Wallau (2009), S. 22]; [Adenäuer, Hoffmann et al. (2008), S. 24]; [Müller (2007), S. 140-142]; [Wallau (2007), S. 30]

474 Vgl. [Lu & Beamish (2006), S. 29-32]

475 Vgl. [Schauerte (2007), S. 29-31]

sammenpassende Unternehmenskultur.[476] Hiernach folgen ausländische Direktinvestitionen. Es ist jedoch zu bemerken, dass die Nutzung von Kooperationen, besonders aber die von Direktinvestitionen, mit steigender Unternehmensgröße zunimmt, da hierfür wesentlich mehr Ressourcen benötigt werden als für den Export.[477] Die Markteintrittsstrategie der Lizenzvergabe wird kaum von deutschen KMUs genutzt. Ein Grund hierfür ist zumindest teilweise die Angst vor dem Missbrauch desgeistigen Eigentums.[478] Am wenigsten beliebt, und nur sehr selten genutzt, sind Franchisingabkommen.[479]

3.4.3 Resümee – Stand der Forschung zur Internationalisierung von Familienunternehmen und KMUs

Der derzeit mangelhafte Stand der Familienunternehmensforschung im Bereich der Internationalisierung zeigt den immensen Forschungsbedarf, der hier besteht. Gerade deutsche Familienunternehmen, die so wichtig für den hiesigen Wirtschaftsstandort sind, wurden bisher von der Wissenschaft äußerst stiefmütterlich behandelt. Dem entgegenzuwirken ist Ziel der in Kapitel 4 und 5 folgenden empirischen Untersuchung.

3.5 Resümee Kapitel 2 und 3 – Erkenntnisse aus der Zusammenführung der Forschungsfelder Internationalisierung und Familienunternehmen

Während der Fokus von Kapitel 2 die Diskussion der vorherrschenden Theorien aus dem Bereich der Internationalisierungsforschung war, lag er im Kapitel 3 auf Familienunternehmen. Aus der Zusammenführung der dargelegten Befunde dieser beiden Forschungsströmungen ergeben sich gewisse Vermutungen über die Internationalisierung von Familienunternehmen. Vielmehr werden jedoch Fragen aufgeworfen, die auf Grund der mangelnden Forschung in diesem Feld bisher noch unbeantwortet geblieben sind.

---

[476] Vgl. [Fink, Harms et al. (2008), S. 676, 683 f.]; vgl. [Fink & Kraus (2007), S. 436]; vgl. [Kirby & Kaiser (2003), S. 234, 236, 240]

[477] Vgl. [Müller (2007), S. 91-93, 142]; vgl. [Brouthers & Nakos (2004), S. 242]; vgl. [Lu & Beamish (2001), S. 578-580]

[478] Vgl. [Adenäuer, Hoffmann et al. (2008), S. 24]; vgl. [Welter (2004), S. 14 f.]

[479] Vgl. [Müller (2007), S. 142]

Ziel der vorliegenden Arbeit ist die Ergründung der folgenden Forschungsfragen:

- Wie gehen deutsche Familienunternehmen beim Internationalisierungsprozess vor, wie organisieren sie die ausländischen Unternehmenstätigkeiten und inwiefern treffen die bereits bestehenden Theorien der Internationalisierungsforschung zu?
- Haben die spezifischen Eigenschaften von Familienunternehmen Einfluss auf die internationalen strategischen Entscheidungen?

Durch die Forschungsfragen wird deutlich, dass es sich im Kern um drei Teilfragenbereiche, nämlich den zum Internationalisierungsprozess, zur internationalen Organisationsaufstellung und zum Einfluss der Familie sowie der Unternehmenseigenschaften, handelt. Im Folgenden werden nun die sich durch das Theoriestudium ergebenden Vermutungen und Leitfragen, welche die Grundlage für die nachfolgende empirische Untersuchung bilden, anhand dieser drei Fragenbereiche dargelegt.

1. Bereich Internationalisierungsprozess

- *Wie gehen deutsche Familienunternehmen beim Internationalisierungsprozess vor und treffen die bestehenden Theorien auf sie zu?*

  Bei Betrachtung der in der Literatur vorliegenden Ergebnisse liegt die Vermutung nahe, dass Familienunternehmen nicht das gleiche Vorgehen wie die großen, häufig amerikanischen, Nicht-Familienunternehmen wählen, die meist als Vorlage für die Prozesstheorien gedient haben. Grund hierfür könnten der familiäre Einfluss sowie ihre struktur- und identitätsstiftenden Eigenschaften sein. Der Literatur zufolge scheint lediglich das Uppsala-Modell eine oftmals zutreffende Erklärung zu liefern, da es die Faktoren Erfahrung und organisationales Lernen berücksichtigt. Auch ein bereits vor Beginn der Internationalisierung existenter Wettbewerbsvorteil hat wahrscheinlich eine positive Auswirkung. Überdies lassen die Ergebnisse der KMU-Forschung die Vermutung aufkommen, dass die Unternehmensgröße Einfluss auf die gewählte Internationalisierungsmethode hat.
- *Welche Markteintrittsstrategien werden von deutschen Familienunternehmen bevorzugt angewandt?*

  Die wohl beliebteste Strategie, vor allem zu Beginn der Internationalisierung, dürfte der Export sein, da hier wenig Risiko eingegangen werden muss und erste Erfahrungen auf dem ausländischen Markt gesammelt werden können. Auch der

Markteintritt durch Tochtergesellschaften dürfte eine beliebte Strategie sein, da die Kontrolle in Familienhand verbleibt und das eigene Fachwissen gut geschützt ist. Jedoch stellt die Gründung von Tochtergesellschaften wahrscheinlich nicht den ersten Schritt dar, da Ressourcen in beträchtlichem Umfang bereitgestellt und vergleichsweise hohes Risiko in Kauf genommen werden muss. Kooperative Engagements wie JVs, vor allem zwischen Familienunternehmen, werden wahrscheinlich auch häufig gewählt, da hierbei von der Auslandserfahrung eines Partners profitiert und der Ressourcenaufwand geteilt werden kann.

- *Welche Bedeutung haben die Faktoren organisationales Lernen und Erfahrung? Wie werden diese unternehmensintern umgesetzt und im Weiteren genützt?*
  Die Bedeutung dieser Aspekte für einen erfolgreichen Internationalisierungsprozess wird in der KMU- und Familienunternehmensliteratur immer wieder betont. Erfahrung reduziert tendenziell das Risikoempfinden, was vor allem für Familienunternehmen von großer Bedeutung sein dürfte. Trotzdem gibt es, abgesehen vom Uppsala-Modell, kaum Aussagen darüber, wie Erfahrung gesammelt und eine Organisation zum Lernen angeregt werden kann. Überdies ist zu untersuchen, wie diese Erkenntnisse umgesetzt und für weitere Schritte genutzt werden können. Auch der Umgang mit Nichtwissen, also gänzlich neuen Situationen, deren Bewältigung und der daraus resultierenden Lerneffekte für die Organisation dürfte gerade für den erfolgreichen Eintritt in unbekannte ausländische Märkte eine zentrale Rolle spielen.

2. *Bereich internationale Organisationsaufstellung*

- *Wie sind deutsche Familienunternehmen international aufgestellt und inwiefern treffen die vorherrschenden Theorien zu?*
  Analog zur ersten Frage von Bereich eins ist auch hier zu vermuten, dass die Theorien zur internationalen Organisationsaufstellung nur teilweise zutreffen. Auf Grund der größenmäßigen Beschränkung ist vor allem bei KMFUs wohl meist keine ausgeprägte internationale Organisationsaufstellung vorzufinden, da ihnen dafür schlichtweg die Kapazität, speziell in Form von Mitarbeitern und finanziellen Ressourcen, fehlen dürfte.

- *Welche Aufgaben kommen den Auslandseinheiten zu und wie werden diese koordiniert?*
  Im Einklang mit den Familienunternehmenseigenschaften dürfte hier von einer eher zentralistischen Koordination auszugehen sein, wobei die Kontrolle bei der Familie oder einigen vertrauenswürdigen Personen liegt. Auch dürfte den meisten ausländischen Einheiten eher eine ausführende als eine strategische Rolle zukommen.
- *Welches Aufgabenprofil haben die In- und Auslandsmanager?*
  Hier steht zu vermuten, dass gerade bei Familienunternehmen, besonders in der Aufbauphase der Auslandseinheit, so genannte Expatriates, sprich Führungskräfte aus der Zentrale, ins Ausland entsandt werden. Bei diesen kann sichergestellt werden, dass sie die Unternehmensstrukturen sowie die Kultur kennen und diese auf das Ausland übertragen. Außerdem kann, von Seiten der Familie, zu diesen Personen bereits ein Vertrauensverhältnis aufgebaut werden, bevor sie ihre Position im Ausland aufnehmen. Da ein patriarchischer Führungsstil mit wenigen Schlüsselpersonen typisch für Familienunternehmen ist, dürfte überdies die Entscheidungsfreiheit der Auslandsmanager begrenzt und ihr Aufgabenprofil von der Zentrale festgelegt sein.
- *Welche Bedeutung haben die Faktoren organisationales Lernen und Erfahrung? Wie werden diese unternehmensintern umgesetzt und im Weiteren genützt?*
  Vor allem die Bedeutung von organisationalem Lernen wird sowohl vom transnationalen wie auch vom metanationalen Modell betont. Wie bereits in Fragenbereich eins aufgezeigt, dürften folglich auch für die internationale Architektur Erfahrung und organisationales Lernen kritisch sein.

3. *Bereich Einfluss der Familie und der Eigenschaften*
   - *Inwiefern übt die Familie, speziell die Gesellschafter, Einfluss auf die Internationalisierung aus?*
     Der Einfluss der Unternehmerfamilie äußert sich vermutlich auf direktem und indirektem Weg. Indirekt durch die spezifischen Eigenschaften von Familienunternehmen, die auf die Kopplung und Koevolution der drei Teile Familie, Unternehmen und Eigentum, zurückzuführen sind. Die Familie kann jedoch auch di-

rekten Einfluss auf Entscheidungen nehmen, indem Führungspositionen mit Familienmitgliedern besetzt werden.

- *Haben die spezifischen Eigenschaften von Familienunternehmen Einfluss auf die Internationalisierung?*
  Wie auch schon teilweise empirisch nachgewiesen, steht zu vermuten, dass gewisse Merkmale von Bedeutung sind. Ob diese sich eher positiv oder negativ auswirken, hängt dabei sicherlich von der Vorprägung sowie der Art und Weise ab, wie Familie und Management sich mit diesen auseinander setzt.
- *Werden die Unternehmensmerkmale durch die Internationalisierung beeinflusst?*
  Hierzu ließen sich keine Erkenntnisse aus der Literatur entnehmen, jedoch ist es wahrscheinlich, dass ein rückkoppelnder Einfluss auf die Merkmale stattfindet. Der Austausch mit anderen Kulturen und die Konfrontation mit unbekannten Vorgehensweisen dürfte eine Organisation dazu veranlassen, sich mit diesen auseinander zu setzen, sofern sie dazu bereit ist. Rückwirkend werden hierdurch wahrscheinlich die eigenen Merkmale und Vorgehensweisen reflektiert.
- *Werden die Eigenschaften und die familiär geprägte Unternehmenskultur auf die Auslandseinheiten übertragen?*
  Hier liegt die Vermutung nahe, dass dies häufig der Fall ist, da die Kultur ein wichtiger, identitätsstiftender Bestandteil von Familienunternehmen ist, dem zudem von Seiten der Familie meist ein hoher Stellenwert beigemessen wird.

Die eben vorgestellten, theoriebasierten Leitfragenbereiche sowie die geäußerten Vermutungen zur Internationalisierung von deutschen Familienunternehmen stellen den Ausgangspunkt für die folgende empirische Untersuchung dar. Überdies bilden sie die Grundlage für den während der Gespräche verwendeten Interviewleitfaden, der Anhang I zu entnehmen ist.

4 Methodische Grundlagen der empirischen Untersuchung

Ziel dieses Kapitels ist es, ein grundlegendes Verständnis für die in dieser Arbeit angewandte methodische Vorgehensweise der empirischen Untersuchung zu legen. Daher gibt das erste Kapitel (Kap. 4.1) einen Überblick über das Ziel der empirischen Forschung sowie über die gewählte Untersuchungsstrategie. Kapitel 2 (Kap 4.2) ist der Begründung des gewählten Ansatzes gewidmet. Nachfolgend (Kap. 4.3) wird die Art und Weise der Datenerhebung, gefolgt von den angewandten Kriterien für die Auswahl der Unternehmen und Interviewpartner dargelegt (Kap. 4.4). Im letzten Teil (Kap. 4.5) wird die Methode der Datenauswertung erläutert.

4.1 Vorbemerkung zur empirischen Untersuchung

Auf Grund der noch unzureichenden Forschungsergebnisse auf dem Gebiet der Internationalisierungsstrategien von deutschen Familienunternehmen ist eine empirische Untersuchung an dieser Stelle unverzichtbar. Auf Basis der theoretischen Grundlagen sollen Aussagen über das Vorgehen von deutschen Familienunternehmen bei der Internationalisierung, ihre internationale Organisationsaufstellung sowie den Einfluss ihrer unternehmenstypischen Merkmale getroffen werden. Die vorliegende Arbeit soll hierdurch einen anwendungsorientierten Beitrag zur Familienunternehmensforschung leisten. Ziel ist es, zum einen Hypothesen zur Internationalisierung von deutschen Familienunternehmen zu entwickeln sowie eine grundlegende Theorie hierüber hervorzubringen. Nach Popper (1994) ist die „Theorie .. das Netz, das wir auswerfen, um „die Welt“ einzufangen, - sie zu rationalisieren, zu erklären und zu beherrschen.“[480]

Das Forschungsziel ist daher exploratorischer Natur, also strukturentdeckend. Dies steht dem strukturprüfenden, dem konfirmatorischen Forschungsansatz, gegenüber. Da es, wie bereits mehrfach erläutert, an einer theoretischen Fundierung mangelt, eignet sich ein konfirmatorischer Aufbau, der diese bereits vorhandenen Strukturen lediglich überprüfen würde, nicht. Ein exploratorisches Forschungsdesign hingegen bietet sich in diesem Fall an, da es zur Erkennung von Strukturen und Zusammenhängen führt. Hierdurch können auf Basis des theoretischen Vorwissens Hypothesen abgeleitet und

[480] [Popper (1994), S. 31]

letztendlich eine Theorie gebildet werden. Ziel ist es, hauptsächlich explikative Aussagen zu generieren, jedoch können auch deskriptive von Nutzen sein.[481]

Als Forschungsstrategie wurde die Methode der Fallstudien gewählt, um die Komplexität sowie die spezifischen Muster der Internationalisierung von deutschen Familienunternehmen möglichst facettenreich erfassen zu können. Der empirische Gehalt basiert auf der Untersuchung von acht deutschen Familienunternehmen. Die Methode der vergleichenden Fallstudien wird häufig in der empirischen Sozialforschung angewandt. Hierbei soll ein vorher festgelegter Ausschnitt der sozialen Welt beobachtet werden und letztlich zur Theoriefindung beitragen.[482] Gläser und Laudel (2009) schreiben hierzu Folgendes:

> „Auch wenn diese Forschungsprozesse als ‚empirisch', d.h. als ‚auf Erfahrungen beruhend' bezeichnet werden, gehen sie von Theorien aus und tragen zu ihnen bei. Sie tun das, indem sie angeleitet durch Theorien die soziale Realität beobachten und aus den Beobachtungen theoretische Schlüsse ziehen."[483]

4.2 Begründung der Untersuchungsmethode

Nachfolgend soll eine Forschungsmethode gewählt werden, die sich für diese explorative Untersuchung mit den oben dargelegten Zielen eignet. Hierfür werden im Folgenden unterschiedliche Forschungsansätze vorgestellt und ihre Eignung für diese Arbeit diskutiert.

4.2.1 Induktive Untersuchungsmethode

Allgemein wird auf dem Gebiet der Realwissenschaften zwischen zwei Forschungsansätzen, nämlich dem induktiven[484] und dem deduktiven[485], unterschieden. Bei der Induktion handelt es sich um einen Schluss, der vom Besonderen, wie etwa einzelnen Beobachtungen, auf das Allgemeine, also Hypothesen oder Theorien, schließt.

481 Vgl. [Fritz (1995), S. 59-61]
482 Vgl. [Gläser & Laudel (2009), S. 24]
483 [ebd., S. 24]
484 Der Begriff Induktion stammt vom lateinischen Wort ‘inducere’ und bedeutet u.a. hinführen.
485 Der Begriff Deduktion stammt vom lateinischen Wort ‘deducere’ und bedeutet u.a. ableiten.

Bei der Deduktion hingegen werden bereits bestehende theoretische Systeme auf ihre Widerspruchslosigkeit überprüft. Konkret bedeutet dies die Überprüfung von Theorien und deren potenzielle Falsifikation.[486] Die folgende Darstellung veranschaulicht den Unterschied von Induktion und Deduktion und zeigt den möglichen Zirkelschluss auf.[487]

Abbildung 4.1: Induktiver und deduktiver Forschungsansatz

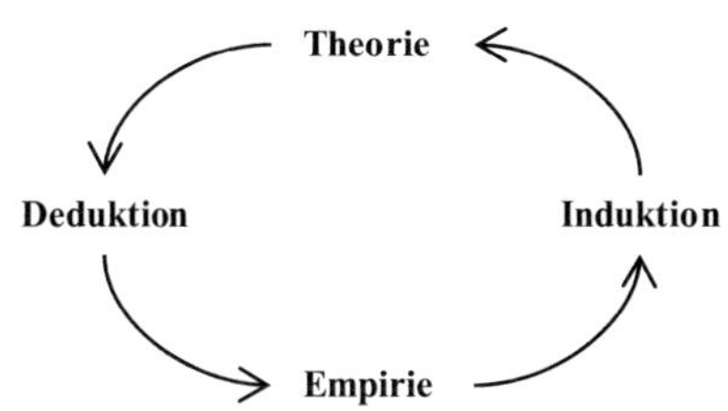

Quelle: Eigene Darstellung in Anlehnung an Lamnek (2005), S. 250

Nach Popper (1994) gibt es keine endgültig bewiesenen Theorien. Ziel ist es, die Hypothesen so zu formulieren, dass sie empirisch überprüfbar sind und dadurch jedes Mal aufs Neue verifiziert oder falsifiziert werden können. Hierdurch gelangt der Wissenschaftler zwar nicht zu einer unwiderruflichen Theorie, jedoch zu einer solide überprüften.[488] Da es Ziel der vorliegenden empirischen Untersuchung ist, explorativ zu arbeiten und von einzelnen Fällen eine allgemeingültige Aussage abzuleiten, wird hier einem induktiven Forschungsansatz gefolgt. Eine deduktive Herangehensweise ist schon auf Grund des nicht vorhandenen Theoriegerüsts nicht sinnvoll.

4.2.2 Qualitative Untersuchungsmethode

Ein weiterer Aspekt zur Vorbereitung der empirischen Untersuchung ist die Wahl der Befragungstechnik. Grundsätzlich kommen hierfür die qualitative wie auch die quantitative Methode in Frage.

[486] Vgl. [Popper (1994), S. 3-17]
[487] Vgl. [Lamnek (2005), S. 250, 252]
[488] Vgl. [Popper (1994), S. 14 f.]

Die qualitative Herangehensweise beruht darauf, soziale Sachverhalte zu interpretieren und diese letztlich verbal, beispielsweise anhand einer Fallstudie, zu beschreiben.[489] Qualitative Forschung ist vor allem dann adäquat, wenn das zu erforschende Gebiet komplex sowie wenig überschaubar und das Ziel eine möglichst facettenreiche Untersuchung ist. Hierfür ist maximale Offenheit bei der Befragung erforderlich.[490] Die qualitative Methode hat ihren Ursprung im Versuch, einen hauptsächlich deutenden sowie sinnbegreifenden Zugang zur sozialen Wirklichkeit zu ermöglichen. Der Forscher wird somit in den Erkenntnisprozess mit einbezogen und letztendlich zum konstruktivistischen Element.[491]

Eine quantitative Methode hingegen bietet sich an, wenn ein Sachverhalt auf der Grundlage von isolierten Fakten und Daten, erhoben durch eine repräsentative Stichprobe, ausgewertet werden kann. Hierfür werden quantitative Daten, die zunächst zahlenbasiert vorliegen, durch statistische Methoden ausgewertet.[492] Nachteilig an dieser Herangehensweise ist jedoch, dass sie nicht offen und flexibel für unvorhergesehene Antworten ist, da diese nur innerhalb festgelegter Kategorien gegeben werden können. Geht die Komplexität eines Sachverhaltes über die vorgegebenen Schemata hinaus, so geht sie verloren.[493] Auf Grund dieser Nachteile und der Vorteile der qualitativen Untersuchungsmethode wird diese für die vorliegende Arbeit gewählt.

4.2.3 Zirkuläre Untersuchungsmethode

Grundsätzlich kann nach Witt (2001) zwischen einer linearen und einer zirkulären Organisation der Forschungsaktivitäten unterschieden werden.[494] Ein zyklischer Forschungsansatz, der häufig in der qualitativen Sozialforschung angewandt wird, bedeutet, dass aufeinander folgende Forschungsschritte mehrfach durchlaufen werden können und der jeweils folgende Schritt von den Resultaten des vorherigen abhängig ist.[495] Die Wissenschaft bewegt sich in diesem Fall folglich nicht linear fort, sonder kehrt mit ge-

[489] Vgl. [Gläser & Laudel (2009), S. 27]
[490] Vgl. [Mayring (2008), S. 16-18]; vgl. [Lamnek (2005), S. 29 f.]
[491] Vgl. [Flick, Kardoff et al. (2009), S. 18-24]
[492] Vgl. [Witt (2001), S. 2 f.]
[493] Vgl. [Mayring (2008), S. 16-18]
[494] Vgl. [Witt (2001), S. 5]
[495] Vgl. [ebd., S. 5f.]

machten Erkenntnissen immer aufs Neue zu gewissen Ausgangspunkten zurück.[496] Nach Froschauer und Lueger (2009) „ermöglicht [dies] die permanente Hinterfragung des verfügbaren Wissens sowie die kritische Abstimmung und Modifikation der aus dem jeweiligen Wissensstand abgeleiteten Anforderungen an Fragestellungen und Analyseverfahren, die zu einem besseren Verständnis des Untersuchungsbereichs beitragen."[497] Auf Grund dessen wird die folgende empirische Untersuchung dem Prinzip des zyklischen Forschungsansatzes folgen.

Wegen der nötigen Vergleichbarkeit der Daten einer quantitativen Untersuchung zur statistischen Auswertung ist eine standardisierte Erhebung, sprich ein lineares Vorgehen erforderlich. Linear bedeutet in diesem Zusammenhang, dass der Forschungsprozess zu Beginn festgelegt wird und währenddessen nicht mehr geändert werden darf.[498]

4.3 Art und Weise der Datenerhebung

Die Datenerhebung erfolgte anhand von acht Fallstudien mit deutschen Familienunternehmen, wobei im Verlauf der Untersuchung sowohl Primär- wie auch Sekundärdaten erhoben wurden.

4.3.1 Primärdaten

Die Primärdatenerhebung erfolgte durch teilstrukturierte Interviews auf Basis eines Interviewleitfadens[499], der den Teilnehmern einige Tage vor dem Gespräch per E-Mail zugesendet wurde. Dieser kann als Erhebungsinstrument angesehen werden, welches jedoch, im Gegensatz zum standardisierten Fragebogen, lediglich ein Fragengerüst vorgibt. Dies bedeutet, dass er dem Interviewer nur als Richtschnur dient und dieser, abhängig vom Gesprächsverlauf, entscheidet, welche Fragen gestellt werden und zu welchem Zeitpunkt. Überdies ist es je nach Bedarf möglich, zusätzliche Ad-hoc-Frage welche nicht im Leitfaden vorgesehen sind, hinzuzunehmen.[500] Trotz der intendierten

---

[496] Vgl. [Froschauer & Lueger (2009), S. 71 f.; 102 f.]
[497] [ebd., S. 72]
[498] Vgl. [Witt (2001), S. 5]
[499] Der finale Interviewleitfaden ist im Anhang I zu finden.
[500] Vgl. [Gläser & Laudel (2009), S. 41 f.; 142]; vgl. [Yin (2009), S. 106 f.]

Offenheit des Gespräches ist ein Interviewleitfaden vonnöten, da er die Vergleichbarkeit der Ergebnisse sichert.[501]

Die Interviews wurden als Gespräch mit narrativem Charakter gestaltet. Hierdurch sollte ein offenes Verhältnis geschaffen und authentische Antworten in ihrer ganzen Vielfalt eingefangen werden.[502] Bei den Fragen wurde darauf geachtet, dass diese offen, neutral, klar und verständlich formuliert wurden. Dies ist wichtig, um dem Befragten maximalen Freiraum in Bezug auf seine Antworten zu geben, ihm keine zu suggerieren und ihn auch nicht zu verwirren.[503] Die persönlichen Interviews dauerten zwischen 30 und 70 Minuten und wurden per Tonträger aufgezeichnet. Dies hat den Vorteil, dass der Interviewer sich vollständig auf das Gespräch sowie nonverbale Äußerungen konzentrieren kann.[504] Die Interviews wurden mit so genannten Experten durchgeführt. Dies bedeutet, dass der Interviewpartner Spezialwissen über den zu erforschenden Sachverhalt, also die Internationalisierungsstrategie des jeweiligen Familienunternehmens, besitzt.[505] Experten haben in diesem Kontext zwei spezifische Merkmale: Zum einen waren sie Zeuge des zu untersuchenden Sachverhalts und nahmen zum anderen hierbei eine exponierte Stellung ein.[506] Um den Interviewleitfaden vor Beginn der empirischen Untersuchung zu testen, wurde eine Vorstudie, also ein Pilotdurchlauf, vorgenommen. Hierbei wurde ein Vorabinterview, welches nicht in eine der Fallstudien einfloss, mit einer Expertin durchgeführt. Diese Maßnahme hatte zum Ziel, die Qualität der erhobenen Daten vom ersten Interview an sichern.[507]

4.3.2 Sekundärdaten

Die durch die Interviews gewonnenen Informationen wurden durch Sekundärdaten über das Unternehmen, die Familie und die Internationalisierung angereichert. Hierbei handelte es sich sowohl um unternehmensinterne Dokumente wie Imagebroschüren

501 Vgl. [Witzel (2000), S. 4]
502 Vgl. [Gläser & Laudel (2009), S. 42]
503 Vgl. [ebd., S. 131-142]; vgl. [Yin (2009), S. 69-72]
504 Vgl. [Witzel (2000), S. 4]
505 Vgl. [Kühl & Strodtholz (2002), S. 35]; vgl. [Mayer (2002), S. 40]
506 Vgl. [Gläser & Laudel (2009), S. 12 f.]; vgl. [Yin (2009), S. 9s f.]
507 Vgl. [Gläser & Laudel (2009), S. 107 f.];

oder Unternehmenschroniken als auch um öffentlich zugängliche Informationsquellen wie die Unternehmenswebseite oder Presseartikel. Gläser und Laudel (2009) bezeichnen „die Kombination unterschiedlicher Methoden in der empirischen Untersuchung .. als Triangulation. [Hierbei soll] durch die Kombination voneinander unabhängiger Vorgehensweisen die empirische Absicherung von Ergebnissen vergrößert werden …“[508] Durch Triangulation sollen Objektivität und Solidität bei den erhobenen Daten sichergestellt werden. Dies geschieht, indem die Erkenntnisse aus den Primär- und Sekundärdaten verglichen und zueinander in Beziehung gesetzt werden. Somit besteht ein Kontrollmechanismus, der zur Qualitätssicherung führt.[509]

4.4 Auswahl der Fallstudienunternehmen und Interviewpartner

Für die Auswahl von Fallstudienunternehmen im Rahmen der qualitativen Sozialforschung gibt es, im Gegensatz zur Erhebung von Stichproben bei der quantitativen Forschung, keine formalisierten Regeln. Letztlich ist es Ziel, durch eine geeignet erscheinende Fallauswahl zur Beantwortung der Forschungsfragen beizutragen. Aus diesem Grund ist es dienlich, folgende Anforderungen an die Fallstudienobjekte zu stellen, um hierdurch die Qualität und Aussagekraft der Untersuchung zu stärken: Erstens sollten zentrale Einflussfaktoren variieren. Die hierdurch hervorgerufene Breite der wichtigen Variablen ermöglicht eine vergleichende Beurteilung und erhöht die Erklärungskraft der Untersuchung. Zweitens ist es nötig, andere Variablen konstant zu halten, um sicherzustellen, dass Fallunterschiede nicht durch ihre Variation hervorgerufen werden.[510] Auf Grund dieser Anforderungen wurden Firmen ausgewählt, die nach der in dieser Arbeit verwendeten Definition als Familienunternehmen gelten. Gleichzeitig wurde durch die Fokussierung auf deutsche Familienunternehmen sichergestellt, dass der Untersuchungsrahmen nicht zu weit gefasst ist und dadurch an Potenz verliert. Gleichzeitig wurden die Unternehmen danach ausgewählt, dass sie hinsichtlich ihrer Größe, Branche, geografischen Lage in Deutschland und dem Grad der Internationalisierung variieren. Diese Breite der untersuchten Unternehmen erhöht die Generalisierbarkeit der Ergebnisse, da sich diese nicht auf ein bestimmtes Segment von Unternehmen konzentrieren und damit letztendlich die Aussagekraft der Forschungsarbeit einschränken.

[508] [ebd., S. 105]
[509] Vgl. [Mayring (2002), S. 147 f.]
[510] Vgl. [Gläser & Laudel (2009), S. 97 f.]

Die Rekonstruktion von Sachverhalten durch Experten erfordert eine besondere Tiefe der Analyse, wodurch sich ein breites und qualitativ hochwertiges Ergebnisspektrum bietet. Jedoch ist dieses Vorgehen wegen des hiermit verbundenen Einzelaufwands nur für einige wenige Fälle zu realisieren.[511] Daher wurden durch eine Vorauswahl anhand der obigen Kriterien acht Unternehmen identifiziert, was laut Literatur eine valide Anzahl an Fallstudien darstellt.[512]

Tabelle 4.1: Unternehmen und Interviewpartner

Unternehmen	**Familienmitglied**	**Nicht-Familienmitglied**
Merck KGaA	Gesellschafter und Vorsitzender des Vorstandes und des Familienrates der Merck KG	Bereichsleiterin Corporate History
Mechanik GmbH & Co. KG *(anonymisiert)*	Gesellschafterin und Sachbearbeiterin Einkauf	Geschäftsführer
Durchflussmesstechnik GmbH & Co. KG *(anonymisiert)*	Geschäftsführender Gesellschafter	Geschäftsführer
Gewürz GmbH & Co. KG *(anonymisiert)*	Geschäftsführender Gesellschafter	Direktor des Segments Industrie
Ludwig Kostal GmbH & Co. KG	Geschäftsführender Gesellschafter	Koordinator Tochtergesellschaften
Mey GmbH & Co. KG	Gesellschafter und ehemaliger Leiter Vertrieb	Geschäftsführer Produktion
Dr. O. Hartmann GmbH & Co. KG	Geschäftsführender Gesellschafter Finanzen und Produktion sowie geschäftsführender Gesellschafter Vertrieb	Leiterin Organisationsmanagement
Reinigungschemie GmbH & Co. KG *(anonymisiert)*	Geschäftsführender Gesellschafter	Teamleiter

Quelle: Eigene Darstellung basierend auf den Fallstudien

Mit diesen wurde im ersten Schritt per E-Mail Kontakt aufgenommen und nach Zusage zur Teilnahme per Telefon ein Termin für die Interviews vereinbart. Um einerseits die Aussagen der Gesprächspartner zu verifizieren und andererseits sowohl die Einschätzung von Familien- wie auch von Nicht-Familienmitgliedern einzufangen, war es

511 Vgl. [ebd., S. 37]
512 Vgl. [Mayring (2007), S. 6]

Voraussetzung, in jedem Unternehmen mit mindestens einem Familienmitglied mit Anteilen an der Gesellschaft und einer familienexternen Person sprechen zu können. Darüber hinaus mussten die Personen mit der Internationalisierung des Unternehmens vertraut sein. Die Unternehmen sowie die Positionen der Interviewpartner können Tabelle 4.1 entnommen werden.

4.5 Methode der Datenauswertung

Die Auswertung der Primär- und Sekundärdaten erfolgte nach dem Prinzip der qualitativen Inhaltsanalyse. Dieser Prozess ist in Abbildung 4.2 grafisch dargestellt.

Die qualitative Inhaltsanalyse eignet sich besonders für Experteninterviews. Hierbei ist es Ziel, aus Rohdaten Beschreibungen von Sachverhalten zu entnehmen, im Falle der vorliegenden Arbeit die Postskripte der Interviews sowie die Sekundärdaten. Durch dieses Extraktionsverfahren, welches sich an einem auf die theoretischen Vorüberlegungen aufbauenden und veränderbaren Suchraster orientiert, werden die Ausgangsdaten zu Unternehmensfallstudien aufbereitet.

Die Rohdaten werden durch diesen Prozess also in eine strukturierte Informationsbasis, die Fallstudien[513], überführt. Ziel der darauffolgenden Auswertung ist es, die Forschungsfragen zu beantworten.[514] Nach Gläser und Laudel (2009) geht „es .. darum … die Kausalmechanismen zu identifizieren, die zwischen den uns interessierenden Ursachen und Effekten vermitteln.“[515] Hierfür wurde in einem ersten Schritt jede Fallstudie für sich analysiert. Darauf folgend wurden die acht Fälle systematisch kontrastiert. Dieses Verfahren dient dazu, Fall übergreifende Mechanismen und Themen herauszuarbeiten und gleichzeitig die sich in diesem Bereich ergebenden Besonderheiten jeden Falles herauszustellen.[516] Die so gewonnenen Ergebnisse wurden daraufhin vor dem in Kapitel 2 und 3 gelegten theoretischen Hintergrund reflektiert. Aus den durch die Analyse gewonnenen Erkenntnissen wurden im Rahmen der Interpretation die

---

[513] Die einzelnen Unternehmensfallstudien können Anhang II entnommen werden.
[514] Vgl. [Gläser & Laudel (2009), S. 43-47; 199-203; 218; 246]
[515] [ebd., S. 246]; siehe hierzu auch [Yin (2009), S. 141]
[516] Vgl. [Witzel (2000), S. 7 f.]

Hypothesen und schlussendlich die Theorie abgeleitet.[517] Dies ist Gegenstand des folgenden Kapitels.

Abbildung 4.2: Prinzip der qualitativen Inhaltsanalyse

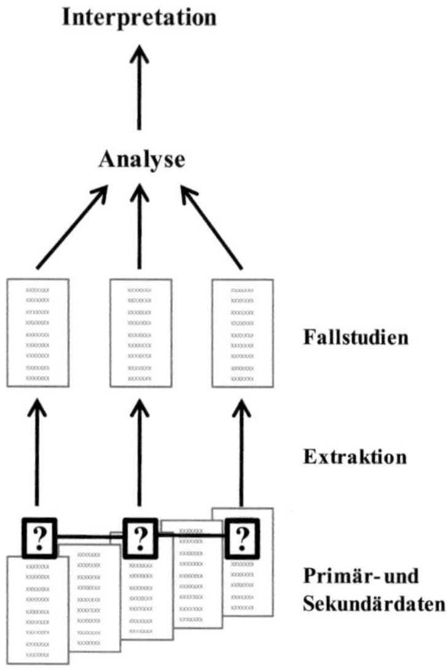

Quelle: Eigene Darstellung in Anlehnung an Gläser & Laudel (2009), S. 200

4.6 Resümee Kapitel 4

Ziel von Kapitel 4 war es, sowohl den Datensatz wie auch die Art und Weise der Erhebung sowie die hierfür befolgten Grundsätze darzulegen. Des Weiteren sollte durch die Ausführung der Datenauswertungsmethodik verständlich gemacht werden, wie die im folgenden Kapitel zu diskutierenden Ergebnisse erhoben wurden und was für deren Validität spricht.

[517] Vgl. [Gläser & Laudel (2009), S. 246]

5 Analyse und Diskussion der Ergebnisse

Ziel von Kapitel 5 ist die Analyse und Diskussion der wesentlichen Erkenntnisse aus den Fallstudien. Die Ergebnisse sind thematisch geordnet nach den drei Themengebieten Internationalisierungsprozess, internationale Organisationsaufstellung sowie Familie und Unternehmenseigenschaften im internationalen Kontext. Dies bedeutet, dass nicht jede Unternehmensfallstudie einzeln betrachtet wird, sondern zu den Themengebieten Belege aus den Fallstudien, sprich den Interviews und Sekundärdaten, herangezogen werden. Hierbei geht es darum, sowohl Übereinstimmungen wie auch dienliche Widersprüche herauszustellen. Diese Ergebnisse werden mit den theoretischen Erkenntnissen aus Kapitel 2 und 3 abgeglichen und vor deren Hintergrund diskutiert. Durch diesen Prozess ist es möglich, Hypothesen abzuleiten und letztlich eine Theorie für die Internationalisierung von deutschen Familienunternehmen zu formulieren. Dies führt schlussendlich zur Beantwortung der Forschungs-fragen:

- Wie gehen deutsche Familienunternehmen beim Internationalisierungs-prozess vor und wie organisieren sie die ausländischen Unternehmens-tätigkeiten?
- Inwiefern treffen die bereits bestehenden Theorien im Forschungsfeld der Internationalisierung auf deutsche Familienunternehmen zu und haben ihre spezifischen Eigenschaften Einfluss auf die Entscheidungen?

5.1 Themengebiet - Internationalisierungsprozess

Das Themengebiet des Internationalisierungsprozesses ist in fünf Unterbereiche gegliedert. Diese sind der Prozess der Internationalisierung, die Markteintrittsstrategien sowie die Würdigung der Prozesstheorien vor dem empirischen Hintergrund. Auch werden die Gründe für den Gang ins Ausland sowie Hürden und Rückschläge hierbei beleuchtet.

5.1.1 Prozessablauf der Internationalisierung

Die Analyse der Fallstudien zeigt ein eher langsames und vorsichtiges Vorgehen deutscher Familienunternehmen bei der Internationalisierung. Psychische Distanz sowie Erfahrung und organisationales Lernen spielen hierbei eine wichtige Rolle.[518] Aber

[518] Auf die Bedeutung von organisationalem Lernen und Erfahrung wird in Kap. 5.2.4 näher eingegangen.

nicht nur die Organisation an sich, sondern auch die Eigentümerfamilien müssen sich mit der Internationalisierung auseinander setzen. Die Fallstudien zeigen viele Übereinstimmungen mit der Kette der psychischen Entfernung sowie dem Internationalisierungsmodell der Theorie von Uppsala. Das wahrscheinliche Zutreffen der Theorie von Johanson und Vahlne (1975)[519] auf Familienunternehmen[520] und KMUs[521] wurde schon in früheren Untersuchungen herausgestellt.[522] Zur Verdeutlichung der Ergebnisse wird nachfolgend der sich herauskristallisierende Internationalisierungsprozess der Fallstudienunternehmen dargestellt.

Die untersuchten Firmen gehen meist im ersten Schritt in die umliegenden Länder, wie beispielsweise Österreich, Schweiz, Frankreich, Niederlande oder Großbritannien. Die Gründe hierfür sind mannigfaltig, lassen sich aber auf den gemeinsamen Nenner der psychischen Distanz bringen. Beispiele sind geografische Nähe, kulturelle Ähnlichkeit oder die Möglichkeit, in Deutsch oder Englisch Geschäfte abzuwickeln. Weitere Gründe sind eine ähnliche Rechtsgrundlage, was durch die Gesetzgebung der EU begünstigt wird, sowie bereits vorhandenes Wissen oder Kontakte in die Märkte. All diese Aspekte verringern die psychische Distanz für die Organiationen und Gesellschafter, die auf Grund dessen den Eindruck haben, dass das mit der Internationalisierung verbundene Risiko überschaubar und kontrollierbar ist. Daher muss zu Beginn nur wenig Scheu vor Neuem und Unbekanntem überwunden werden. Während dieses ersten Schritts wird viel Erfahrung mit dem Ausland gesammelt. Die Organisationen verarbeiten dies und lernen dabei. Sie generieren hierdurch das eigene, subjektive Wissen über die internationalen Verhältnisse. Durch die ersten Schritte im Ausland, die bei den untersuchten Familienunternehmen trotz Hürden und Rückschlägen überwiegend positiv verliefen, wird ein Prozess, der zu mehr Selbstbewusstsein bei Familie und Organisation führt, angestoßen. Die neu erlangte Selbstsicherheit bestärkt sie dabei im Weiteren in, für ihre Branche attraktive Mitgliedsländer West- und Zentraleuropas vorzudringen. In der nächsten Phase beginnen die Unternehmen, die Grenzen der EU zu überschreiten. Dies

[519] Siehe Kap. 2.2.4 für eine genaue Erläuterung.

[520] Auf das Zutreffen der Uppsala-Theorie machen auch frühere Untersuchungen aus dem Bereich der Familienunternehmensforschung aufmerksam. [Brockmann, Classen et al. (2008), S. 488 f.]; [Graves & Thomas (2008), S. 163]; [Basly (2007), S. 170 f.]; [Claver, Rienda et al. (2007), S. 12]; [Zucchella, Palamara et al. (2007), S. 277 f.]

[521] Für KMUs siehe [De Clercq, Sapienza et al. (2005), S. 416]; [Schmidt, Menke et al. (1995), S. 42]

[522] Die drei Unternehmen Dr. Hartmann sowie die Mechanik- und Reinigungschemie GmbH & Co KG fallen in die Kategorie der KMFUs.

führt sie meist zunächst in die USA, da sie dort mit der englischen Sprache auskommen und häufig bereits Vorwissen über die Landeskultur und den Markt besteht. Es muss jedoch gesagt werden, dass der dortige Erfolg, wie am Beispiel der Durchflussmesstechnik oder Mechanik GmbH & Co. KG zu sehen ist, häufig auf sich warten lässt, da es sich um einen hoch entwickelten Markt mit vielen Konkurrenten und anspruchsvollen Kunden handelt. Hiernach folgt zumeist auf Grund starken Wachstums und Marktpotenzials der Eintritt in die asiatischen Märkte. Häufig wird hierbei nach Singapur, China und Japan vorgedrungen. Für Singapur spricht, dass es ein sehr westlich orientiertes asiatisches Land ist, in dem bereits viele deutsche Firmen vertreten sind. Auch hier zeigt sich der begünstigende Faktor niedriger psychischer Distanz. Überdies bietet Singapur sich als Drehkreuz für die Besiedelung weiterer Länder Südostasiens an. Die Volksrepublik China ist dank ihres großen Marktes, dessen Wachstum und günstiger Produktionsmöglichkeiten attraktiv. Allerdings sieht beispielsweise der Mitgesellschafter des Unternehmens Mey, Herr Mey, den Eintritt auf Grund der rechtlichen Lage und Unsicherheit als kritisch an.

> „Wir sind nicht gewillt, in China zu investieren, weil es uns zu unsicher ist … Es gibt zwar immer wieder Leute, die sagen 'Sie müssen nach China' …, aber wenn ich dann schaue wer ist das, dann sind das familienfremde Geschäftsführer, die nicht mit dem eigenen Geld im Risiko stehen.“[523]

Japan verfügt ebenfalls über einen großen Binnenmarkt, der aber, im Gegensatz zum chinesischen, bereits hoch entwickelt ist. Jedoch kann genau dieser Punkt einen Anreiz darstellen, da es möglich ist, Trends aufzugreifen.[524] Der nachfolgende Schritt markiert meist den Gang in Länder Osteuropas. Auch sie bilden einen großen Markt mit wachsendem Potenzial, waren jedoch durch den Ostblock lange abgeriegelt. Der Beitritt einiger dieser Länder zur EU begünstigt die Internationalisierung. Des Weiteren bauen einige Unternehmen ihre Präsenz in Südamerika, speziell Brasilien, aus. Grund hierfür, wie auch für das Vorstoßen nach Indien und in den mittleren Osten, ist die in den letzten Jahren dort aufkommende Industrie sowie der Binnenmarkt.

Das oben beschriebene Vorgehen spiegelt auch einige typische Eigenschaften von Familienunternehmen wider, die sich bei den Fallstudienunternehmen gezeigt haben. Die identitätsstiftende Kopplung und Koevolution der Teile Unternehmen, Familie und

---

[523] [Mey (06.07.2010), Fallstudie Mey GmbH & Co. KG, Abschnitt 4]

[524] Im Falle der Merck KGaA trifft dies auch auf den südkoreanischen Markt zu. Das Aufgreifen von Trends in hoch entwickelten Märkten beschränkt sich also nicht auf Japan.

Eigentum bewirkt eine Doppelrolle des Unternehmens, die sich hier deutlich zeigt. So kommt den meisten der befragten Unternehmen neben ihrer wirtschaftlichen Funktion auch noch die Wohlstandssicherung der Familie zu. Diesbezüglich sagte der geschäftsführende Gesellschafter von Hartmann, Herr W. Wolf, Folgendes: „Engagements müssen immer so sein, dass man sagt, es ist überschaubar und wenn man was verbrennt, gefährdet es die Familie nicht. … Der Wohlstand der Familie steht immer im Vordergrund!“[525] Häufig soll daher kein allzu großes Risiko eingegangen werden, weshalb Familienunternehmen vorsichtiger und langsamer vorgehen als Publikumsgesellschaften. Aus diesem Grund wird zu Beginn in die vergleichsweise als sicher und überschaubar empfundenen Nachbarländern vorgedrungen. Die transgenerationale Ausrichtung dieser Art von Organisation bewirkt eine auf Langfristigkeit ausgelegte Orientierung, was bezüglich der Internationalisierung den positiven Aspekt von Durchhaltevermögen hervorbringt. Familienunternehmen sind nicht externen Shareholdern mit kurzfristigen Renditeansprüchen verpflichtet, sondern nur der Eigentümerfamilie. Hierdurch etablieren sie sich über die Zeit meist nachhaltig im Markt, sofern Organisation und Familie von dessen Potenzial überzeugt sind. Ein Beispiel hierfür ist die folgende Aussage des geschäftsführenden Gesellschafters der Reinigungschemie GmbH & Co. KG: „Wir sind keine Sprinter, sondern absolute Langstreckenläufer … Auf die lange Distanz sind wir sehr gut unterwegs. Wir haben die Kondition, die Ausdauer, wir kommen an.“[526] Des Weiteren spielen bei den meisten der befragten Unternehmen Netzwerke, d.h. Kontakte im In- und Ausland eine wichtige Rolle. Durch sie wird viel über den Markt in Erfahrung gebracht und, wenn möglich, bereits erste Kontakte zu interessanten Unternehmen oder Personen geknüpft. Auch die Sparsamkeit mit personellen und finanziellen Ressourcen führt zu einem langsamen und überlegten Vorgehen. So ist das Personal meist begrenzt, wodurch nur wenig Arbeitszeit zum Vorantreiben der Internationalisierung bleibt. Auch schränkt das Streben nach Unabhängigkeit Familienunternehmen ein. Die Finanzierung des internationalen Engagements durch den operativen Gewinn, möglichst ohne Hinzunahmen von externen Finanzmitteln, lässt meist keine schnelle internationale Ausbreitung bei den befragten Unternehmen zu.

---

525 [W. Wolf (09.05.2010), Fallstudie Dr. O. Hartmann, Abschnitt 4]

526 [Geschäftsführender Gesellschafter (15.07.2010), Fallstudie Reinigungschemie GmbH & Co. KG, Abschnitt 4]

Abweichler von dem eben aufgezeigten Vorgehen sind in Teilen die Merck KGaA sowie die Ludwig Kostal GmbH & Co. KG. Das Unternehmen Merck internationalisierte früh nach Russland und Südamerika, was dem oben aufgezeigten Modell widerspricht. Bei näherer Betrachtung der Gründe hierfür erscheinen diese Schritte jedoch in einem anderen Licht. Der Kontakt zum russischen Markt spricht, trotz weiter geografischer Entfernung, für das oben postulierte Modell, da die psychische Distanz speziell zu St. Petersburg auf Grund der damals engen Beziehung des Darmstädter Herrscherhauses zur Zarenfamilie gering war. Überdies gab es dort eine Vielzahl an russischen Handelshäusern, mit denen das Unternehmen einfach in Kontakt treten konnte. Auch zum südamerikanischen Markt bestand bereits früh Verbindung, da viele pflanzliche Rohstoffe dort wuchsen und von dort aus nach Deutschland verschifft wurden. Das Unternehmen Kostal weist einen für die Automobilindustrie typischen Internationalisierungsverlauf auf, da zu Beginn wichtigen Großkunden ins Ausland gefolgt wurde.[527] Dies erklärt den frühen Eintritt in Mexiko und Brasilien.

Schlussfolgern lässt sich aus diesen beiden Abweichlerunternehmen, dass nicht nur das internationale Vorgehen an sich, sondern auch die Umweltfaktoren und deren Eigendynamik betrachtet werden müssen um sich ein Gesamtbild machen zu können.

Aus der bisherigen Analyse ergeben sich die folgenden beiden Hypothesen:

Hypothese 1: Deutsche Familienunternehmen treten beim Prozess der Internationalisierung zuerst in umliegende Länder ein, gefolgt von weiteren Märkten in West- und Zentraleuropa. Als nächstes gehen sie nach Übersee, wobei die USA meist den Startpunkt bilden. Danach wird nach Asien vorgedrungen, gefolgt von den Ländern Osteuropas, Südamerikas sowie mittlerweile auch dem Mittleren Osten und Indien.

Hypothese 2: Für die Wahl der Länder ist die psychische Entfernung von großer Bedeutung. Diese nimmt durch den ablaufenden inkrementellen Lernprozess, der zu Erfahrung mit dem Ausland führt, ab. Hierdurch fühlen sich die Unternehmen, gestützt von den Familien, in der Lage, in als weiter entfernt empfundene Länder vorzudringen.

[527] Vgl. [Gerlach & Brussig (2004), S. 99-106]; vgl. [Schmidt, Menke et al. (1995), S. 25]

5.1.2 Angewandte Markteintrittsstrategien

Die Analyse der verwendeten Markteintrittsstrategien zeigt, dass auch hier ein eher langsames und auf geringes Risiko bedachtes Vorgehen gewählt wird, welches der Kette der Marktetablierung des Uppsala-Modells ähnelt. Die überwiegende Mehrheit der befragten Unternehmen startet mit dem *Export* und hier meist mit der indirekten Variante über Handelsvertreter. Hierauf folgt der Einstieg in den direkten Export über eigene Außendienstmitarbeiter oder die Eröffnung von Vertriebsfilialen, die aber rechtlich keine eigenständigen Tochtergesellschaften darstellen. Gründe für Export im ersten Schritt sind eine niedrige personelle und finanzielle Ressourcenbindung sowie geringes Risiko und einfache Reversibilität. Dies kommt der Scheu von Familienunternehmen gegenüber Unüberschaubarem entgegen. Auf den Export folgt häufig die Gründung von 100-prozentigen *Tochtergesellschaften mit Vertriebsausrichtung*. Hierbei handelt es sich meist nicht um Firmenübernahmen, sondern um Eigengründungen. Diese Methode wird häufig verwendet, da hierbei die vollständige Kontrolle bei der Geschäftsleitung, den Gesellschaftern und damit der Familie liegt. Überdies kann die familiär geprägte Unternehmenskultur etabliert werden. Im weiteren Verlauf werden oftmals *JVs* eingegangen, die später meist übernommen und in Tochtergesellschaften überführt werden. Vorteilhaft für Familienunternehmen an dieser Variante des Markteintritts ist, dass Aspekte wie Risiko und Ressourceneinsatz geteilt werden. Des Weiteren bringt der Partner möglicherweise Erfahrung mit dem Markt und Wissen über diesen mit. Sich auf das bereits vorhandene Wissen des Geschäftspartners stützen zu können, verringert die psychische Entfernung. Für diesen Vorteil wird auch die Teilung der Kontrolle in Kauf genommen. Jedoch sind manche Unternehmen, wie etwa Kostal, JVs gegenüber negativ eingestellt. Um jedoch in Zukunft noch mehr von dieser Markteintrittsstrategie profitieren zu können, müssen die Beteiligten den Mut aufbringen und sich vermehrt damit auseinandersetzen, „ihre Scheu vor .. Kooperationen verbunden mit oft riskanten wechselseitigen Abhängigkeiten ab[zu]legen.“[528] JVs scheinen am besten mit anderen Familienunternehmen zu gelingen. Dies ist nicht nur die Erfahrung der Durchflussmesstechnik GmbH & Co. KG, sondern wurde bereits in früheren Studien nachgewiesen.[529] Gegenseitiges Vertrauen, speziell zwischen den Familien sowie eine ähnliche, familiär geprägte Unternehmenskultur, helfen hierbei. In späteren Schritten werden *Tochterge-*

[528] [Wimmer, Domayer et al. (2005), S. 33]
[529] Vgl. [Cappuyns (2006), S. 457]

sellschaften zur Auslandsproduktion errichtet. Hierbei ist jedoch zu betonen, dass die kostengünstige Produktion, wie Firmen häufig unterstellt wird, meist kein treibender Faktor für Familienunternehmen ist. Ihre soziale Verantwortung ihren Mitarbeitern und deren Familien gegenüber, geprägt durch die Präsenz der Eigentümerfamilie, lässt es meist nicht zu, Arbeitsplätze von Deutschland ins Ausland zu verlagern. Da es jedoch auf Grund weiter Entfernung oftmals nicht möglich ist, ausschließlich in Deutschland zu produzieren, werden Auslandsproduktionen zur besseren Markterschließung eröffnet. Des Weiteren werden von größeren Familienunternehmen, wie etwa Merck, Kostal oder der Durchflussmesstechnik GmbH & Co. KG, eigene *Forschungs- und Entwicklungsabteilungen* in den ausländischen Tochtergesellschaften gegründet, um vom lokalen Wissen zu profitieren. Keine Verwendung bei den befragten Unternehmen finden vertragliche Vereinbarungen wie *Lizenzvergabe*, *Franchising* oder *strategische Allianzen*. Für Familienunternehmen, die normalerweise sehr auf Autonomie und Selbstständigkeit bedacht sind, stellen diese Arten von Markteintrittsmethoden wohl eine besondere Herausforderung dar.[530] Sie müssen lernen, nicht vor dem Verschwimmen der Unternehmensgrenzen zurückzuschrecken, sondern ihre eigene Scheu zu überwinden, um die Vorteile auszuschöpfen.[531]

Die Ergebnisse bezüglich der verwendeten und nicht verwendeten Markteintrittsstrategien der untersuchten Familienunternehmen stimmen in großen Teilen mit früheren Untersuchungen diesbezüglich überein.[532] Sie verdeutlichen überdies den Einfluss der Merkmale von Familienunternehmen auf die gewählte Markteintrittsmethode.

Auffällig an den Ergebnissen ist, dass, wie bereits im vorherigen Kapitel gezeigt, ein inkrementeller Lernprozess vonstatten geht. Hierbei wenden die untersuchten Familienunternehmen zu Beginn weniger riskante Markteintrittsstrategien an, da sie noch keine oder kaum Erfahrung haben und daher vorsichtig vorgehen, was ihrer Wesensart entspricht. Je mehr Wissen und Erfahrung diese im Laufe der Zeit sammeln, desto selbstbewusster werden sie und desto mehr steigt die Bereitschaft zu ressourcenintensiveren Engagements, die auch mehr Risiko mit sich bringen. Dies stellt einen sich selbst ver-

[530] Vgl. [Roessl (2005), S. 211 f.]
[531] Vgl. [Wimmer, Domayer et al. (2005), S. 86]
[532] Siehe hierzu [Brockmann, Classen et al. (2008), S. 487]; [Okoroafo (1999), S. 152-154]

stärkenden Prozess dar, da höhere Markteintritts- und Bearbeitungsformen dem Unternehmen zu mehr Informationen über den Markt verhelfen und damit das Sammeln von Erfahrungen erleichtert. Durch diese Analyse wird deutlich, dass das Grundprinzip der Kette der Marktbearbeitung des Uppsala-Modells auch auf deutsche Familienunternehmen zutrifft. Drei Einschränkungen ergeben sich allerdings. So ist die in Abbildung 5.1 dargestellte Abfolge nicht dieselbe wie in der Theorie.

Abbildung 5.1: Abfolge der Markteintrittsstrategien von deutschen Familienunternehmen

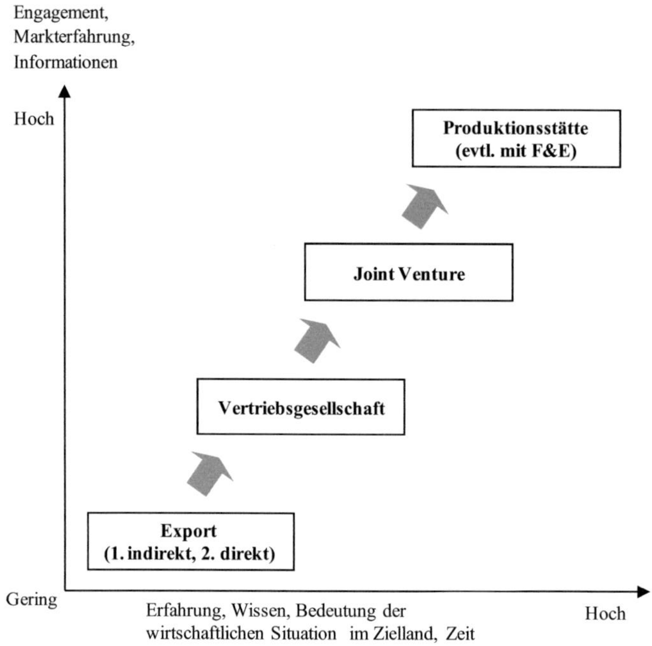

Quelle: Eigene Darstellung in Anlehnung an die Fallstudien sowie Johanson & Vahlne (1977), S. 24; Johanson & Wiedersheim-Paul (1975), S. 17

Zweitens besagt die Kette der Marktetablierung, dass ein Unternehmen für jeden neuen Markt die Kette von unten nach oben durchläuft, dies hat sich bei der vorliegenden

Untersuchung jedoch nicht bewahrheitet. Vielmehr wird zu Beginn generell Erfahrung mit Export gesammelt, dann mit Tochtergesellschaften usw. Sobald positive Erfahrungen beispielsweise mit Vertriebsgesellschaften gemacht wurden, wird normalerweise bei Eintritt in ein neues Land nicht mehr mit Export, sondern direkt mit der Eröffnung einer solchen Tochtergesellschaft begonnen. Organisation und Familie werden also zunehmend mutiger. Drittens bestätigt die vorliegende Untersuchung die Kritik von Erramilli und Srivastave (1999) an der Kette der Marktetablierung, denn diese vernachlässigt, dass speziell in späteren Phasen die wirtschaftliche Situation des Ziellandes an Bedeutung gewinnt.[533]

Hypothese 3: Die Abfolge der Markteintrittsstrategien stellt für deutsche Familienunternehmen einen inkrementellen Lernprozess dar, wobei meist mit Export angefangen wird. Lernen und Erfahrung begünstigen die Wahl riskanterer und ressourcenintensiverer Formen wie Vertriebsgesellschaften, JVs und Produktionsstätten. Je weiter ein Familienunternehmen im Internationalisierungsprozess fortgeschritten ist, desto höher die gewählte Methode, da Organisation und Familie Selbstsicherheit erlangen und ihre Scheu vor Risiko und Unbekanntem zunehmend ablegen.

5.1.3 Würdigung der vorgestellten Prozesstheorien vor dem Hintergrund der empirischen Ergebnisse

Obwohl die untersuchten Familienunternehmen ähnlich dem Uppsala-Modell internationalisieren, treffen auch die Wettbewerbsvorteils- und die Netzwerktheorie in Grundzügen zu.

Bezüglich der *Wettbewerbsvorteilstheorie* von Hymer (1976) ist anzumerken, dass die meisten der befragten Familienunternehmen davon überzeugt sind einen identitätsstiftenden Wettbewerbsvorteil, etwa durch Produkte, Qualität oder Innovation zu besitzen, und sich hierdurch besser im internationalen Wettbewerb durchsetzen zu können.[534] Dies bestätigt auch eine Studie über Familienunternehmen von Zahra aus dem Jahre

[533] Vgl. [Erramilli & Srivastava (1999), S. 41 f.]
[534] Für eine genauere Ausführung zur Wettbewerbsvorteilstheorie siehe Kap. 2.2.1.

2003.[535] Der Schutz dieses Wettbewerbsvorteils durch das Tätigen von Direktinvestitionen im Ausland wird durch die vorliegende Untersuchung jedoch nicht bestätigt. Grund hierfür ist wahrscheinlich, dass Familienunternehmen, wie aufgezeigt, eher konservativ sowie risikoavers bei Investitionen sind und kein Fremdkapital hinzunehmen wollen. Dies begrenzt die Möglichkeit, Direktinvestitionen zu tätigen.

Auch betonten die befragten Personen die Bedeutung von internationalen und nationalen interorganisatorischen Netzwerken. Wichtig, speziell zu Beginn des Prozesses, ist das Zusammenspiel mit Partnern, die bereits Erfahrung mit dem Ausland haben und eventuell Kontakte vermitteln können.[536] Denn der internationale Erfolg ist heute direkt proportional zum von einer Organisation mobilisierbaren Wissen.[537] Wichtig ist „die Reichweite, die Dichte und Flexibilität jenes Netzes, das für die Bearbeitung eines bestimmten Problems [wie der Internationalisierung] „angezapft" werden kann."[538] Die *Netzwerktheorie* von Johanson und Mattson (1988) überschätzt jedoch die Bedeutung von Positionierung in diesen interorganisatorischen Netzwerken.[539] Daher kommt es auch nicht zu den beschriebenen Entwicklungsschritten.

Die Fallstudien zeigen, dass die *Internationalisierungstheorie* von Buckley und Casson (1979) nicht auf die untersuchten Familienunternehmen zutrifft.[540] Die Höhe der Transaktionskosten war bei keinem der Unternehmen ein Entscheidungskriterium. Für die Abwicklung von Transaktionen wurde meist, speziell zu Beginn, der freie Markt gewählt, da das Aufbauen einer eigenen Hierarchie im Ausland hohe Investitionssummen mit sich bringen würde.

---

535 Für Familienunternehmen siehe [Zahra (2003), S. 508]. Die Vorteilhaftigkeit eines Wettbewerbsvorteils wurde, speziell für KMUs, in mehreren Studien hervorgehoben. [Hering, Pförtsch et al. (2001), S. 28]; [Baird, Lyles et al. (1994), S. 55]

536 Die Bedeutung von Netzwerken für das Erlangen von Wissen über Auslandsmärkte sowie das Nutzen von bereits bestehenden Beziehungen wurde zwar noch nicht für Familienunternehmen untersucht, jedoch schon mehrfach für KMUs. Netzwerke reduzieren demnach das Risiko und die Unsicherheitswahrnehmung und begünstigen somit ein Voranschreiten des Internationalisierungsprozesses. Siehe hierfür [Spence (2003), S. 280 f., 291]; [Coviello & Munro (1995), S. 56, 58]

537 Vgl. [Wimmer, Domayer et al. (2005), S. 87]

538 [ebd., S. 88]

539 Für eine genauere Ausführung der Netzwerktheorie siehe Kap. 2.2.5.

540 Siehe Kap. 2.2.2 für die Internationalisierungstheorie.

Das OLI-Modell des *eklektischen Paradigmas* von Dunning (1988) ist ebenfalls keine umfassende Erklärung für den Internationalisierungsprozess von deutschen Familienunternehmen.[541] Zwar ist ein Wettbewerbsvorteil, wie bereits beschrieben, hilfreich, jedoch findet ein etwaiger Internalisierungsvorteil, wie ebenfalls aufgezeigt, wenig Beachtung. Der Standortvorteil, um beispielsweise niedrige Produktionskosten zu nutzen, ist ebenfalls kein ausschlaggebender Faktor.

Aus diesen Erkenntnissen lassen sich die Hypothese vier und fünf ableiten:

Hypothese 4: Ein eventuell bestehender Wettbewerbsvorteil hilft deutschen Familienunternehmen, sich im internationalen Konkurrenzkampf durchzusetzen und fremdheitsbedingte Nachteile zu überwinden.

Hypothese 5: Netzwerke zu bereits internationalen Unternehmen oder erfahrenen Personen werden genutzt, um von deren Wissen zu profitieren und Kontakte ins Ausland aufzubauen. Je dichter diese Netze sind, desto Erfolgs versprechender ist die Wissensgenerierung.

5.1.4 Gründe für die Internationalisierung

Alle befragten Unternehmen sind vom Potenzial einer internationalen Wachstumsstrategie überzeugt und sehen hierin den Schlüssel zum zukünftigen Erfolg. Bei den Gründen für die internationale Geschäftstätigkeit herrscht größtenteils Übereinstimmung zwischen den Antworten der befragten Personen. Der erste und einstimmig angegebene ist das wahrgenommene *Potenzial der Auslandsmärkte*. Dieser Aspekt wurde von den Interviewpartnern meist als Wachstums-, Umsatz- oder Marktpotenzial bezeichnet. So sagte der Geschäftsführer der Durchflussmesstechnik GmbH & Co. KG: „grundsätzlich .. [sind wir] immer nur in das Land gegangen, um den Markt dort bedienen zu können."[542] Der zweite Treiber ist die *Verringerung der Abhängigkeit* vom deutschen Markt, um diesem, speziell während wirtschaftlicher Abschwünge, weniger ausgesetzt zu sein. Auch nimmt der *Zwang zur Internationalisierung* zu. Für einige der befragten Unternehmen gibt es in Deutschland auf Grund bereits starker Präsenz keine Auswei-

[541] Das OLI-Modell ist in Kap. 2.2.3 genau beschrieben.

[542] [Geschäftsführer (15.07.2010), Fallstudie Durchflussmesstechnik GmbH & Co. KG, Abschnitt 2]

tungsmöglichkeiten mehr. Dies kann sich, wie bei der Mechanik GmbH & Co. KG, auch auf ganz Europa beziehen, was dann zum Schritt nach Übersee führt. Die Möglichkeit der Internationalisierung wird daher, nach dem Geschäftsführer des Unternehmens, als zwangsläufige Wachstumsstrategie erkannt:

> „Da wir in Europa in unseren typischen Anwendungsgebieten Marktführer .. sind, [sind] … auch hier irgendwann Grenzen zu sehen … heute kann man meines Erachtens … nur langfristig das Überleben eines Unternehmens sichern, wenn man versucht, in den wichtigsten Marktbereichen der Welt Präsenz zu zeigen und das ist eben nicht mehr nur Europa.“[543]

Hinzu kommt noch der starke innerdeutsche Konkurrenzkampf mit anderen deutschen wie auch internationalen Unternehmen, der häufig zum Gang ins Ausland zwingt.

Lediglich beim Unternehmen Kostal war zu Beginn der Internationalisierung der Hauptgrund, den Kunden ins Ausland zu folgen. Dies ist typisch für Branchen, in denen Zulieferer von mächtigen Großkunden abhängig sind.

Die eben aufgeführten Gründe spiegeln einige der Push- und Pull-Motive aus Kapitel 2 wider. Dies zeigt, dass Familienunternehmen, obwohl diese spezielle Art der Organisation sich auf vielerlei Weise von Nicht-Familienunternehmen unterscheidet, doch von denselben Motiven geleitet werden. Der globale Wandel und die damit einhergehenden Möglichkeiten wie auch Zwänge werden demzufolge von deutschen Familienunternehmen ebenso wahrgenommen und genutzt.

Hypothese 6: Deutsche Familienunternehmen haben das Potenzial internationalen Wachstums erkannt und werden in Zukunft ihre Präsenz im Ausland ausbauen. Als am wichtigsten wird das Potenzial der Auslandsmärkte begriffen. Durch Internationalisierung soll aber auch die Abhängigkeit vom deutschen Markt verringert und einem empfundenen Zwang zur Internationalisierung entgegengetreten werden.

5.1.5 Hürden und Rückschläge

Jedes der Fallstudienunternehmen musste Hürden und Rückschläge in unterschiedlichem Umfang überwinden. Insgesamt konnten acht Hauptfaktoren identifiziert werden.

---

[543] [Geschäftsführer (19.05.2010), Fallstudie Mechanik GmbH & Co. KG, Abschnitt 2]

Fehlendes Wissen und Erfahrung mit ausländischen Märkten ist eine gravierende Hürde, die zu schwerwiegenden Rückschlägen führen kann. Dies stellte bereits Hymer (1976) bei der Erörterung der Kosten der Fremdheit fest.[544] Speziell zu Beginn der Internationalisierung verstärken fehlende Kenntnisse zum einen über das Ausland im Allgemeinen und zum anderen über das jeweilige Land im Speziellen die psychische Distanz. Dies intensiviert die empfundene Unsicherheit sowie die Risikowahrnehmung. Das Finden von *vertrauenswürdigen Personen* stellt speziell für Familienunternehmen, die hierauf auf Grund ihrer familiären Prägung viel Wert legen, ein wichtiges und gleichzeitig schwieriges Unterfangen dar. Dies bestätigt Herr Mey mit seiner Aussage „die Rückschläge lagen sehr, sehr oft auf Personalseite."[545] Wie wichtig es für Familienunternehmen ist, gute Mitarbeiter oder auch Partner im Ausland zu finden, verdeutlicht auch das folgende Zitat des Geschäftsführers der Durchflussmesstechnik GmbH & Co. KG: „[Das Unternehmen] ist immer dann erfolgreich, wenn wir den richtigen Partner haben, der richtig zu unserer Philosophie passt. Wenn wir den haben, dann geht es gut, wenn wir den nicht haben, dann ist es ein sehr, sehr mühseliges Geschäft."[546] Der Umgang mit personellen Rückschlägen ist besonders für Familienunternehmen mit ihrem an Personen orientierten Führungsstil schwierig. Wie auch im familiären Kreis muss erschüttertes Vertrauen erst wieder aufgebaut und neuer Mut gefasst werden, dieses Vertrauen Personen auf ein Neues entgegenzubringen. Es besteht auch die Gefahr Auseinandersetzungen zu persönlich zu nehmen. Eine weitere Hürde stellt die Anpassung an *lokale Kundenwünsche* dar. Nach Erfahrung der Unternehmen ist es, um erfolgreich zu sein, äußerst wichtig, sich diesen anzupassen. Die Durchflussmesstechnik GmbH & Co. KG berücksichtigt beispielsweise mittlerweile, nach einigen Rückschlägen, die internationalen Standards und Anforderungen bereits zu Beginn der Entwicklungsphase. Unternehmen müssen auch offen dafür sein, einen bereits vollzogenen Markteintritt zu überdenken. So sahen sich beispielsweise die Unternehmen Mey und die Gewürz GmbH & Co. KG gezwungen, sich aus Märkten mit für ihr Produkt kaum erfüllbaren Ansprüchen zurückzuziehen. So konnte Mey auf Grund der modischen Anforderungen in Frankreich nie Fuß fassen. Auch die Gewürz GmbH & Co. KG musste erkennen, dass man „ein deutsches Wurstgewürz für Bratwurst nicht

[544] Vgl. [Hymer (1976), S. 34-36]
[545] [Mey (06.07.2010), Fallstudie Mey GmbH & Co. KG, Abschnitt 2]
[546] [Geschäftsführer (15.07.2010), Fallstudie Durchflussmesstechnik GmbH & Co. KG, Abschnitt 2]

unbedingt einem Franzosen verkauf[en kann].“[547] Dies stellt auch ein Problem in einigen asiatischen Ländern dar. *Anpassungsprozesse* an *kulturelle* und *administrative* Eigenheiten stellen ebenfalls Hürden dar. Vor allem ersteres fällt zu Beginn schwer. So müssen Mitarbeiter in der Zentrale sich für Andersartigkeit öffnen und wissen, wie sie damit umzugehen haben. Die ist jedoch kein Prozess, der über Nacht abläuft. Die *Landessprache*, speziell wenn es sich nicht um Deutsch oder Englisch handelt oder die Englischkenntnisse im Zielland oder der Zentrale nicht sehr ausgeprägt sind, stellt ein schwerwiegendes Hindernis dar. Auch in Hymers (1976) Theorie ist Sprache Teil der fremdheitsbedingten Kosten.[548] Meist ist es für die Firmen unerlässlich, in den Auslandseinheiten englischsprachige Personen als Mittler zu haben. Auch Sprachtrainings werden, wie etwa bei Mey oder Hartmann, durchgeführt. So berichtete Frau Auer folgendes: „Wir haben zum Beispiel für alle internen Mitarbeiter einige Worte und die Zahlen von null bis zehn in Französisch aufgeschrieben, damit man die Faxnummer des Außendienstmitarbeiters in Frankreich durchgeben kann.“[549] Ein *strategisch geplantes Vorgehen* bei der Internationalisierung ist ein wichtiger Faktor, der jedoch von Familienunternehmen tendenziell vernachlässigt wird. Dies zeigen auch die vier Fallstudien der Gewürz- und Durchflussmesstechnik GmbH & Co. KG, Kostal und Hartmann. Sind die strategischen Ziele vorab nicht festgelegt, kann es zum Eintritt in unlukrative Märkte kommen. Auch kann der Markteintritt durch eine falsche Methode misslingen oder das Marktpotenzial nicht vollständig ausgeschöpft werden. Aber selbst, wenn es einen Strategieentwurf der Unternehmenszukunft gibt, müssen sich die Führungspersonen dessen bewusst sein, dass dieser immer wieder erneut nach sich verändernden Umweltfaktoren ausgerichtet werden muss. Rückschläge des Internationalisierungsprozesses können jedoch auch durch *externe Faktoren* bedingt sein. So haben Weltkriege sowie Wirtschafts- und Landeskrisen die Unternehmen Merck und Kostal immer wieder zurückgeworfen. Ein erfolgskritischer Aspekt bei der Internationalisierung ist es, aus den Rückschlägen und Hürden zu lernen. Die Organisation und ihre Akteure müssen sich aktiv mit diesen auseinander setzen und das Erlernte in die zukünftige Unternehmensidentität einbringen.[550] Der Geschäftsführer der Durchflussmesstechnik GmbH & Co. KG sagte hierzu folgendes: „Wir .. [schauen] uns

547 [Geschäftsführender Gesellschafter (15.07.2010), Fallstudie Gewürz GmbH & Co. KG, Abschnitt 2]

548 Vgl. [Hymer (1976), S. 34-36]

549 [Auer (10.05.2010), Fallstudie Dr. O. Hartmann GmbH & Co. KG, Abschnitt 2]

550 Auf die Bedeutung von organisationalem Lernen und Erfahrung wird in Kap. 5.2.4 näher eingegangen.

dann auch unsere Wunden an und sagen, da hat es sehr gut geklappt oder da hat es sehr schlecht geklappt. Und versuchen dann, den Fehler nicht zweimal zu machen."[551]

5.2 Themengebiet – Internationale Organisationsaufstellung

Das Themengebiet der internationalen Organisationsaufstellung ist in vier Subbereiche gegliedert. Zu Beginn des Kapitels geht es um die Architektur der internationalen Organisation, worauf das Profil der In- und Auslandsmanager diskutiert wird. Nachfolgend werden die vorgestellten Theorien zur internationalen Organisation vor dem empirischen Hintergrund betrachtet. Das letzte Unterkapitel ist der Bedeutung von organisationalem Lernen und Erfahrung sowie dem Umgang mit Nichtwissen gewidmet.

5.2.1 Architektur der internationalen Organisation

Die *internationale Organisationsaufstellung* ist bei den befragten Familienunternehmen evolutionär gewachsen. Dies verdeutlicht die folgende Aussage des Geschäftsführers der Durchflussmesstechnik GmbH & Co. KG: „Wir hatten [früher] einen Flickenteppich. Ich habe dazu immer gesagt, der Flickenteppich der Landeroberung ... und die [Länder] haben wir dann irgendwann mal unter die Großregionen [und die derzeitige Struktur] zusammengefasst."[552] Die Organisationsform ist auch ständigen Veränderungen unterworfen, da sich die Umweltfaktoren ändern und die Organisationsarchitektur ständig auf Übereinstimmung mit diesen abgeglichen und gegebenenfalls an diese angepasst werden muss. So sagte Herr Baumhauer von Merck: „Die [internationale Unternehmensarchitektur] ist eigentlich immer im Fluss, weil auch die Märkte im Fluss sind und Länderorganisationen wachsen und dann andere Bedürfnisse haben."[553] Die Analyse lässt jedoch keine Aussage über eine bestimmte von den untersuchten Familienunternehmen präferierte Organisationsform zu. Es ist lediglich die Tendenz zur Einteilung der internationalen Engagements nach geografischen Gesichtspunkten zu verzeichnen, also eine Aufteilung in z.B. Europa, Nord- und Südamerika, Asien usw. Dies ist beispielsweise bei Kostal sowie der Durchflussmesstechnik- und Gewürz GmbH & Co. KG der Fall. Die Tatsache, dass durch die Ergebnisse auf keine ausdiffe-

551 [Geschäftsführer (15.07.2010), Fallstudie Durchflussmesstechnik GmbH & Co. KG, Abschnitt 2]
552 [Geschäftsführer (15.07.2010), Fallstudie Durchflussmesstechnik GmbH & Co. KG, Abschnitt 3]
553 [Baumhauer (07.06.2010), Fallstudie Merck KGaA, Abschnitt 3]

renzierte Organisationsarchitektur zu schließen war, entspricht einigen strukturbildenden Eigenschaften dieses familiär geprägten Organisationstyps. So entwickelt sich der Organisationsaufbau meist um eine in der Zentrale angesiedelte Führungsperson herum, deren Persönlichkeitsmerkmalen eine prägende Kraft zufällt.[554] Meist werden auch keine klaren Aufgabenbereiche geschaffen. Weniger der Arbeitstitel und die Beschreibung einer Position als Vertrauen in das Können und die Treue der einzelnen Personen prägen die Aufgabenverteilung in Familienunternehmen. Von den betrachteten Unternehmen wurde diese historisch gewachsene Aufstellung auch nur von der Gewürz GmbH & Co. KG durch einen radikalen Eingriff überarbeitet.

Einen Sonderfall bilden die drei befragten KMFUs. Bei ihnen wird der Vertrieb von Deutschland aus geleitet und die Auslandsproduktion, die es auch nur bei der Mechanik GmbH & Co. KG in geringem Umfang gibt, ebenfalls von der Zentrale aus überwacht. Diese recht einheitliche Organisationsaufstellung ist jedoch nicht zwangsläufig ein Indiz dafür, dass Familienunternehmen doch einer Struktur folgen, sondern höchstwahrscheinlich eher durch die Größe und die damit einhergehenden beschränkten Ressourcen bestimmt. Überdies ist ihr internationales Engagement noch recht begrenzt, weshalb es nicht nötig ist, eine umfangreiche Organisationsform aufzubauen. Dieses Ergebnis wird durch die Literatur gestützt, da es praktisch keine theoretischen Ansätze zur internationalen Organisationsaufstellung von KMUs gibt.[555]

Auch im Bereich der *Führung und Koordination der Auslandseinheiten* ist eine von der Evolutionsgeschichte der Unternehmen geprägte Entwicklung zu beobachten, die jedoch, im Gegensatz zur Organisationsaufstellung, bei den untersuchten Unternehmen ähnlich abläuft. So werden zu Beginn der Internationalisierung die Auslandsengagements sehr eng von der Zentrale aus geführt. Man will speziell am Anfang, im Zustand von Unsicherheit und Risiko, die 'Zügel' nicht aus der Hand geben. Dies zeigt sich nicht nur im historischen Verlauf der größeren Unternehmen, sondern ist auch bei den beiden KMFUs, Dr. Hartmann und der Reinigungschemie GmbH & Co. zu beobachten, die noch am Anfang der Internationalisierung stehen. Lediglich die Mechanik GmbH &

[554] Vgl. [Wimmer, Domayer et al. (2005), S. 151]

[555] In der Literatur war lediglich ein Modell zur internationalen Organisationsaufstellung von KMUs zu finden. Dieses bezieht sich jedoch speziell auf 'Born global'-Unternehmen, was keines der untersuchten KMFUs ist. Siehe für weitere Informationen [Oviatt & McDougall (1994), S. 58-60]

Co. KG folgt dem „Prinzip der dezentralen Verantwortung“[556], was jedoch bei indirektem Export über unabhängige Vertriebshändler kaum anders möglich ist. Häufig folgt, speziell wenn das Unternehmen schon eine gewisse internationale Präsenz und Größe erreicht hat, eine Entwicklung hin zur dezentralen Führung. Hier zeigt sich einmal mehr, dass nach und nach die anfängliche Unsicherheit abnimmt und die Organisation gestärkt hervortritt, was zu mehr Freiraum führt. Während dieser Phase sind die Landesgesellschaften häufig weitestgehend auf sich alleine gestellt. Im Laufe der Zeit setzt sich dann aber wieder ein zentralerer Führungsstil durch. Hierbei wird die richtungsweisende Strategie in der Zentrale festgelegt und an den Auslandsstandorten umgesetzt. Die Manager der Auslandsniederlassungen berichten in diesem Fall direkt an den jeweiligen Zuständigen in der Zentrale. Diese gewollte Kontrollerhaltung im Stammhaus, bei der Familie und den Geschäftsführern, die sich als Dreh- und Angelpunkt begreifen, ist ein weiteres typisches Merkmal von Familienunternehmen, welches sich im Laufe der Zeit wieder durchsetzt. Die prinzipielle zentrale Führung und Koordination bedeutet jedoch nicht, dass den Landeseinheiten nicht die Freiheit gegeben wird, sich an die lokalen Anforderungen anzupassen und ihre Landesstrategie an den herrschenden Umweltfaktoren auszurichten. Die bewusste Zulassung der Anpassung an die lokalen Märkte soll den Unternehmenserfolg, beispielsweise durch die Erfüllung der dortigen Kundenwünsche, begünstigen. Zudem ist es somit für die Auslandseinheiten möglich, sich an lokale Veränderungen und Spezifika anzupassen. Bei den Fallstudienunternehmen ist auch zu beobachten, dass Produktionsgesellschaften zentraler gesteuert und koordiniert werden als Vertriebseinheiten, bei denen von einem höheren Grad an notwendiger Marktanpassung ausgegangen wird. Überdies soll durch die zentrale Steuerung der Produktion die Kapazität optimal genützt und die Qualität sichergestellt werden. So sagte beispielsweise Herr Mey:

> „Man soll nicht sehen primär, das kommt aus Ungarn, Portugal oder Deutschland. Das heißt, das muss wirklich eins zu eins vergleichbar sein und da wir es hier entwickeln … muss es so sein, dass die Dinge, die da technisch notwendig sind, die speziell von der Konfektion her notwendig sind, genau so in Ungarn und Portugal gemacht werden.“[557]

[556] [Geschäftsführer (15.07.2010), Fallstudie Mechanik GmbH & Co. KG, Abschnitt 3]
[557] [Mey (06.07.2010), Fallstudie Mey GmbH & Co. KG, Abschnitt 3]

Auf Grund dieser Ergebnisse kommt es zu der folgenden Hypothese:

Hypothese 7: Die Führung und Koordination deutscher Familienunternehmen ist einem evolutionären Prozess unterworfen, der hin zur zentralen Führung, mit lokaler Anpassung, geht.

Die *Vernetzung* von Zentrale und Auslandseinheiten folgt meist einem sternförmigen Schema. Hierbei ist die Zentrale im Mittelpunkt angesiedelt und die einzelnen geografischen Regionen sternförmig um sie herum. Die Vorteile der Bündelung verschiedener Länder, die wieder als ein Stern angesehen werden können, verdeutlicht das folgende Zitat von Herrn Kostal: „In Asien beispielsweise … da haben wir eine Zusammenführung der Organisationseinheiten China, Japan, Korea vorgenommen. Da letztendlich China unser Produktionsstandort und Entwicklungsstandort ist, Japan und Korea .. über Kundenkontakte verfügen … daher macht das Sinn, die als Einheit zu betrachten.“[558] Aber nicht nur beim Unternehmen Kostal, sondern auch bei Merck und der Durchflussmesstechnik GmbH & Co. KG werden die Länderaktivitäten, die zu einer Region zählen, häufig aufeinander abgestimmt. Die beschriebene sternförmige Vernetzung ist in Abbildung 5.2 visualisiert.

Diese Art der Vernetzung korrespondiert mit der zentralen Kontrolle und Koordination der Auslandseinheiten, da die Hauptinformationsflüsse über die Zentrale laufen und von ihr die grundlegenden Vorgaben ausgehen. Überdies spiegelt diese Art der Vernetzung auch die typische Kontrollerhaltungseigenschaft von Familienunternehmen wider, wobei die ‘Fäden‘ in den Händen der Familie und den Führungspersonen liegen. Auch der patriarchische Führungsstil beeinflusst die internationale Organisation und seine Akteure. Der Patriarch steht im Zentrum der Organisation, er ist Dreh- und Angelpunkt und somit steht auch das Stammhaus im Mittelpunkt des ‘Unternehmensuniversums‘. Landeseinheiten, die nicht innerhalb einer Region liegen, haben bei den oben erwähnten drei Unternehmen lediglich operativen Kontakt miteinander und dies auch nur, wenn es um die gegenseitige Belieferung mit halbfertigen oder fertigen Produkten geht. Zur besseren Vernetzung aller Auslandseinheiten werden internationale Konferenzen, selbst bei der Mechanik GmbH & Co. KG, abgehalten, auf denen sich die Landes- und Regi-

[558] [Kostal (14.07.2010), Fallstudie Ludwig Kostal GmbH & Co. KG, Abschnitt 3]

onsmanager sowie die Vertreter treffen. Bei diesen Zusammenkünften setzen sie sich gemeinschaftlich mit Themen wie Strategie, Produkten und Projekten auseinander.

Abbildung 5.2: Sternförmige Vernetzung von Zentrale und internationalen Einheiten

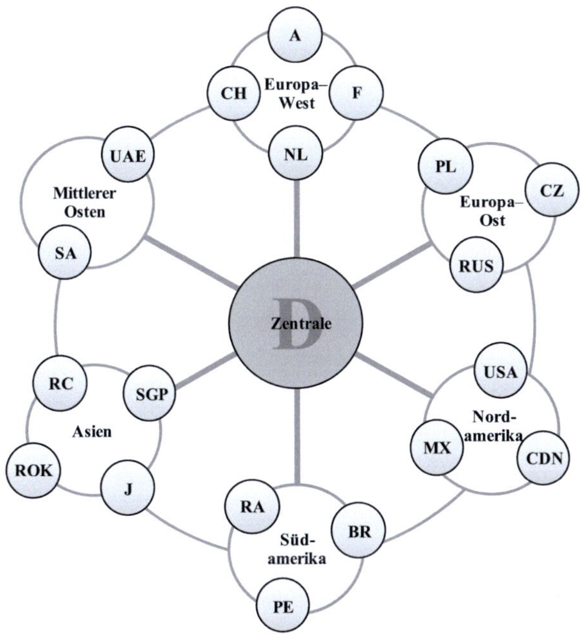

Quelle: Eigene Darstellung in Anlehnung an die Fallstudien

Hypothese 8: Deutsche Familienunternehmen weisen keine einheitliche internationale Organisationsarchitektur auf, zeichnen sich aber durch eine sternförmige Vernetzung von Zentrale und Auslandseinheiten aus. Diese dient der Kontrollerhaltung und der Durchsetzung des patriarchischen Führungsstils.

Die *Aufgaben der Auslandseinheiten* unterscheiden sich bei den Fallstudienunternehmen je nachdem, ob ihr Fokus auf Vertriebs-, Produktions- oder F&E-Aufgaben liegt. Auch die strategische Ausrichtung der Niederlassungen variiert. Diese hängen meist von der Fruchtbarkeit des lokalen Marktes ab. Für Merck beispielsweise ist die südkoreanische Tochtergesellschaft von strategischer Wichtigkeit, da von dort neue Trends in der Displaytechnologie kommen, in der das Unternehmen durch die Herstellung von Flüssigkristallen ein wichtiger Zuliefer ist.

5.2.2 Profil der In- und Auslandsmanager

Die Analyse bezüglich der *Art der Auslandsmanager* zeigt, dass die untersuchten Familienunternehmen häufig Personen ins Ausland entsenden, die bereits für das Unternehmen gearbeitet haben. Dies ist etwa bei Merck, Mey, Kostal und der Mechanik GmbH & Co. KG der Fall. Bei diesen Personen muss es sich aber nicht um deutsche Staatsbürger handeln. So war beispielsweise bei Merck China lange Zeit „ein chinesischer Landeschef, der aber jahrelang vorher .. in Darmstadt [war] und .. mindestens genau so gut hessisch wie chinesisch [sprach].“[559] Diese so genannten Expatriates werden speziell bei der Erschließung neuer Märkte oder dem Aufbau einer neuen Auslandseinheit eingesetzt. Es stellt sich für die Unternehmen jedoch nicht immer als einfach dar, Mitarbeiter zu finden, die gewillt sind, ins Ausland zu wechseln. Überdies achten die Firmen auch darauf, dass diese Personen möglichst bereits Wissen über den Markt haben. So wurde bei Mey beispielsweise eine Spanierin nach Portugal entsendet, die schon portugiesisch sprach und erste Erfahrungen mit Portugal gemacht hatte. Die Entsendung von Expatriates verdeutlicht einmal mehr den Einfluss von Familienunternehmenseigenschaften auf die Internationalisierung. So bestätigten die Aussagen der befragten Personen die Bedeutung von zwischenmenschlichen Beziehungen für diesen Organisationstyp. In Familienunternehmen wird nicht rein auf fachlicher Ebene entschieden, sondern das Vertrauen zu den Personen, das gegenseitige Sich-kennen-und-‘riechen-können’ spielt eine wichtige Rolle. Auch die ablehnende, kritische Haltung gegenüber Einflüssen von außen zeigt sich. So waren die meisten der Interviewpartner der Meinung, intern ‘groß gezogene’ Mitarbeiter würden loyaler zum Unternehmen stehen als von außen kommende Fremdmanager. Auch sind sie mit der Unternehmenskultur sowie den Abläufen vertraut und können diese daher auf das Ausland übertragen. Außerdem wissen diese Personen durch ihre langjährige Mitarbeit, wen sie bei welcher

[559] [Baumhauer (07.06.2010), Fallstudie Merck KGaA, Abschnitt 3]

Fragestellung ansprechen müssen, was wichtig ist, da bei Familienunternehmen persönliche Kommunikation bevorzugt wird.

Im Gegensatz zu den oben erwähnten Unternehmen setzt die Durchflussmesstechnik GmbH & Co. KG auf lokale Führungskräfte. So spricht der Geschäftsführer des Unternehmens von „local business, local people“[560]. Es herrscht in der Zentrale auch nicht die Ansicht, dass man in Deutschland alles besser weiß oder kann, sondern dass es wichtig ist, einheimische Führungspersonen zu haben, die den Markt und das Land kennen.

Das Unternehmen Kostal verfolgt einen interessanten Ansatz, der die Vorteile eines lokalen Managements mit denen von Expatriates verbindet. So werden die Geschäftsführungspositionen der Auslandsniederlassungen an qualifizierte einheimische Personen vergeben. Bei der Besetzung des Controllers jedoch wird Wert darauf gelegt, dass dieser bereits einige Jahre bei Kostal gearbeitet hat. Es wird also ein vertrauenswürdiger Expatriate entsendet, um die Kontrolle über die Niederlassung sicherzustellen und die Familieninteressen zu wahren.

Bezüglich der *Aufgabenverteilung zwischen In- und Auslandsmanagern* ist zu sagen, dass bei allen untersuchten Unternehmen die strategische und letztendliche Entscheidungsgewalt sowie Verantwortung bei der Geschäftsführung in der Zentrale liegt. Umfangreiche Investitionen müssen überdies mit den Gesellschaftern abgestimmt werden. Das operative Geschäft wird von den jeweiligen Führungskräften im In- und Ausland geleitet. Zumeist müssen die Auslandsmanager an die jeweiligen Verantwortlichen in Deutschland Bericht erstatten. Diese Aufgabenverteilung verstärkt das Bild des zentralen Managements, da die für Familienunternehmen so wichtige Kontrolle und die schlussendliche Entscheidungsbefugnis bei der Zentrale liegen. Die Typen von eingesetzten Auslandsmanagern sind mannigfaltig und vom Aufgabengebiet der Auslandseinheit abhängig. Zumeist gibt es, zumindest bei größeren Niederlassungen, eine eigene Geschäftsführung. Unter dieser sind funktionale Führungskräfte, wie etwa für Produktion oder Vertrieb, angesiedelt, die teilweise an die Auslandsgeschäftsführung, häufig aber auch direkt an ihr Pendant in der Zentrale berichten. Die Aufgaben der Inlandsmanager liegen allermeist im Bereich der Kontrolle, Zielvereinbarung und Hilfestellung für

[560] [Geschäftsführer (15.07.2010), Fallstudie Durchflussmesstechnik GmbH & Co. KG, Abschnitt 3]

die korrespondierenden Auslandsmanager. Der Geschäftsführung der Niederlassungen kommt die betriebswirtschaftliche Verantwortung, sprich Kontrolle von Umsatz und Gewinn, zu. Die funktionalen Auslandsmanager sind für ihren Bereich und dessen Ergebnis verantwortlich.

Es lässt sich also Folgendes festhalten:

Hypothese 9: Deutsche Familienunternehmen setzen, speziell beim Aufbau einer neuen Auslandseinheit, auf Expatriates, da die Familie und die Führungsspitze diesen auf Grund langjähriger Mitarbeit vertraut, von ihrer Loyalität ausgeht und diese die Unternehmensstrukturen kennen. Die letztendliche Entscheidungsgewalt sowie die Kontrollfunktion liegen jedoch bei Führungskräften in der Zentrale.

5.2.3 Würdigung der vorgestellten Theorien zur internationalen Organisationsaufstellung vor dem Hintergrund der empirischen Ergebnisse

Ein Vergleich der oben beschriebenen Ergebnisse mit den in 2.3 diskutierten Theorien zur internationalen Unternehmenstätigkeit macht deutlich, dass keine davon in vollem Umfang auf die untersuchten Familienunternehmen zutrifft.

Am ehesten lassen sich die Firmen in die verschiedenen Kategorien des *EPG-Konzepts* von Perlmutter (1969a & b) einordnen.[561] Demnach würden Hartmann und Mey sowie die Mechanik, Gewürz und Reinigungschemie GmbH & Co. KG zu den ethnozentrischen, sprich internationalen Unternehmen zählen. An dieser Stelle hervorzuheben ist die Kritik von Mayrhofer und Brewster (1996), die in ihrer Studie zeigen, dass die meisten Unternehmen der ethnozentrischen Kategorie angehören und dies durchaus kein Zeichen dafür ist, dass es ihnen nicht gelingt, auf eine höhere Stufe vorzudringen. Ganz im Gegenteil profitieren sie von den Vorteilen der internationalen Aufstellung.[562] Als polyzentrische, d.h. multinationale Unternehmen, würden sich Merck, Kostal sowie die Durchflussmesstechnik GmbH & Co. KG qualifizieren. Dies bedeutet gleichzeitig, dass keines der befragten Familienunternehmen einer geozentrischen, sprich globalen Strate-

[561] Für eine genauere Darstellung dieses Ansatzes siehe Kap. 2.3.1.
[562] Vgl. [Mayrhofer & Brewster (1996), S. 769-771]

gie folgen würde. Dieses Ergebniss ist jedoch kaum erstaunlich, da das Konzept auf dem veralteten Globalisierungsverständnis von Perlmutter (1969a &b) fußt, nach dem sich die ganze Welt zu einem Markt mit einheitlichen Produktansprüchen hin entwickeln würde.

Auch Porter (1986a & c) folgt bei seinem *Anordnungs- und Koordinationsmodell* einem unzeitgemäßen Globalisierungsverständnis.[563] Demnach wären Kostal und Merck multinationale Unternehmen mit landesbezogener Strategie. Mey sowie die Durchflussmesstechnik und die Gewürz GmbH & Co. KG würden einer Strategie geprägt von hohen Auslandsinvestitionen und starker Koordination der ausländischen Geschäftstätigkeiten folgen. Was jedoch das Modell für die befragten Unternehmen und damit wahrscheinlich für deutsche Familienunternehmen im Generellen unbrauchbar macht, ist die Tatsache, dass die drei KMFUs der Königsdisziplin Globalstrategie folgen würden. Grund hierfür ist, dass sie hauptsächlich in Deutschland produzieren und ihre Auslandstätigkeiten zentral koordinieren. Diese Erkenntnis bestätigt die Kritik von Moon (1994), der darauf hinweist, dass die Globalstrategie von Porter (1986a & b) suggeriert, dass eine Strategie, bei der in mehreren Ländern produziert wird, weniger global ist.[564]

Auch das *Transnationale Organisationsmodell* von Bartlett und Ghoshal (2002b) bildet keine gute Erklärungsgrundlage.[565] Wie aufgezeigt weisen die meisten der Fallstudienfirmen eine sternförmige Vernetzung von Zentrale und Auslandseinheiten auf. Diese kann jedoch nicht mit dem von den Autoren postulierten, integrierten Netzwerk verglichen werden, da es sich nicht um die weltweite Verbindung und Integration von spezialisierten Einheiten ohne klare Vormachtstellung handelt. Zwar wurde durch einige der Fallstudien deutlich, dass sich die Arten der Landesniederlassung und deren Ausrichtung unterscheiden, jedoch auch in diesem Fall nicht wie von den Autoren vorgesehen. Dies gilt auch für die unterschiedlichen Typen von Managern. Lediglich die Bedeutung von globalem Lernen oder zumindest von organisationalem Lernen und Erfahrung im Allgemeinen wurde von allen betrachteten Organisationen prinzipiell

---

563 Eine genaue Ausführung dieses Modells sowie des Globalisierungsverständnisses findet sich in Kap. 2.3.2.

564 Vgl. [Moon (1994), S. 562-569]

565 Für weitere Informationen zum transnationalen Modell siehe Kap. 2.3.3.

erkannt. Speziell die größeren und international erfahreneren, wie Merck, Kostal und die Durchflussmesstechnik GmbH & Co. KG, versuchen, am international vorhandenen Wissen zu partizipieren und sich nicht auf Impulse aus Deutschland zu beschränken.

Ebenfalls eine unzureichende theoretische Erklärung für die acht Familienunternehmen bildet das *AAA-Dreieck* von Ghemawat (2007b).[566] Die Firmen folgen zwar tendenziell einem oder mehreren der drei As[567], aber nicht in dem Ausmaß, wie es der Autor postuliert, und außerdem ist dies eher als Nebenprodukt der Hauptstrategie anzusehen. Lediglich das CAGE-Modell[568], welches als eine ausführliche Erfassung der Faktoren, die zu psychischer Distanz führen, angesehen werden kann, trifft auf die Unternehmen zu. Jedoch bilden diese eher eine Erklärungsgrundlage für den Prozess der Internationalisierung.

Die mangelhafte Erklärungskraft der meisten der Prozesstheorien sowie derer zur internationalen Organisationsaufstellung beantwortet die Forschungsfrage nach deren Anwendbarkeit auf deutsche Familienunternehmen. Wie bereits mehrfach herausgestellt, wird die Internationalisierung dieses Organisationstyps stark von seinen struktur- und identitätsstiftenden Eigenschaften beeinflusst. Deren Nichtbeachtung dürfte der Hauptgrund für die mangelnde Erklärungskraft dieser Theorien sein.

5.2.4 Bedeutung von Erfahrung, organisationalem Lernen und der Umgang mit Nichtwissen

Nicht nur das Internationalisierungsmodell der Theorie von Uppsala betont die Wichtigkeit von Markterfahrung, was zu mehr Bereitschaft für weiteres internationales Engagement führt. Das Sammeln von Erfahrung im Ausland und dessen Weiterverwertung zum Anstoßen von organisationalem Lernen wird einstimmig von allen Gesprächspartnern als wichtiger Erfolgsfaktor im internationalen Kontext angesehen. Dies spiegelt auch eine Aussage von Herrn Baumhauer wider:

> „In jedem Land haben wir unsere Erfahrungen gemacht und machen sie täglich neu und versuchen, uns auf Grund dieser Erfahrungen ständig zu

566 Weitere Ausführungen sind Kap. 2.3.4 zu entnehmen.
567 Die drei As stehen für Adaption, Aggregation und Arbitrage.
568 Das CAGE-Modell beschreibt die Bedeutung von kultureller, administrativer bzw. politischer, geografischer sowie ökonomischer Distanz.

> wandeln und anzupassen .. Gerade bei so einem lang anhaltenden Unternehmen haben sie gelernt sich ständig neu zu definieren angesichts der Herausforderungen, die die Märkte ihnen jeden Tag zeigen …“[569]

Hierbei ist es wichtig, die neuen Einflüsse nicht nur wahrzunehmen, sondern zur eigenen Entwicklung beitragende Faktoren aktiv in die Organisation einzubringen und zu leben. Familienunternehmen müssen sich hierbei auch für korrespondierende Identitätsveränderungen öffnen. Diese Erkenntnis ist speziell für diesen Organisationstyp wichtig, da hiermit die Akzeptanz für Veränderungen einhergeht, wogegen sich Familienunternehmen häufig sträuben. Auch ist Offenheit für Neues ein wichtiger Faktor, da dieser neue Erfahrungen ermöglicht und organisationales Lernen begünstigt. Beispielsweise zeigt nach Frau Dr. Bernschneider-Reif die Erfolgsgeschichte der Firma Merck, dass Offenheit und Neugierde essenziell sind:

> „Die Mercks waren .. immer sehr neugierig. Sie wollten .. wissen, was außerhalb ihres engen Kreises .. passiert. … Auch die Apotheker Merck … haben alle für ihre Zeit eine sehr umfassende Ausbildung auch im Ausland genossen und sind sehr viel gereist. … Das hat natürlich die Fähigkeit zur Internationalisierung .. sehr stark gefördert.“[570]

Es kristallisierten sich bei der Analyse der Fallstudien einige Lernbereiche heraus, die meist auf früheren Hürden und Rückschlägen beruhen. So ist ein wichtiger Lernaspekt, der von allen befragten Personen betont wird, die *Anpassung an kulturelle Unterschiede*. Dies wirkt sich, nach der Erfahrung von Herrn Kostal, auch auf die Art der Führung und den Umgang mit Personen aus. Auch ist, wie bereits ausgeführt, die *Anpassung an Marktgegebenheiten* und Kundenwünsche von Bedeutung, um im Land erfolgreich zu sein. Des Weiteren spielt ein *strategisches Vorgehen* bei der Internationalisierung eine wichtige Rolle. Dies bezieht sich sowohl auf die zu wählende Markteintrittsstrategie, die spätere Art der Marktbearbeitung als auch auf die Ausrichtung der Auslandseinheit. So wurde beispielsweise bei der Gewürz GmbH & Co. KG erkannt, dass es nötig ist, international strategisch vorzugehen und die ausländische Geschäftstätigkeit nicht dem Zufall zu überlassen, da ansonsten interessante Märkte ausgelassen und in anderen, die wenig Potenzial bieten, Ressourcen gebunden werden. Im Bereich der *internationalen Organisationsaufstellung* wird von den meisten der befragten Unternehmen auf zentraleres Management gesetzt. Jedoch wurde auch gelernt, dass es

---

[569] [Baumhauer (07.06.2010), Fallstudie Merck KGaA, Abschnitt 2]
[570] [Bernschneider-Reif (07.06.2010), Fallstudie Merck KGaA, Abschnitt 2]

wichtig ist, den Auslandseinheiten Freiraum für Marktanpassung zu geben. Nach Herrn Kostal kommt noch ein weiterer Lernbereich hinzu. So ist es ihm zufolge zu Beginn vorteilhaft, eng zu führen und Wissen von der Zentrale aus an die Auslandseinheiten weiterzugeben. Im weiteren Verlauf muss die Organisation dann aber auch lernen, die Auslandseinheiten mehr auf 'eigenen Füßen' stehen zu lassen. Es muss akzeptiert werden, dass gute Ideen auch von außerhalb Deutschlands kommen können. Bezüglich der *Auslandsmanager* sind die meisten der befragten Personen zu der Erkenntnis gekommen, dass diese sorgfältig ausgewählt werden müssen, denn wie Herr Mey es formulierte, stinkt „der Fisch .. vom Kopf her.“[571]

Auch der *Umgang mit Nichtwissen* spielt eine zentrale Rolle bei der Internationalisierung, da der Eintritt in ein neues Land eine Organisation, ihre Akteure und die dazugehörige Familie vor eben diese Herausforderung stellt. Hierbei kristallisieren sich zwei Aspekte heraus. Zum einen ist es vorab wichtig, so viel wie möglich über ein Land und seinen Markt in Erfahrung zu bringen. Hierfür betreiben die befragten Unternehmen Internetrecherchen, wenden sich an die Außenhandelskammer (AHK) oder versuchen, Informationen durch Interaktion mit Netzwerkpartnern zu erhalten. Zum anderen ist es nach Herrn Kostal aber auch nötig, das Bewusstsein in der Organisation dafür zu verankern, dass man immer auf Unerwartetes stoßen wird und hiervor nicht zurückschrecken darf:

> „Nach Möglichkeit versucht man natürlich, relativ viel zu wissen, mit der Gewissheit, dass man das niemals alles schafft, aber die großen Pflöcke sollte man dann doch mal abgeprüft haben … [Aber] auch, wenn man alles abprüft, gibt es immer noch schwarze Löcher … Ich glaube, da kann man sich nicht viel mehr drauf einstellen, als dass man weiß, dass .. man auf Unvorhergesehenes trifft.“[572]

Das Bewusstsein für die Begrenztheit des vorab erlangbaren Wissens jedes Einzelnen sowie der Organisation als Summe dessen muss also erkannt werden. Das Unsicherheitsmoment des Nichtwissens muss der Aussage von Herrn Kostal nach bewusst in den Entscheidungsprozess über das internationale Vorgehen miteinbezogen werden.[573] Jedoch hat auch das Unternehmen Kostal, ebenso wie alle anderen Fallstudienunternehmen, keine von vorneherein überdachte Strategie für einen möglichen Ausstieg aus

[571] [Mey (06.07.2010), Fallstudie Mey GmbH & Co. KG, Abschnitt 2]
[572] [Kostal (14.07.2010), Fallstudie Ludwig Kostal GmbH & Co. KG, Abschnitt 2]
[573] Vgl. [Wimmer, Domayer et al. (2005), S. 187]

dem jeweiligen Land mitentworfen. Unbekanntes Nichtwissen und hieraus eventuell resultierende Fehler und Probleme könnten durch eine solche Exitstrategie abgefedert werden.

Hypothese 10: Das Sammeln von Erfahrung, organisationales Lernen sowie Offenheit für Neues sind wichtige Faktoren bei der Internationalisierung. In Situationen von Nichtwissen versuchen deutsche Familienunternehmen möglichst viel über das Land, seinen Markt und die dortigen Gegebenheiten in Erfahrung zu bringen, sind sich jedoch der Begrenztheit des vorab erlangbaren Wissens bewusst.

5.3 Themengebiet – Familie und Unternehmenseigenschaften im internationalen Kontext

Das dritte Themengebiet, welches sich mit der Familie selbst sowie mit den Unternehmenseigenschaften auseinander setzt, ist in drei Unterbereiche gegliedert. Zu Beginn wird auf die Haltung und den Einfluss der Familie, speziell der Gesellschafter, bezüglich der internationalen Geschäftstätigkeit eingegangen. Danach wird die Auswirkung der einzelnen struktur- und identitätsstiftenden Familienunternehmenseigenschaften diskutiert und zuletzt die rückkoppelnde Auswirkung der Internationalisierung auf die Organisation betrachtet.

5.3.1 Einfluss und Haltung der Familie zur Internationalisierung

Bei allen untersuchten Unternehmen hält die Familie die Unternehmensanteile und hat damit indirekten Einfluss auf die Internationalisierung. Nicht zuletzt natürlich auch durch die Eigendynamik mit der das System Familie auf das Unternehmen und vis-à-vis Einfluss nimmt. Jedoch hat sie nicht immer zusätzlich noch direkten Einfluss durch die Besetzung der Geschäftsführung mit Familienmitgliedern. Beispielsweise liegt bei Merck und der Mechanik GmbH & Co. KG nur ein indirekter Einfluss vor. Die Untersuchung zeigt jedoch, dass dies keinen Unterschied bezüglich der Haltung zur Internationalisierung macht. Auch hat es keine Auswirkung auf den Einfluss der im nächsten Kapitel zu diskutierenden Familienunternehmenseigenschaften, da der gegenseitige Prägungsprozess beider Systeme bei den untersuchten Unternehmen bereits seit Jahren vonstatten geht.

Die Fallstudien zeigen die überragend bejahende und offene Haltung der Familien und vor allem der Gesellschafter bezüglich der Internationalisierung. Ihre positiven Aspekte sowie die Erforderlichkeit wurden allermeist erkannt. So sagte Herr Kostal Folgendes:

> „Ich glaube .., dass die Notwendigkeit zur Internationalisierung absolut erkannt und akzeptiert worden ist. Wir gehen mit unseren Gesellschaftern auch absichtlich in die Auslandsstandorte, damit die die Auslandsstandorte auch kennen und sehen. Ich glaube nicht, dass es eine emotionale Unterscheidung .. zwischen Kostal in Deutschland und Kostal in der Welt [gibt], ich glaube, dass das schon als eine Einheit gesehen wird.“[574]

Das Beispiel der Eigentümerfamilie der Durchflussmesstechnik GmbH & Co. KG zeigt, dass diese Offenheit noch verstärkt wird, wenn die Familie selbst einen internationalen Hintergrund hat, der rückkoppelnd wieder das Unternehmen prägt. So sagte der geschäftsführende Gesellschafter: „Wir sind selber schon sehr international. Meine Mutter ist Französin, dann habe ich eine japanische Frau, mein Bruder hat eine schwedische Frau, meine Schwester ist in Frankreich verheiratet und eine musste ja ausbüxen, die ist mit einem Deutschen verheiratet.“[575] Die von den Interviewpartnern angegebenen Einschränkungen bezüglich der eben beschriebenen positiven Haltung bestätigen einmal mehr den Einfluss der familienunternehmenstypischen Eigenschaften. So ist es meist nicht erwünscht, umfangreiche und riskante Investitionen zu tätigen, was auf eine tendenzielle Risikoabneigung, langfristiges Denken und den Wunsch zur Kontrollerhaltung, hinweist. Für das Unternehmen Mey ist es überdies wichtig, nur in politisch und menschenrechtlich stabile Länder zu gehen. Dies zeugt von sozialer Verantwortung.

Hypothese 11: Internationalisierung wird von den Eigentümerfamilien deutscher Familienunternehmen als Chance erkannt. Ihre Unterstützung wirkt sich positiv auf das Vorankommen des internationalen Engagements aus.

[574] [Kostal (14.07.2010), Fallstudie Ludwig Kostal GmbH & Co. KG, Abschnitt 4]

[575] [Geschäftsführender Gesellschafter (15.07.2010), Fallstudie Durchflussmesstechnik GmbH & Co. KG, Abschnitt 4]

5.3.2 Auswirkung der Familienunternehmenseigenschaften auf die Internationalisierung

Teil des Forschungsziels dieser Arbeit ist, der Frage nachzugehen, ob die Familienunternehmenseigenschaften, die sich aus der spannungsgeladenen Unterschiedlichkeit der drei Teile Familie, Unternehmen und Eigentum ergeben, sich auf die Internationalisierung auswirken.

Abbildung 5.3: Eigenschaften von Familienunternehmen

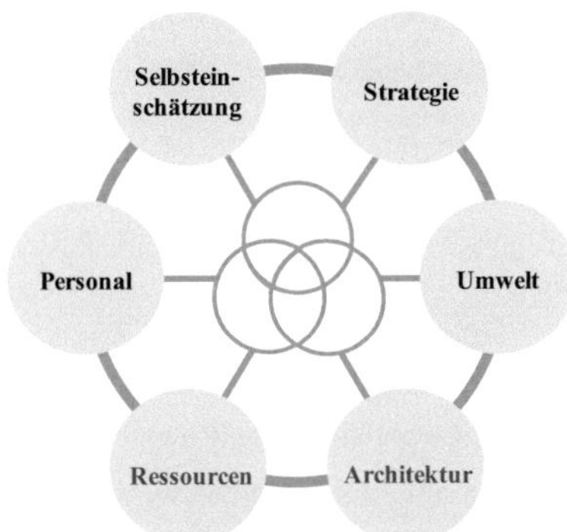

Quelle: Eigene Darstellung in Anlehnung an Wimmer, Domayer et al. (2005), S. 93-188

Nach den Ergebnissen der Fallstudien ist dies zu bejahen, da bei jedem der untersuchten Unternehmen ein klarer Einfluss erkennbar ist, der anhand von Abbildung 5.3 aufgezeigt wird. Viele dieser Eigenschaften sind januskköpfig und verlangen von Organisation und Familie, sich mit ihnen auseinander zu setzen, denn sie sind wie ein Pendel, dass sowohl in die positive wie auch in die negative Richtung ausschlagen kann.[576]

1. Strategie

Hier zeigt sich die typische Eigenschaft, dass Familienunternehmen häufig keiner *Strategie*, sondern mehr dem Bauchgefühl der für das Unternehmen und häufig auch für die Famillie prägenden Führungsperson folgen. Dies ist beispielsweise bei Dr. Hartmann sowie in der Vergangenheit bei der Gewürz GmbH & Co. KG der Fall. Je-

[576] Vgl. [Wimmer, Domayer et al. (2005), S. 95]

doch räumten auch die Gesprächspartner von Kostal und der Durchflussmesstechnik GmbH & Co. KG ein, dass strategische Ziele bei Markteintritt oder der Eröffnung einer neuen Auslandsgesellschaft oftmals im Vorhinein nicht klar überdacht und festgelegt wurden. Ein solches, wenig zielgerichtetes Vorgehen ist anfälliger für Rückschläge.[577] Familienunternehmen müssen sich daher vorher klar über ihre strategische Ausrichtung sein und diese immer wieder aufs Neue mit den Umweltfaktoren abgleichen. Auch das familienunternehmenstypische *langfristige Denken* zum Erhalt der Überlebensfähigkeit der Organisation und damit zum Schutz von Familie und Eigentum wirkt sich auf die Internationalisierung aus. Hierdurch sollen der Wohlstand der Familie, die unternehmerische Selbstständigkeit wie auch die Arbeitsplätze, gesichert werden. Herr Baumhauer von Merck beschreibt diese generationsübergreifende Ausrichtung folgendermaßen:

> „Die Gesellschafter .. sehen ihre Rolle eher als Treuhänder eines Vermögens, das sie ererbt haben und weitergeben wollen an die nächste Generation … Der Familie kommt es nicht darauf an, jedes Jahr den maximalen Profit rauszuholen … [die Mitglieder] wollen aber, dass das Unternehmen [langfristig] erhalten bleibt."[578]

Diese auf langes Überleben ausgerichtete Denkweise beinhaltet jedoch nicht nur den Aspekt der Wohlstandssicherung, sondern bringt ebenso den positiven Gesichtspunkt von *Durchhaltevermögen* mit sich. So sagte Herr Kostal: „Wenn wir davon überzeugt sind, dass es richtig ist, in diesem Markt .. aktiv zu sein, dann haben wir auch einen relativ langen Atem." Dies, verknüpft mit der Tatsache, dass nicht innerhalb kürzester Zeit Gewinne erreicht werden müssen, führt zu einer nachhaltigeren Internationalisierung. Zu demselben Ergebnis kommen auch mehrere frühere Untersuchungen.[579] Langfristige Wohlstandssicherung und die gewünschte Kontrollerhaltung in Familienhand wirken sich negativ auf die *Risikobereitschaft* aus. Dies hat sich auch bei den meisten der befragten Unternehmen bestätigt. Die daraus resultierende tendenzielle Verlangsamung der Internationalisierung kann von Familie und Unternehmensführung nur überwunden werden, indem mehr Sicherheit im Umgang mit Risikosituationen und Ungewissheit erlernt wird.[580]

---

[577] Vgl. [Graves & Thomas (2006), S. 220]
[578] [Baumhauer (07.06.2010), Fallstudie Merck KGaA, Abschnitt 4]
[579] Vgl. [Gallo & Pont (1996), S. 55]; vgl. [Gallo & Sveen (1991), S. 184]
[580] Vgl. [Wimmer, Domayer et al. (2005), S. 104]

2. Umwelt

Eine enge Zusammenarbeit mit den *Kunden*, resultierend aus dem Ziel, ihre Bedürfnisse im Kern zu verstehen und zu bewältigen[581], wirkte sich positiv auf die Internationalisierung aus. Entweder können durch sie Kontakte ins Ausland hergestellt werden, wie bei der Durchflussmesstechnik GmbH & Co. KG oder es wird ihnen, wie das Beispiel Kostal zeigt, ins Ausland gefolgt. Die Bedeutung von *Netzwerken*, sprich Kontakte und Zusammenarbeit mit anderen Unternehmen oder Personen, wurde bereits diskutiert. Die Schwierigkeit, ein solches Kontaktpotenzial aufzubauen wird auch von Wimmer, Domayer et al. (2005) betont, denn sie schreiben:

> „Dass ein Unternehmen über ausreichende Sensoren für relevante Entwicklungen in der eigenen Umwelt verfügt sowie über geeignete Kommunikationsformen, um sich überhaupt in einer gelingenden Weise mit den diversen Austausch- und Kooperationspartnern in Beziehung setzen zu können, ist .. eine ständig von neuem zu erbringende Leistung. Wenn Unternehmen auf ein qualitativ hoch stehendes Kontaktpotenzial und ein gut funktionierendes Beziehungsnetz gegenüber ihren relevanten Umwelten zurückgreifen können, dann ist das kein selbstverständlicher Zustand, den man normalerweise erwarten kann.“[582]

Dies gelingt den meisten der untersuchten Firmen in mehr oder minder starkem Umfang. Da sich solche Kontakte positiv auf die Internationalisierung auswirken, was mehrere Studien belegen[583], sollten Familienunternehmen diese noch intensivieren. Überdies zeigen die Beispiele einiger Fallstudienunternehmen, dass Familienunternehmen noch daran arbeiten sollten, ihr Misstrauen Kooperationen gegenüber und der damit einhergehenden Abhängigkeit abzubauen.[584]

3. Architektur

Einige der befragten Unternehmen, speziell die kleineren, zeichnen sich durch eine *flache Hierarchie* aus, die schnelle Entscheidungswege begünstigt. Speziell, wenn die Entscheidungsträger von der Internationalisierung überzeugt sind, hat dies positive Auswirkung.[585] Bei den meisten der befragten Unternehmen waren sich die Interviewpartner der Wichtigkeit von fortlaufendem *Wandel* bewusst, um die Orga-

---

581 Vgl. [ebd., S. 131]
582 [ebd., S. 128]
583 Vgl. [Klein (2008), S. 13]; vgl. [Davis & Harveston (2000), S. 116]; vgl. [Gallo & Pont (1996), S. 51, 55]; vgl. [Gallo & Sveen (1991), S. 185, 187 f.]
584 Vgl. [Wimmer, Domayer et al. (2005), S. 33]
585 Vgl. [Klein (2008), S. 14]; vgl. [Cappuyns (2006), S. 457]

nisation immer wieder aufs Neue an die sich verändernden Umweltfaktoren anzupassen. Jedoch sind nicht alle Unternehmen und Gesellschafter offen gegenüber Veränderungen, wie beispielsweise die der Mechanik GmbH & Co. KG. Da internationaler Erfolg jedoch Veränderungen erfordert, ist Offenheit hierfür ein wichtiger Aspekt. Familienunternehmen müssen also ihre natürlich gegebene Präferenz für Bekanntes und Überschaubares ablegen.[586] Sie müssen lernen, sich den notwendigen Veränderungen zu stellen und gleichzeitig ihren Wurzeln treu zu bleiben. Alle Gesprächspartner beschrieben die *Kommunikation* im Unternehmen als informell, direkt und persönlich, was eine weitere typische Eigenschaft von Familienunternehmen ist. So bereist beispielsweise Herr Mey die ausländischen Produktionsstätten persönlich, um mit den Mitarbeitern von Angesicht zu Angesicht sprechen zu können. Diese Art der direkten Kommunikation kann zu einem hohen Grad an Mitarbeiterbindung und Loyalität führen. Es wird jedoch in der Literatur die These aufgestellt, dass diese Kommunikationsform im internationalen Kontext nicht mehr umsetzbar ist, da die Distanzen zu groß werden.[587] Daher müssen Familienunternehmen offen für neue, z.B. technologisch unterstützte Kommunikationswege, sein.

4. Ressourcen

Die familienunternehmenstypische *Sparsamkeit* bezüglich *finanzieller Ressourcen* äußert sich bei allen befragten Unternehmen. Auch weisen sie meist eine hohe Eigenkapitalquote, beispielsweise bei der Durchflussmesstechnik GmbH & Co. KG in Höhe von 42%, auf. Des Weiteren verfolgen alle Unternehmen eine konservative Finanzpolitik. Ebenso wird die Aufnahme von Fremdkapital wenn möglich vermieden und die internationale Expansion durch den operativen Ertrag finanziert. Dieses typische Verhalten hat den Vorteil, dass die Kontrolle über die Expansionsentwicklung bei Familie und Unternehmen verbleibt und externe Geldgeber bei Entscheidungen nicht berücksichtigt werden müssen.[588] Gleichzeitig wird das Unternehmen wenig Risiko ausgesetzt, da Kapitalbildung die Möglichkeit eröffnet, die Ungewissheit der Zukunft in überschaubare Risiken umzumünzen.[589] Nachteilig ist jedoch die damit oftmals einhergehende Kapitalknappheit der Organisation, da diese die Internationa-

586 Vgl. [Wimmer, Domayer et al. (2005), S. 33]
587 Vgl. [Gallo & Pont (1996), S. 55]; vgl. [Gallo & Sveen (1991), S. 185 f.]
588 Vgl. [Gallo & Pont (1996), S. 48]; vgl. [Gallo & Sveen (1991), S. 184-186]
589 Vgl. [Wimmer, Domayer et al. (2005), S. 156]

lisierung erschwert und verlangsamt.[590] Dies bestätigt auch Herr Sanders von Kostal mit seiner Aussage: „Wir müssen uns dann teilweise im [internationalen] Wachstum begrenzen, dass wir das eigene Wachstum finanzieren können."[591] Familienunternehmen müssen trotz aller sinnhaftigen Sparsamkeit darauf achten, die internationale Expansion nicht zu sehr einzuschränken. Die typische *Sparsamkeit* von Familienunternehmen äußerte sich bei mehreren Fallstudienunternehmen auch im Hinblick auf *personelle Ressourcen*, was bisher in der Literatur unbeachtet geblieben ist. Hierdurch sollen bei den Unternehmen Mey und Hartmann sowie der Gewürz und Reinigungschemie GmbH & Co. KG zum einen hohe Fixkosten vermieden und zum anderen die Mitarbeiter zur Effizienz angehalten werden. Führt dies jedoch dazu, dass Geschäftsführung und Mitarbeiter kaum Zeit haben, die Internationalisierung voranzutreiben und sich strategischen Aspekten zu widmen, so wirkt sich dieses Merkmal negativ auf das internationale Vorankommen aus.

5. Personal

Die Mehrheit der untersuchten Firmen weist den typischen *patriarchischen Führungsstil* auch im internationalen Kontext auf, wobei das Leitbild des Familienvaters auf die wirtschaftliche Realität jenseits der Landesgrenzen übertragen wird. So sagte Herr Sanders Folgendes:

> „Das ist immer noch ein Familienunternehmen, trotz 11.000 Leute. Das heißt ein Führungsstil getrieben von Herrn [Helmut] Kostal selbst und jetzt seinem Sohn Andreas Kostal. Ein sehr persönlicher Stil. Das findet man auch dann in den lokalen Unternehmen, dass man einen ähnlichen Stil hat."[592]

Überdies weisen alle befragten Unternehmen eine durch die Familie geprägte Unternehmenskultur mit der Eigentümerfamilie als identitätsstiftendem Faktor auf. So äußerte sich Herr Baumhauer folgendermaßen:

> „Die Firmenmitglieder fühlen sich weltweit in einer Art Familienverbund. Das ist also mehr als einfach nur irgendwo angestellt zu sein. Ich glaube, dass die Familie Merck auch so eine Art Klammer bildet. Wir geben uns auch Mühe, die internationalen Niederlassungen zu besuchen, denen das Gefühl zu geben, dass man sich auch interessiert für ihre Arbeit, sie auch anerkennt und

590 Vgl. [Graves & Thomas (2008), S. 161 f., 164]
591 [Sanders (14.07.2010), Fallstudie Ludwig Kostal GmbH & Co. KG, Abschnitt 4]
592 [ebd.]

> schätzt. Es ist so ein gewisser patriarchalischer, aber nicht diktatorischer Stil da, der das Unternehmen [und seine Kultur] prägt."[593]

So werden beispielsweise typisch deutsche Familienfeste wie Nikolaus-, Weihnachts- oder Jubilarsfeiern auch international bei den Unternehmen gefeiert. Bei Mey bekommt sogar jeder Mitarbeiter ein Geschenk zu Weihnachten. Überdies wird meist darauf Wert gelegt, dass man sich im In- und Ausland untereinander kennt und eine Gemeinschaft bildet. Diese familiär geprägte Unternehmenskultur kann sich international positiv auswirken, da sie meist auch von Mitarbeitern im Ausland geschätzt wird und diese stärker an das Unternehmen bindet. Des Weiteren hilft sie beispielsweise bei JVs mit anderen Familienunternehmen.[594] Ein weiterer typischer Aspekt, der bei den Fallstudien deutlich hervortritt, ist die von den meisten befragten Unternehmen verspürte *Verantwortung* ihren *Mitarbeitern* gegenüber. Mey und Merck führten beispielsweise früh Sozialleistungen ein, die auch im Ausland gelten. Auch wird nicht nur der Arbeitnehmer, sondern der Mensch an sich gesehen, wie Herr F. Wolf von Hartmann es ausdrückte.

> „Wir tragen Verantwortung für unsere Mitarbeiter und die Familie. … [Ein Mitarbeiter] ist nicht nur eine Zahl oder Umsatzbringer, sondern es geht uns auch um den Menschen an sich. Der Gewinnbringer für das Unternehmen ist letztendlich der einzelne Mensch …, weshalb man auf die Menschen eingehen muss und offen für ihre Probleme sein."[595]

Diese Verantwortung den Mitarbeitern und damit auch ihren Familien gegenüber äußert sich auch darin, dass Führungskräfte und Eigentümer bestrebt sind, Personal im In- und Ausland auch in schweren Zeiten nicht entlassen zu müssen. So sagte die Gesellschafterin der Mechanik GmbH & Co. KG „das ist Firmen- und Familienphilosophie. Man will die Arbeitsplätze .. erhalten und das steht auf Nummer eins."[596] Wie bereits in den vorherigen Kapiteln herausgestellt, spielt *Vertrauen* eine wichtige Rolle. Nach Angaben einiger Gesprächspartner sind die Mitarbeiter durch die gegenseitige Verlässlichkeit sehr loyal zum Unternehmen. Dies ist gerade im internationalen Kontext, wo es etwa durch Distanz und Kulturunterschiede zu Problemen kommen kann, ein positiver Aspekt, denn was nach Wimmer, Domayer et al. (2005) Familienunternehmen maßgeblich voranbringt „sind eine hohe persönliche Loyalität zum Unternehmen und die Bereit-

593 [Baumhauer (07.06.2010), Fallstudie Merck KGaA, Abschnitt 4]

594 Vgl. [Klein (2008), S. 13]; vgl. [Davis & Harveston (2000), S. 116]; vgl. [Gallo & Pont (1996), S. 51, 55]; vgl. [Gallo & Sveen (1991), S. 185, 187 f.]

595 [F. Wolf (09.05.2010), Fallstudie Dr. O. Hartmann, Abschnitt 4]

596 [Gesellschafterin und Sachbearbeiterin Einkauf (19.05.2010), Fallstudie Mechanik GmbH & Co. KG, Abschnitt 4]

schaft, sich überdurchschnittlich einzusetzen und da zu sein, wenn man gebraucht wird."[597]

6. *Selbsteinschätzung*

Im Bereich der Selbsteinschätzung fällt die häufig hohe Bedeutung von *weichen Faktoren* auf. Nach Herrn Baumhauer ist es nicht im Sinne der Familie, das Unternehmen auf maximale Gewinnerzielung auszurichten, da Faktoren wie Mitarbeiterzufriedenheit, Sozialleistungen und Produktqualität von der Familie als sehr wichtig angesehen werden. Auch bei Mey sowie der Mechanik und Reinigungschemie GmbH & Co. KG kann dies beobachtet werden. Der hohe Stellenwert weicher Faktoren beinhaltet jedoch auch, dass schnelles Wachstum und Expansion keine Priorität haben. Im Gegenteil wird hiervor zurückgescheut.[598] Dies führt zwar tendenziell zu einer langsameren, jedoch gleichzeitig auch nachhaltigeren Internationalisierung, die auf einer realitätsgerechten Selbstbeschreibung aufbaut.

Die oben präsentierten Ergebnisse bezüglich Auswirkung der familienunternehmenstypischen Eigenschaften auf die Internationalisierung führen zu folgender Hypothese:

Hypothese 12: Familienunternehmen werden in ihrer internationalen Strategie stark von den aus der Kopplung und Koevolution der Teile Familie, Unternehmen und Eigentum hervorgehenden Eigenschaften beeinflusst.

Außer den befragten Personen der Gewürz GmbH & Co. KG bejahten alle Interviewpartner die aktive Übertragung der jeweiligen als positiv empfundenen Unternehmenseigenschaften auf die Auslandseinheiten, da dafür Familie und Unternehmen stehen. So soll, wie von den Eltern an die Kinder, das eigene Leitbild und die Herangehensweise weitergegeben werden. Herr Kostal merkte jedoch an, dass eine solche Weitergabe von Merkmalen und Werten Zeit benötigt und nur durch Vorleben sowie gemeinsame Erfahrungen und Erfolge der Organisationsmitglieder gelingen kann.

597 [Wimmer, Domayer et al. (2005), S. 179]
598 Vgl. [ebd., S. 160]

5.3.3 Rückkoppelnder Einfluss der Internationalisierung

Außer bei der am wenigsten international aufgestellten Reinigungschemie GmbH & Co. KG zeigt sich bei allen Unternehmen ein rückkoppelnder Einfluss der Internationalisierung. Dieser wird von den Gesprächspartnern auch als sehr positiv empfunden. So drückt dies der Geschäftsführer der Mechanik GmbH & Co. KG folgendermaßen aus: „Die Internationalisierung und die Anforderungen, die aus der Internationalisierung kommen, haben auch das Unternehmen zu einem internationalen Unternehmen gemacht. … Alles, was Internationalität bedeutet, bedeutet auch Horizonterweiterung.“[599] Dieser rückkoppelnde Einfluss wird meist als Lernprozess beschrieben, der mit der Zeit zu mehr Offenheit und Verständnis für Andersartigkeit sowie zur Anpassung an die internationalen Anforderungen führt. Hierfür müssen auch interne Barrieren überwunden werden, wie das Beispiel von Dr. Hartmann zeigt. So sagte Frau Auer: „Als es hieß, es kommt ein Franzose dazu, wir müssen vieles ändern, war das für viele hier erst mal abschreckend … Das war schon ein Lernprozess, der retour zu mehr Offenheit in der Organisation geführt hat.“[600] Die oftmals ablehnende Haltung von Mitarbeitern gegenüber ausländischen Einflüssen ist selbst noch bei dem sehr internationalen Unternehmen Merck festzustellen. Diese zu überwinden, was nur durch Zeit, Kommunikation und gemeinsame positive Erfahrung gelingen kann, stellt eine Herausforderung für die gesamte Organisation und nicht zuletzt die Führungskräfte dar. Hervorzuheben ist, dass Merck durch die Merck University aktiv daran arbeitet, diese Einflüsse noch zu verstärken. Ebenso gibt es bei der Durchflussmesstechnik GmbH & Co. KG ein, von der Familie ins Leben gerufenes, internationales Austauschprogramm für die Kinder der Angestellten. Hier zeigt sich, wie in Familienunternehmen auch die Familien der Mitarbeiter eingebunden werden, da viel Wert auf Gemeinschaftlichkeit gelegt wird.

Hypothese 13: Die Internationalisierung hat einen positiven, rückkoppelnden Effekt auf deutsche Familienunternehmen. Dieser führt zur zunehmenden Öffnung gegenüber Einflüssen von außen wodurch sie sich über die Zeit zu international denkenden und handelnden Unternehmen entwickeln.

[599] [Geschäftsführer (19.05.2010), Fallstudie Mechanik GmbH & Co. KG, Abschnitt 4]
[600] [Auer (09.05.2010), Fallstudie Dr. O. Hartmann, Abschnitt 4]

Es muss an dieser Stelle eingeräumt werden, dass die befragten Personen keine Angaben dazu machen konnten, wie sich spezielle Unternehmenseigenschaften durch die Internationalisierung verändert haben. Es scheint sich also mehr um eine generelle Rückwirkung auf die Identität der Organisation und einer damit einhergehenden Öffnung zu handeln.

5.4 Theorie zur Internationalisierung deutscher Familienunternehmen

Aus der oben präsentierten Analyse der Fallstudien und den sich hieraus ergebenden Hypothesen wird im Folgenden eine grundlegende Theorie zur Internationalisierung von deutschen Familienunternehmen abgeleitet. Hierfür wird zu Beginn auf den Einfluss der Familienunternehmenseigenschaften sowie auf die Bedeutung von organisationalem Lernen und Erfahrung eingegangen, da diese Aspekte die folgenden Bereiche beeinflussen. So werden im Weiteren der typische Internationalisierungsprozess sowie die von deutschen Familienunternehmen verwendeten Markteintrittsstrategien aufgezeigt. Zuletzt wird die internationale Organisationsaufstellung erläutert.

5.4.1 Der Einfluss von Familienunternehmenseigenschaften auf die Internationalisierung

Geht es um die Frage nach der Internationalisierung von deutschen Familienunternehmen, so ist von äußerster Wichtigkeit zu bedenken, dass diese Art von Organisation sich durch für sie charakteristische Eigenschaften von Nicht-Familienunternehmen unterscheidet, da sie aus Unternehmen, Eigentum und Familie eine unverwechselbare und gleichzeitig identitätsstiftende Einheit bilden.[601] Einige der sich hieraus entwickelnden typischen Eigenschaften haben starken Einfluss auf die unterschiedlichen Aspekte des internationalen Engagements und sind daher besonders zu berücksichtigen:

1. Strategie

Wichtig bei der Internationalisierung ist es, einer *Strategie* zu folgen. Bei Familienunternehmen wird der Strategiefindung jedoch meist nur wenig Zeit gewidmet und eher dem Bauchgefühl des Patriarchen gefolgt. *Langfristiges Denken* mit dem Ziel der Wohlstandssicherung der Familie sowie dem Erhalt der Arbeitsplätze führt häu-

[601] Vgl. [Wimmer, Domayer et al. (2005), S. 322]

fig, verstärkt noch durch die Angst vor Kontrollverlust, zu einem langsameren und risikoscheuen internationalen Vorgehen. Die charakteristische Eigenschaft, nicht auf schnellen, sondern *langfristigen Erfolg* ausgerichtet zu sein, führt im internationalen Kontext zu mehr Durchhaltevermögen und einer nachhaltigeren Internationalisierung.

2. *Umwelt*

   Die enge Zusammenarbeit mit den *Kunden* hilft Familienunternehmen bei der Internationalisierung. Hierdurch kann noch fehlendes Wissen über Länder und deren Märkte in Erfahrung gebracht und potenzielle Kontakte ins Ausland geknüpft werden. Das Gleiche gilt für das *erweiterte Netzwerk.*

3. *Architektur*

   Häufig zeichnen sich Familienunternehmen durch eine *flache Hierarchie* aus, die *schnelle Entscheidungswege* begünstigt. Dies wirkt sich, sind die Entscheidungsträger von den internationalen Ambitionen überzeugt, positiv aus. Die oftmals ablehnende Haltung *Veränderungen* gegenüber erschwert die Internationalisierung, da Wandel hierfür unerlässlich ist. Persönliche und *direkte Kommunikation* führt, auch bei den Mitarbeitern der Auslandsdependancen, zu starker Unternehmensloyalität. Jedoch ist zu beachten, dass diese Art der Kommunikation mit zunehmender Distanz schwer aufrechtzuerhalten ist.

4. *Ressourcen*

   Die familienunternehmenstypische *Sparsamkeit* mit *finanziellen Ressourcen*, die Abneigung gegenüber Fremdkapital und das Bestreben, das internationale Vorankommen aus dem operativen Gewinn zu finanzieren, verlangsamt dieses. Den gleichen Effekt hat eine starke Beschränkung an *personellen Ressourcen*, da der Geschäftsführung sowie den Mitarbeitern nur wenig Zeit für das Erarbeiten einer Strategie sowie für generelle internationale Belange bleibt.

5. *Personal*

   Der häufig *patriarchalische Führungsstil* macht sich auch in den Auslandsniederlassungen bemerkbar, da diese meist wie das Stammhaus geführt werden. Auch die *fa-*

miliär geprägte Unternehmenskultur wird übertragen. Diese kann z.B. zu einer gesteigerten Mitarbeiterloyalität führen. Die empfundene *Verantwortung* den *Mitarbeitern* gegenüber beschränkt sich durchaus nicht auf die inländischen Arbeitnehmer, führt aber dazu, dass deren Arbeitsplätze nur selten ins Ausland verlagert werden.

6. *Selbsteinschätzung*

Weiche Faktoren nehmen in Familienunternehmen einen hohen Stellenwert ein. In Folge bedeutet dies, dass die Unternehmen nicht auf maximale Gewinnerzielung ausgerichtet sind, was zwar zu mehr Durchhaltevermögen, aber auch zu einer zurückhaltenderen Internationalisierung führt.

Die eben beschriebenen Merkmale sind natürlich nicht in jedem Unternehmen im gleichen Maß anzutreffen, da die individuelle Koevolution der drei Teile zu anderen Ausprägungen führt. Auch ihre Handhabung, was einen eher positiven oder negativen Einfluss determiniert, hängt vom Unternehmen und der jeweiligen Situation ab, da die Eigenschaften wie ein Pendel in die positive oder negative Richtung ausschlagen können.[602] Es zeigt sich aber, dass deutsche Familienunternehmen aktiv daran arbeiten, die als positiv empfundenen Aspekte auf ihre Auslandseinheiten auszuweiten, weil es sie sind, für die die Familie steht. Aber nicht nur die Unternehmenseigenschaften haben Auswirkung auf die Internationalisierung, sondern diese auch wieder rückwirkend auf die Struktur und die Identität der heimischen Organisation. Dieser rückkoppelnde Effekt wirkt sich positiv auf deutsche Familienunternehmen aus. Er führt zu mehr Offenheit, Verständnis und Anpassung an das Ausland und seine Gegebenheiten. Er ist als Einfluss von außen auf das Unternehmen und damit einhergehend auch auf das Eigentum und nicht zuletzt die Familie zu sehen. Die drei Teilbereiche werden somit mit neuen Umwelteinflüssen konfrontiert, was Entwicklung anstößt. Gerade für Familienunternehmen, die Externes meist ablehnen und an Altem festhalten, ist dies befruchtend.

5.4.2 Bedeutung von Erfahrung und organisationalem Lernen

Das Sammeln von Erfahrung im Ausland spielt eine äußerst wichtige Rolle bei der Internationalisierung von deutschen Familienunternehmen. Ohne dass neue Erfahrungen

---

[602] Vgl. [ebd., S. 95]

gemacht werden, kann es nicht zu einem inkrementellen Lernprozess der Organisation und ihrer Akteure kommen. Hierfür müssen Familienunternehmen jedoch ihre Scheu vor Veränderung ablegen. Verläuft dieser Prozess erfolgreich, führt er zu mehr Selbstvertrauen, wodurch die Bereitschaft für neue Markteintritte sowie für weiterführendes Engagement in bereits bearbeiteten Märkten steigt. Jedoch dürfen nicht nur die Führungsspitze oder einzelne Personen zum Lernen angeregt werden, denn das so erlangte Wissen muss in die gesamte Organisation diffundieren. Wird es im ‘Elfenbeinturm‘ gehalten, werden an der ‘Front‘ immer wieder die gleichen Fehler gemacht. Dieser zirkuläre Lernprozess verringert letztendlich das empfundene Risiko, was das internationale Engagement verstärkt. Auch nimmt die empfundene psychische Distanz ab. Im Verlauf der Internationalisierung müssen Unternehmen darauf gefasst sein, Hürden zu überwinden, aus Rückschlägen zu lernen und die begangenen Fehler im Folgenden nicht zu wiederholen. Jedoch sollten Rückschläge nicht als Niederlage, sondern als Chance verstanden werden, da durch sie viel über das Land und seinen Markt erfahren und letztendlich gelernt werden kann.

Da der Eintritt in neue Märkte ein Unternehmen immer wieder mit der Endlichkeit des eigenen Wissens konfrontiert, sind Akzeptanz und Umgang mit Nichtwissen äußerst wichtig. Hierbei sollte versucht werden, vorab so viel wie möglich über das Zielland und seinen Markt in Erfahrung zu bringen. Es muss aber auch das Bewusstsein dafür geschaffen werden, dass trotz aller Vorabrecherche Unvorhergesehenes unumgänglich ist und hierauf offen und flexibel reagiert werden muss. Letztendlich handelt es sich um einen Lernprozess, bei dem Nichtwissen schrittweise in Wissen umgewandelt wird.

5.4.3 Internationalisierungsprozess und Markteintrittsstrategien

Es gibt drei Hauptaspekte, auf Grund deren Familienunternehmen die deutschen Grenzen überschreiten. Hierzu zählen das ausländische Marktpotenzial, die Steigerung der Unabhängigkeit vom deutschen Markt sowie ein empfundener Zwang.

Internationalisierung stellt bei deutschen Familienunternehmen, beeinflusst durch ihre identitätsstiftenden Eigenschaften, einen langsamen, vorsichtigen und schrittweise verlaufenden Prozess dar, bei dem in ein Land nach dem anderen vorgedrungen wird. Psychische Distanz sowie Erfahrung und organisationales Lernen spielen hierbei eine wichtige Rolle. Die empfundene psychische Distanz zu einem anderen Land wird durch Faktoren wie unterschiedliche Kultur, Sprache, Rechts- und Wirtschaftssystem sowie geografische Entfernung verstärkt. Bei diesem Prozess wird zu Beginn in Länder mit niedriger psychischer Distanz, wie etwa Österreich, Schweiz oder Frankreich vorgedrungen. In dieser Phase sammeln die Unternehmen ihre ersten Erfahrungen mit dem Ausland und lernen aus diesen sowie aus überwundenen Rückschlägen. Verläuft dieser Lernprozess positiv, gewinnen sie an Selbstvertrauen, was das empfundene Risiko sowie die psychische Distanz verringert. Dies führt zur Ausweitung der Geschäftstätigkeiten auf weitere west- und zentraleuropäische Länder. In der nächsten Phase dringen deutsche Familienunternehmen nach Übersee vor. Auf Grund des großen Marktpotenzials folgen hierauf die asiatischen Länder. Zuletzt werden auch Länder Osteuropas, gefolgt von Südamerika, Indien und dem Mittleren Osten in den Fokus genommen. Begünstigend auf den oben beschriebenen Internationalisierungsprozess wirkt sich ein Wettbewerbsvorteil den ausländischen Konkurrenten gegenüber aus. Dieser hilft den Unternehmen, sich den Konkurrenten gegenüber zu behaupten, gerade wenn diese bereits mehr Markterfahrung haben. Auch die nationale und internationale Interaktion mit Netzwerkpartnern erleichtern den aufgezeigten Prozess.

Die von deutschen Familienunternehmen gewählten *Markteintrittsstrategien* zeigen, dass auch hier ein inkrementeller Lernprozess stattfindet, der speziell zu Beginn von Risikoscheue geprägt ist. Organisationales Lernen und Erfahrung spielen wiederum eine wichtige Rolle. Es kommt zu einem sich selbst verstärkenden Prozess, wobei höhere Markteintritts- und Bearbeitungsformen zu mehr Marktinformationen führen und damit das Sammeln von Erfahrungen erleichtern. Hierdurch ist das Unternehmen wiederum gewillter, zu ressourcenintensiveren und riskanteren Marktbearbeitungsmethoden im bereits erschlossenen Land sowie Markteintrittsstrategien zur Erschließung neuer Märkte zu greifen. Deutsche Familienunternehmen beginnen normalerweise mit indirektem Export über Handelsvertreter. Hierauf folgt der Einstieg in den direkten Export, wofür entweder eigene Außendienstmitarbeiter angestellt oder eine Vertriebsfiliale eröffnet wird. Auf Export folgt die Tätigung von Direktinvestitionen in Form von 100-prozentigen Vertriebsgesellschaften. Im weiteren Verlauf werden oftmals JVs, bevorzugt mit anderen Familienunternehmen, eingegangen. Auch werden Produktionsgesellschaften eröffnet sowie Forschungs- und Entwicklungsstätten im Ausland gegründet, um vom lokalen Wissen zu profitieren.

5.4.4 Internationale Organisation

Bei der internationalen Organisationsaufstellung folgen deutsche Familienunternehmen meist einer geografischen Aufteilung. Hierbei wird eine zentrale Koordination und Führung der Auslandseinheiten präferiert, wobei die wichtigen Entscheidungen in der Zentrale getroffen und im Ausland umgesetzt werden. Überdies berichten die Manager der Dependancen direkt an den jeweils Zuständigen im Stammhaus. Trotz zentraler Führung wird den Auslandsniederlassungen Freiraum für notwendige Anpassungen an den lokalen Markt gelassen, speziell, wenn diese ihren Fokus auf Vertriebsaktivitäten haben. Die Zentrale ist mit den Auslandseinheiten in einem sternförmigen Schema vernetzt, wobei über sie die Hauptinformationsflüsse laufen. Die Länder, die innerhalb einer geografischen Region liegen, kooperieren häufig bezüglich Produktion, Vertrieb oder Projektabwicklung. Landesniederlassungen, die außerhalb eines solchen 'Sterns' liegen, stehen normalerweise nur in Kontakt miteinander, wenn es um die gegenseitige Belieferung von Produkten geht. Um jedoch den Austausch der Landesmanager auch über die Regionen hinaus zu fördern, werden bei deutschen Familienunternehmen internationale Konferenzen abgehalten.

Die den Auslandseinheiten zukommenden Aufgaben unterscheiden sich nach deren Fokus. Hauptsächlich kann hier zwischen Vertriebs-, Produktions- und F&E-Ausrichtung unterschieden werden. Ihre strategische Bedeutung ist meist vom Potenzial des lokalen Marktes abhängig. Bevorzugt werden bei Eröffnung eines neuen Standortes Expatriates als Auslandsmanger entsandt. Diese genießen das Vertrauen von Führungsriege und Familie und außerdem können sie die in der Zentrale bestehenden Strukturen sowie die Unternehmenskultur übertragen. Die letztendliche Entscheidungsgewalt sowie die Kontrolle des operativen Geschäftes liegen jedoch, korrespondierend mit der zentralen Kontrolle, bei den Führungskräften im Stammhaus.

5.5 Resümee Kapitel 5

Aus der Diskussion der sich aus der Analyse der empirischen Daten ergebenden Ergebnisse für die Internationalisierung von deutschen Familienunternehmen ließen sich 13 Hypothesen bezüglich deren Vorgehen und Verhalten ableiten. Deutlich wurde, dass die meisten der bestehenden Theorien zum Prozess sowie der Organisationsaufstellung eine unzulängliche Erklärungsgrundlage für deutsche Familienunternehmen bilden. Auf Grund dessen wurde aufbauend auf den Hypothesen eine eigenständige Theorie zur Internationalisierung von deutschen Familienunternehmen vorgestellt, die als einzige die spezifischen Eigenschaften dieses Organisationstyps, die aus der strukturellen Kopplung und Koevolution der Teile Familie, Unternehmen und Eigentum entspringen, berücksichtigt.

6 Thesenartige Zusammenfassung und Ausblick

6.1 Zusammenfassung der Ergebnisse

Die vorliegende Untersuchung ist die erste ihrer Art und leistet mit den 13 vorgestellten Hypothesen sowie der hervorgebrachten Internationalisierungstheorie für deutsche Familienunternehmen einen wichtigen Beitrag zur Familienunternehmensforschung. Forschungsziel war es, einen ersten Schritt in Richtung Schließung der Forschungslücke zwischen Familienunternehmen und Internationalisierungstheorien zu machen, was durch die empirische Untersuchung gelungen ist.

Was waren nun die zentralen Erkenntnise der von den Forschungsfragen geleiteten Untersuchung? Die wohl wichtigste ist, dass die häufig schwierige, aber dennoch eng gekoppelte Entwicklung der drei Teile von Familienunternehmen Strukturmerkmale hervorbringen, die sich meist januskŏpfig auf die Internationalisierung auswirken. Da die meisten der bekannten Internationalisierungstheorien diesen identitätsstiftenden Aspekt vernachlässigen, treffen sie nicht oder nur in geringem Umfang auf deutsche Familienunternehmen zu. Der Gang ins Ausland ist für deutsche Familienunternehmen ein schrittweise verlaufender Prozess, bei dem Erfahrung, organisationales Lernen und nicht zuletzt die psychische Distanz zum Zielland eine wichtige Rolle spielen. Mit diesen Faktoren muss sich die Organisation aktiv auseinandersetzen und bereit für den hierfür notwendigen Lernprozess sein. Ein bereits bestehender Wettbewerbsvorteil sowie ein gutes Netzwerk zu Geschäftspartnern sind hierbei hilfreich. Hat ein deutsches Familienunternehmen bereits eine gewisse internationale Präsenz erreicht, so wird meist eine geografische Organisationsarchitektur gewählt. Das Bestreben, die 'Zügel' nicht aus der Hand zu geben, führt zu einer zentralen Führung und Koordination der Auslandseinheiten. Kooperation zwischen diesen ist jedoch erwünscht und auch Freiräume für notwendige Marktanpassungen werden gegeben. Nicht zu vergessen ist der positive rückkoppelnde Einfluss der Internationalisierung auf die Unternehmen, wobei jedoch nie die eigenen Wurzeln aus den Augen verloren werden. Auch wurde die besondere Bedeutung eines offenen Umgangs mit Nichtwissen und das nötige Bewusstsein für die Begrenztheit der vorher erlangbaren Erkenntnisse deutlich.

6.2 Handlungsempfehlungen für deutsche Familienunternehmen

Egal, welche Auffassung von Globalisierung und ihren Folgen man vertritt, Fakt ist, dass die Welt vernetzter wird und sich hieraus große Chancen für Unternehmen ergeben. Auch ein gewisser Druck zu grenzüberschreitenden Engagements kann nicht länger von der Hand gewiesen werden. Aus diesem Grund sollten deutsche Familienunternehmen die Internationalisierung als eine viel versprechende Wachstumsstrategie ansehen, die zwar nicht leicht umzusetzten ist, viel Zeit und Mühe benötigt, jedoch auf Dauer meist zum Erfolg führt und das Unternehmen fit für die Zukunft macht.

Das Management sowie die Familie deutscher Familienunternehmen sollten bei der Internationalisierung die folgenden Handlungsempfehlungen beachten, die auf Grund der empirischen Untersuchung als wichtig für die Praxis angesehen werden:

- Es sollte sich offen mit den Eigenschaften des Unternehmens auseinandergesetzt und diese reflektieren werden. Hierin sollten möglichst viele Akteure aus Unternehmen und Familie miteinbezogen werden, um zusammen zu analysieren, welche typischen Eigenschaften das Unternehmen aufweist und ob sich diese positiv oder negativ auf die Internationalisierung auswirken. Im Weiteren sollten die positiven Merkmale verstärkt und an den negativen gearbeitet werden. Beispielhafte Fragestellungen könnten sein, ob das internationale Vorgehen sehr risikoscheu ist oder ob dieses einer durchdachten Strategie folgt.

- Bei der Internationalisierung sollte aktiv versucht werden Erfahrungen im Ausland zu sammeln. Hierdurch kann von der Unterschiedlichkeit der Kulturen und Wirtschaftssysteme profitiert werden. Hürden und Rückschläge sollten als Chancen verstanden werden. Erfahrungen sollten nicht nur hingenommen, sondern aktiv aus ihnen gelernt werden. Wichtig ist, dass das Erlernte nicht im 'Elfenbeinturm' gehalten wird, sondern in die Organisation diffundiert. Hierfür könnte das Erlernte beispielsweise niedergeschrieben und den anderen Organisationsmitgliedern zugänglich gemacht oder es könnten regelmäßige Schulungen abgehalten werden.

- Wichtig ist, auch offen für Neues zu sein, seien es kulturelle Aspekte, landesspezifische Kundenwünsche oder Abläufe. Eine solche Offenheit muss sich mit der Zeit im

Unternehmen verankern und eine eventuell existierende Scheu hiervor überwunden werden.

- Eine internationale Denkweise sollte früh im Unternehmen verankert werden. Hierfür müssen Prozesse und Abteilungen dahingehend ausgerichtet werden. Beispielsweise ist es ratsam bereits bei der Entwicklung eines neuen Produktes internationale Anforderungen zu berücksichtigen.

- Spezifisches Wissen sowie neue Trends kommen heute aus den verschiedensten Teilen der Welt. Hiervon sollte profitiert werden. Dies kann gelingen, indem beispielsweise F&E-Einheiten im Ausland etabliert und die Auslandseinheiten dazu ermutigt werden, auf Trends zu achten und diese weiterzugeben.

- Auslandseinheiten sollten nicht zu zentral geführt werden, da sie Freiraum für nötige lokale Anpassung benötigen. Dies kann rückkoppelnd nur zu neuen, befruchtenden Anregungen führen.

- Durch fortlaufende Innovation sollte ein Wettbewerbsvorteil, sprich ein Alleinstellungsmerkmal, anderen Unternehmen gegenüber aufgebaut werden.

- Vor Situationen von Nichtwissen darf nicht zurückgeschreckt werden, denn diese werden bei der Internationalisierung immer wieder auftauchen. Es sollte versucht werden Informationen von Netzwerkpartnern, öffentlichen Stellen, dem Internet oder durch Bereisen des jeweiligen Landes zu erhalten. Es ist jedoch bei aller Vorarbeit wichtig, sich dessen bewusst zu sein, dass Unvorhergesehenes auftreten wird und hierauf flexibel zu reagieren ist.

- Aktives Bemühen um die Unternehmensintegration in nationalen und internationalen Netzwerken ist von großer Wichtigkeit. Beispielsweise gibt es Veranstaltungen, bei denen die Teilnehmer eines Clusters zusammenkommen. Falls es einen zuständigen Cluster-Manager gibt, können von diesem Informationen eingeholt werden.

6.3 Limitation und Ausblick

Da es sich bei der vorliegenden Arbeit um eine induktive handelt, die ihre Schlüsse aus einer begrenzten Anzahl an Fallstudien zieht, kann naturgemäß nicht von statistischer Repräsentanz für alle deutschen Familienunternehmen ausgegangen werden. Es sind also weitere wissenschaftliche Untersuchungen nötig, um die hervorgebrachten Hypothesen durch großzahlige Stichproben zu überprüfen und dadurch die postulierte Theorie zu veri- oder falsifizieren. Überdies ist einzuräumen, dass Unterschiede, die sich zwischen deutschen Familienunternehmen auf Grund unterschiedlicher Branchen oder Regionen ergeben, weitestgehend vernachlässigt wurden. Auch in diesem Bereich sind weiterführende Untersuchungen vonnöten.

Die Überprüfung der Anwendbarkeit der hervorgebrachten Theorie auf andere Länder stellt ein für die Zukunft wünschenswertes Forschungsprojekt dar. Interessant wäre auch zu untersuchen, ob die Eigenschaften der dort ansässigen Familienunternehmen sich ähnlich stark oder eventuell sogar stärker auf die Internationalisierung auswirken und ob dies von bestimmten wirtschaftlichen oder kulturellen Faktoren beeinflusst wird. Auch tiefergehende Untersuchungen in ausgewählen Bereichen könnten interessante Ergebnisse hervorbringen und die vorliegende Theorie ergänzen. Vor allem der Umgang mit Nichtwissen, die vornehmlich aktive oder passive Übertragung der Unternehmensmerkmale auf die Auslandseinheiten sowie die genaue Auswirkung der rückkoppelnden Effekte aus der Internationalisierung auf die einzelnen Unternehmensmerkmale und deren dadurch eventuell bedingte Veränderung stellen interessante Fragestellungen dar.

Anhang I: Interviewleitfaden

Datum:

Unternehmen:

Interviewpartner:

Der Interviewleitfaden gliedert sich in die Themenbereiche A, B, C. Die unten stehenden Fragen dienen als Richtschnur und werden abhängig vom Verlauf des Gesprächs behandelt.

A. Internationalisierungsprozess

1. Ablauf des Internationalisierungsprozesses und aktueller Stand

- „Schildern Sie doch bitte den Ablauf der Internationalisierung Ihres Unternehmens über die Jahre."
- „Was ist der aktuelle Stand der Internationalisierung in Ihrem Unternehmen?"
- „Gibt es unternehmensinterne Faktoren, welche die Internationalisierung beeinflussen? Auf welche Unternehmensfähigkeiten, Stärken und Ressourcen können/konnten Sie hierbei aufbauen?"

2. Gründe für die Internationalisierung

- „Was waren die Gründe für die Internationalisierung? Gab es spezielle Anlässe oder war es ein strategisches Vorhaben?"
- „Unterscheiden sich diese von den heutigen Treibern?"
- „Sind Sie der Ansicht, dass sich Ihr Unternehmen im Ausland durchsetzen kann und falls ja, warum?"
- „Welche Personen waren an der Entscheidung für die Aufnahme der Internationalisierung beteiligt und warum?"
- „Haben sich diese Entscheidungsmuster im Laufe der Zeit geändert?"

3. *Verwendete Markteintrittsstrategien*

- „Welche Markteintrittsstrategien wurden verwendet?“
  (z.B. Export, Lizenzvergabe, Franchising, strategische Allianz, Joint Venture, Minderheitsbeteiligung, Tochtergesellschaft usw.)
- „Haben sich diese im Laufe der Zeit geändert?“
- „Würden Sie in der Zukunft andere verwenden und wenn ja, warum?“
- „Nimmt organisationales Lernen und gesammelte Erfahrung Einfluss auf die Wahl der Markteintrittsstrategien?“

4. *Hürden und Rückschläge*

- „Welche Hürden und Rückschläge gab es bei der Internationalisierung?“
- „Sind durch die Internationalisierung Schwächen des Unternehmens bemerkbar geworden? Wie konnten diese bewältigt werden?“
- „Wie wurde mit Hürden und Rückschlägen umgegangen? Wurde aus diesen gelernt und das Gelernte im Folgenden umgesetzt?“

5. *Bedeutung und Umgang mit organisationalem Lernen und Erfahrung*

- „Welche Rolle spielen Erfahrung und organisationales Lernen bei der Internationalisierung Ihres Unternehmens?“
- „Wie wird das Erlernte im Unternehmen für andere zugänglich gemacht?“
- „Inwieweit wurde das Erlernte für weitere Schritte genützt?“
- „Wie wird mit Nichtwissen, also neuen, komplett unbekannten Situationen umgegangen?“

6. *Zukünftige Planung und Herausforderungen*

- „Wie sieht die zukünftige Planung für die Internationalisierung aus?“
- „Was sind Herausforderungen im internationalen Kontext, denen sich Ihr Unternehmen in den nächsten Jahren stellen muss?“

B. Internationale Organisationsaufstellung

1. Internationale Organisationsaufstellung

- „Schildern Sie mir bitte, wie Ihre Organisation derzeit international aufgestellt ist."
- „Wie hat sich diese Organisationsaufstellung im Laufe der Zeit verändert?"
- „Gibt es unternehmensinterne Faktoren, die sich auf die internationale Organisationsaufstellung auswirken?"
- „Was sind die Zukunftspläne für Ihre Organisationsaufstellung?

2. Aufgaben und Koordination der Auslandseinheiten

- „Aus welchem Grund wurden die Auslandseinheiten eröffnet?"
- „Was ist die Aufgabe der Auslandseinheiten und hat sich diese im Laufe der Zeit verändert?"
- „Wie werden die Auslandseinheiten koordiniert?"

3. Arbeitsteilung und Vernetzung von In- und Ausland

- „Wie ist die Arbeitsteilung von In- und Auslandseinheiten?"
- „Wie sind diese miteinander vernetzt? (Wie wird kommuniziert, miteinander gearbeitet, Wissen und Erfahrung ausgetauscht, Ressourcen geteilt usw.)"

4. Aufgabenprofil von In- und Auslandsmanagern

- „Werden Managementpositionen im Ausland mit Expatriates (Manager aus dem Heimatland, die ins Ausland gesendet werden) oder Einheimischen besetzt?"
- „Was sind die Aufgabenprofile von In- und Auslandsmanagern? Unterscheiden sich diese?"
- „Gibt es verschiedene Arten von Managern in Ihrem Unternehmen?"
- „Wie würden Sie den Führungsstil in Ihrem Unternehmen beschreiben?"
- „Inwiefern herrscht in Ihrem Unternehmen eine länderübergreifende Führungskultur?"

5. *Bedeutung und Umgang mit organisationalem Lernen und Erfahrung*

- „Welche Rolle spielen Erfahrung und organisationales Lernen bei der Internationalisierung Ihres Unternehmens?“
- „Wie wird das Erlernte im Unternehmen für andere zugänglich gemacht?“
- „Inwieweit wurde das Erlernte für weitere Schritte genützt?“
- „Wie wird mit Nichtwissen, also neuen, komplett unbekannten Situationen umgegangen?“

6. *Unternehmenskultur*

- „Inwiefern wird die heimische Unternehmenskultur auf die Auslandseinheiten ausgeweitet?“
- „Wird auf eine solche Ausweitung der Unternehmenskultur Wert gelegt?“
- „Hat sich die Unternehmenskultur durch die Internationalisierung verändert?“

C. Einfluss der Familie und der Unternehmenseigenschaften

1. Eigentumsverhältnisse

- „Wie gestalten sich die Eigentumsverhältnisse bei Ihnen im Unternehmen?“
- „Wie groß ist der Anteil der Familie?“
- „Gibt es weitere Anteilseigner?“
- „Haben sich die Eigentumsverhältnisse im Laufe der Zeit verändert?“

2. Mitarbeit von Familienmitgliedern

- „Sind in Ihrem Unternehmen Familienmitglieder aktiv (z.B. Geschäftsführung) oder passiv (z.B. Aufsichtsrat) an der Unternehmensführung beteiligt?“
- „Hat sich diese Mitarbeitsstruktur von Familienmitgliedern im Laufe der Zeit verändert?“
- „Gibt es außerdem noch Familienmitglieder, die aktiv im Unternehmen mitarbeiten (andere Bereiche als die Geschäftsführung)?“
- „Wie findet die Meinungsbildung auf Gesellschafterebene statt?“

3. Einfluss der Familie auf die Internationalisierung

- „Wie steht die Familie der Internationalisierung gegenüber?“
- „Ist die Familie eher ein treibender oder ein hemmender Faktor?“
- „Gibt es besondere Werte oder Merkmale, auf welche die Familie besonders Wert legt?“
- „Werden diese Werte/Merkmale im Ausland fortgeführt?“
- „Werden diese Werte/Merkmale durch die Internationalisierung beeinflusst? (Haben sich im Laufe der Zeit Veränderungen ergeben?)“

4. Beeinflussung der Internationalisierung durch Unternehmenseigenschaften

- „Gibt es Unternehmenseigenschaften/interne Umstände, die sich auf die Internationalisierung Ihres Unternehmens auswirken?“ Z.B.:
  - Handhabung von strategischen Entscheidungen
  - Risikobereitschaft
  - Bedeutung von Kunden und Netzwerk
  - Unternehmensarchitektur

- Wandel/Veränderungen
- Kommunikation
- Unternehmensressourcen/Finanzen
- Personalführung
- Unternehmenskultur
- Besetzung von Managementposten
- Bedeutung weicher und harter Kennzahlen (Mitarbeiterzufriedenheit, Qualität)
- Selbsteinschätzung des Unternehmens (Controlling)

▪ „Inwiefern beeinflussen diese die Internationalisierung?“

▪ „Beeinflusst die Internationalisierung diese Eigenschaften?“

Anhang II: Darstellung der Unternehmensfallstudien

Merck KGaA

Eine frühe internationale Erfolgsgeschichte

Merck KGaA, Darmstadt

Verwendete Quellen:

- *Interview mit Herrn Baumhauer, Gesellschafter und Vorsitzender des Vorstandes und des Familienrates der Merck KG, am 7. Juni 2010*
- *Interview mit Frau Dr. Bernschneider-Reif, Bereichsleiterin Corporate History der Merck KGaA, am 7. Juni 2010*
- *Unternehmensinformationen gemäß Internetauftritt (http://merck.de)* [603]
- *Corporate-Responsibility-Bericht 2009* [604]
- *Die Merck-Werte: Was uns Heute und Morgen zusammenhält (Präsentation)* [605]
- *Fallstudie aus Simon, Wimmer et al. (2005)* [606]
- *Geschäftsbericht 2009* [607]
- *Merck University (Präsentation)* [608]
- *Unternehmensprofil* [609]
- *Übersicht Unternehmensstruktur* [610]
- *Verändern. Bewahren. Wachsen. (Informationsbroschüre)* [611]

1. Unternehmens- und Familienhistorie

Merck ist das älteste pharmazeutisch-chemische Unternehmen der Welt und bereits seit 1900 auf allen Kontinenten vertreten. Mit dem Kauf der Engel-Apotheke in Darmstadt, die sich noch heute in Familienbesitz befindet und von einem Mitglied geleitet wird, legte Friedrich Jacob Merck 1668 den Grundstein. Sein Enkel, Heinrich Emanuel

[603] Vgl. [Merck (2010b), S. 1]
[604] Vgl. [Merck (2009a), S. 8 f., 28-33, 46 f.]
[605] Vgl. [Merck (2010a), S. 1-11]
[606] Vgl. [Simon, Wimmer et al. (2005), S. 113-125]
[607] Vgl. [Merck (2009b), S. 2-4, 18 f., 26]
[608] Vgl. [Merck (2010c), S. 1-6]
[609] Vgl. [Merck (2010d), S. 1-4]
[610] Vgl. [Merck (2009c), S. 1]
[611] Vgl. [Merck (2010e), S. 5-19]

Merck, führte die Apotheke in Familientradition fort und leitete 1827 den Übergang vom Handwerk zur industriellen Produktion ein. Vor allem die erfolgreiche Extraktion von Alkaloiden, hochwirksame Pflanzeninhaltsstoffe, verhalf Merck zum frühen Erfolg. Bereits 1860 umfasste die Produktpalette über 800 organische und anorganische Substanzen. Im Jahre 1904 wurden im Unternehmen Flüssigkristalle entdeckt, die Jahrzehnte lang eine Laborkuriosität blieben. 1920 kam es zu einer grundlegenden Änderung in der Geschäftsleitung, die damals noch Direktorium genannt wurde. Erstmals wurden familienfremde Spezialisten aufgenommen. 1995 entschlossen sich die Gesellschafter zu einer Kapitalöffnung, die zur Umfirmierung in die Merck KGaA und deren Börsengang führte. Die Kommanditaktionäre halten heute 30% am Kapital und die Familie Merck, die über die E. Merck KG als Komplementär fungiert, 70%. Die E. Merck KG, in der die Gremien Gesellschafterversammlung, Familienrat, Gesellschafterrat und Vorstand angesiedelt sind, stellt die Konzernobergesellschaft dar. Sie ist jedoch nicht operativ tätig, sondern trifft die unternehmerischen Grundsatzentscheidungen, wodurch der Einfluss der Familie gewahrt bleibt. Im Jahre 2007 trennte sich Merck von seiner Generikasparte und übernahm das Biotech-Unternehmen Serono. Die Merck KGaA ist traditionell in die zwei Unternehmensbereiche Pharma, mit Merck Serono und Consumer Health Care, sowie Chemie mit Liquid Crystals, Performance und Life Science unterteilt. Auf diese Diversifizierung wird von Familienseite Wert gelegt. 2009 erwirtschaftete Merck mit seinen Produkten für die unterschiedlichsten Branchen, 7,7 Milliarden Euro und beschäftigte weltweit 33.062 Mitarbeiter. Das Unternehmen befindet sich mittlerweile in der Hand der 11. und 12. Generation. Die Familie Merck hat derzeit 212 Mitglieder und das Unternehmen 128 Gesellschafter. Bei der Merck KGaA ist momentan kein Familienmitglied tätig. Bei der E. Merck KG sind Herr Baumhauer und Herr Dr. Stangenberg-Haverkamp als Vorsitzender bzw. stellvertretender Vorsitzender des Vorstandes aktiv. Es ist aber durchaus möglich, dass in der Zukunft wieder mehr Familienmitglieder im Unternehmen tätig werden, jedoch müssen diese die gleichen Qualifikationen mit sich bringen wie eine familienfremde Person.

2. Internationalisierungsprozess

In den Geschäftsbüchern von Merck sind Handelsbeziehungen, beispielsweise nach Großbritannien oder Russland, bereits seit Anfang der 1840er Jahre aufgezeichnet.

Auch war das Unternehmen bereits 1879 bei der Sydney International Exhibition vertreten und wurde dort für seine Produkte ausgezeichnet.

In der Historie von Merck ist festzustellen, dass der erste Schritt ins Ausland immer über Handelsvertreter stattfand, die von Darmstadt aus beliefert wurden. Auf diese Weise wurden Märkte sondiert. Es wurde auch darauf geachtet, ob andere deutsche Firmen wie Bayer oder Schering ebenfalls in den Ländern präsent waren. Verlief der erste Schritt ins Ausland erfolgreich, so wurden im zweiten eigene Vertriebsfilialen eröffnet. Hierfür wurde meist ein Mitarbeiter aus Darmstadt an den neuen Standort entsandt. Hatten diese Standorte eine gewisse Größe erreicht, so wurden sie zu Auslandsgesellschaften ausgebaut. Im vierten Schritt folgte oftmals die Eröffnung von Produktionsstätten. Häufige Gründe hierfür waren große Nachfrage, weite Lieferwege, hohe Zölle, Importbeschränkungen oder politische Vorgaben. Später kamen teilweise noch eigene Forschungsabteilungen hinzu. Auf diese Weise entstand 1883 eine eigene Vertriebsniederlassung in *London*. Auf Grund des Konkurrenzkampfes zwischen Deutschland, Großbritannien und vor allem Frankreich auf dem Gebiet der Alkaloide war dies für Merck ein wichtiger Schritt, um speziell den französischen Konkurrenten voraus zu sein. In den *USA* führte das erfolgreiche Exportgeschäft im Jahre 1887 zur Gründung einer Vertriebsfiliale in New York, die zu Beginn von einem deutschen Chemiker geleitet wurde. Sechs Jahre später wurde Georg Merck in die USA entsandt und war dort federführend für den Aufbau des Unternehmens Merck & Co. verantwortlich, welches früh zur Eigenproduktion überging. Durch den Ersten Weltkrieg endete mit der Zwangsenteignung deutscher Firmen die Verbindung zwischen dem Mutterhaus und der amerikanischen Tochtergesellschaft. Merck & Co. entwickelte sich zu einem eigenständigen amerikanischen Unternehmen. Georg Merck war es nach einiger Zeit möglich, seine Unternehmensanteile zurückzuerlangen, da er bereits amerikanischer Staatsbürger war. Merck Darmstadt gelang es erst wieder mit der Akquisition von Serono, einen substanziellen Marktanteil in den USA zu erreichen. Im Jahre 1899 wurden Niederlassungen in *St. Petersburg* und *Moskau* gegründet. Der Kontakt zum russischen Markt wurde zum einen durch die enge Beziehung des Darmstädter Herrscherhauses zur Zarenfamilie begünstigt und zum anderen gab es große russische Handelshäuser, mit denen das Unternehmen in Kontakt treten konnte. Während der Zeit der Sowjetunion brach jedoch jeglicher Kontakt nach Russland vorübergehend ab. Bereits 1904 hatte

Merck eine eigene Vertretung in *Mailand.* Dieses Engagement wurde über die Jahre hinweg ausgebaut. 1910 erwarb Merck eine kleine Fabrik für pharmazeutische Chemikalien in *Frankreich*, die jedoch im Ersten Weltkrieg von den Franzosen demontiert wurde. Auch in *Österreich* wurde eine Vertretung gegründet, die durch das Ende des Zweiten Weltkriegs verloren ging. Die Geschäftsräume in Wien konnten erst 1958 zurückgewonnen werden. Handelsbeziehungen nach *Belgien* reichen bis in die 20er Jahre zurück. Die Eröffnung der belgischen Niederlassung erfolgte jedoch erst 1951 und war damit die erste Neugründung im Ausland nach dem zweiten Weltkrieg. Langjährige Geschäftsbeziehungen nach *Brasilien* führten 1923 zur Gründung einer eigenen Dependance mit Produktion. Da Merck bereits lange Jahre Handelsbeziehungen nach *Argentinien* pflegte, wurde 1929 eine Gesellschaft in Buenos Aires eröffnet. Jedoch beendete die Verstaatlichung des Unternehmens nach dem Zweiten Weltkrieg das dortige Engagement für mehr als ein Jahrzehnt. Ähnlich wie in Brasilien und Argentinien wurde 1933 eine Niederlassung in *Mexiko* und nur fünf Jahre später in *Chile* und *Kolumbien* gegründet. 1954 gründete Merck zusammen mit Bayer, Knoll und Schering einen Herstellungs- und Distributionsbetrieb in der *Türkei.* Diese Kooperation verließ Merck jedoch 1983 wieder. 1966 eröffnete Merck zusammen mit lokalen Partnern eine Produktionsstätte im Iran. Infolge politischer Umwälzungen wird Merck jedoch 1980 die Verfügungsgewalt hierüber entzogen.

In den folgenden Jahrzehnten wurden weitere Vertriebs- und Produktionsstätten auf allen Kontinenten der Welt gegründet. Mittlerweile ist das Unternehmen in 61 Ländern mit 176 Gesellschaften vertreten und unterhält 54 Produktionsstandorte in 26 Ländern. 2009 kamen 46% des Umsatzes aus Europa, gefolgt von Asien, Afrika und Australien mit zusammen 26%. 16% wurden in Nordamerika erwirtschaftet und 12% in Lateinamerika.

Die Zukunftsplanung sieht vor, die Geschäfte auf allen Märkten der Welt auszuweiten. Der Fokus soll dabei auf sich stark entwickelnden Ländern wie Indien, China und Russland liegen. Überdies sollen, begünstigt durch Akquisitionen wie Serono, noch kaum bearbeitete Gebiete, wie Nord- und Zentralafrika sowie Zentralasien, gestärkt werden.

In der Vergangenheit gab es mehrerlei Treiber für die Internationalisierung. Ein Hauptgrund für das frühe Vordringen speziell nach Südamerika war die Suche nach geeigneten pflanzlichen Rohstoffen für die Pharmazie. Auf der Suche nach diesen Pflanzen sind Merck-Familienmitglieder und -Mitarbeiter schon früh durch die Welt gereist und haben Handelsbeziehungen zwecks Imports dieser Rohstoffe aufgebaut. Ein weiterer Grund war das früh erkannte Wachstumspotenzial auf ausländischen Märkten, was durch den baldigen internationalen Ruf der hochqualitativen Produkte begünstigt wurde. Auch heute ist das Wachstumspoteztial außerhalb Deutschlands der wichtigste Treiber für die Internationalisierung. Hinzu kommt, dass es für das Unternehmen wichtig ist, in bestimmten Märkten, wie z.B. Südkorea, präsent zu sein, da dort ein Großteil des technischen Fortschritts in der Displaytechnologie stattfindet, wofür Flüssigkristalle verwendet werden.

Positiv auf die Internationalisierung hat sich, laut Frau Dr. Bernschneider-Reif, die Offenheit und Neugierde der Familie Merck ausgewirkt.

> „Die Mercks waren .. immer sehr neugierig. Sie wollten .. wissen, was außerhalb ihres engen Kreises .. passiert. ... Auch die Apotheker Merck ... haben alle für ihre Zeit eine sehr umfassende Ausbildung auch im Ausland genossen und sind sehr viel gereist. ... Das hat natürlich die Fähigkeit zur Internationalisierung .. sehr stark gefördert.“[612]

Auch der traditionelle Hintergrund als Pharmazeuten wirkte sich positiv auf die frühe Offenheit und Weltgewandtheit der Familienmitglieder aus. So war es beispielsweise früher während der Ausbildung zum Apotheker üblich, von einer Apotheke zur nächsten zu reisen und hierbei auch durchaus ins Ausland zu gehen. Dies verhalf zur Bildung eines überregionalen Netzwerkes. Des Weiteren sind nach Angaben von Herrn Baumhauer die beiden Unternehmenssäulen Pharma und Chemie gut internationalisierbare Produktfamilien, da ihre Erzeugnisse überall auf der Welt Einsatz finden.

Trotz der Weltoffenheit der Familie gab es auch im Unternehmen Merck Phasen mit sprachlichen und mentalen Barrieren. Da Merck jedoch mittlerweile bereits seit über 170 Jahren international tätig ist, sind Aspekte wie andere Sprachen oder Kulturen oder Mangel an Führungskräften mit Auslandserfahrung keine substanziellen Hürden mehr.

[612] [Bernschneider-Reif (07.06.2010)]

Das Unternehmen Merck musste im Laufe seiner Historie mehrere Rückschläge hinnehmen, die meist durch äußere Faktoren, wie die beiden Weltkriege, bedingt waren. Versuche, vor der Übernahme von Serono in den USA wieder Fuß zu fassen, scheiterten aus mehrerlei Gründen. Zum einen war es für das Unternehmen schwer, die nötige kritische Masse zu erreichen. Zum anderen wurde die Eigendynamik des amerikanischen Marktes falsch eingeschätzt und es fehlte lange Zeit an einem passenden Partner.

In der Historie von Merck zeigen sich einige wichtige Aspekte von Erfahrung und organisationalem Lernen. Nach Aussage von Frau Dr. Bernschneider-Reif stand die Familie Merck neuen Erfahrungen immer sehr offen gegenüber und ist dies auch heute noch. Beispielsweise hat die Familie immer viel Wert darauf gelegt, sich mit fremden Kulturen zu beschäftigen und schon früh gelernt, dass es wichtig ist, sich an diese anzupassen, um erfolgreich Geschäfte machen zu können.

> „Man hat .. sehr schnell gemerkt, dass man zwar das Know-how und die Strukturen aus Darmstadt in das jeweilige Land exportieren kann, dass es aber dann in jedem Land ganz individuell gehandhabt werden muss. Man hat sehr schnell gemerkt, dass man beispielsweise mit Chilenen anders umgehen muss als mit [Indern] oder [Japanern].“[613]

Des Weiteren wurde früh erkannt, dass es zwar wichtig ist, Personen zu den Auslandsniederlassungen zu senden, die sich mit den Darmstädter Strukturen auskannten, dass diese jedoch auch mit dem Land vertraut sein mussten.

Nach Herrn Baumhauer sind früher wie heute Erfahrungen, organisationales Lernen und deren Umsetzung überlebenswichtig für ein Unternehmen.

> „In jedem Land haben wir unsere Erfahrungen gemacht und machen sie täglich neu und versuchen, uns auf Grund dieser Erfahrungen ständig zu wandeln und anzupassen. .. Gerade bei so einem lang anhaltenden Unternehmen haben sie gelernt, sich ständig neu zu definieren angesichts der Herausforderungen, die die Märkte ihnen jeden Tag zeigen …“[614]

Die Umsetzung von Erfahrungen und Erlerntem findet bei Merck in erster Linie in den jeweiligen Landesgesellschaften statt. Sie werden aber auch an Darmstadt weitergegeben, was wichtig ist, da dort die strategische Planung erstellt wird und in den Landesgesellschaften gemachte Erfahrungen in diese einfließen müssen.

---

[613] [ebd.]
[614] [Baumhauer (07.06.2010)]

Der Umgang mit Nichtwissen ist von großer Bedeutung für das Unternehmen, da gerade in der Forschung eine offene Haltung Neuem und Unbekanntem gegenüber erforderlich ist. So gibt Herr Baumhauer als Beispiel die Erforschung der Flüssigkristalle an, die zwar bereits 1904 entdeckt wurden, es jedoch erst in den 60er Jahren zu konkreten Verwendungsideen kam. Da Merck nicht aufgab, während viele Konkurrenten die Forschung einstellten, wurde das Unternehmen letztendlich Weltmarktführer. „Das ist Umgang mit Neuem, man muss [einen] strategisch langfristigen Atem, von der Idee getragen .. [haben, um] dabeibleiben [zu] können. Man muss sich aber genauso von vielen Themen verabschieden können.“[615]

3. Internationale Organisationsaufstellung

Herr Baumhauer beschreibt Merck als ein integriertes Unternehmen mit Hauptsitz in Darmstadt. Die Geschäftsleitung, die derzeit mit Fremdmanagern besetzt ist, formuliert die Unternehmensstrategie, welche von den Gesellschaftern verabschiedet werden muss. Lediglich das ethische Pharmageschäft, sprich die Entwicklung rezeptpflichtiger Medikamente, wird von Genf aus gesteuert. Es gibt keine einheitliche internationale Organisationsaufstellung, da sich diese über die Historie hinweg entwickelt hat und stark von den Eigenheiten und Anforderungen des jeweiligen Landesmarktes abhängt. „Die [internationale Unternehmensarchitektur] ist eigentlich immer im Fluss, weil auch die Märkte im Fluss sind und Länderorganisationen wachsen und dann andere Bedürfnisse haben“[616], so Herr Baumhauer im Gespräch. Auch die Produkte werden häufig an die jeweiligen Kundenanforderungen angepasst. Die Forschungsabteilungen sind international verteilt. So wird z.B. für den Bereich Pharma hauptsächlich in Darmstadt, Genf und Boston geforscht.

Die Art der Steuerung und Koordination wandelte sich im Laufe der Zeit. Zu Beginn der Internationalisierung wurden die Auslandsengagements zentral von Darmstadt aus gesteuert und koordiniert. Dies erfolgte in der Regel durch Schriftwechsel der zuständigen Familienmitglieder in der Zentrale mit den Direktoren der Niederlassungen. In den 60er und 70er Jahren verlief die Führung stark dezentral. Zu jener Zeit hatten die Direktoren, die in der Zentrale auch als Landesfürsten bezeichnet wurden, sehr viel Macht

[615] [ebd.]
[616] [ebd.]

und Einfluss, da sie Merck maßgeblich vorantrieben und dies auch zum Ausdruck brachten. Daher war es ihnen möglich, sehr unabhängig zu agieren. Dies änderte sich in den 80er und 90er Jahren. Während dieser Zeit wurde zunehmend zentraler geführt, da der Entscheidungsspielraum der Auslandsführungskräfte begrenzt werden sollte. Außerdem machte man es sich zum Ziel, eine einheitliche Unternehmensstrategie, vorgegeben von Darmstadt, weltweit zu implementieren. Heute verfolgt Merck eine Mischung aus zentraler und dezentraler Koordination und Steuerung. Große strategische Entscheidungen werden weiterhin in Darmstadt getroffen und im Ausland umgesetzt. Die Niederlassungen berichten direkt an die Zentrale. Jedoch wird ihnen der Freiraum gegeben, die Strategie landesspezifisch anzupassen und Investitionen bis zu einer gewissen Höhe eigenmächtig zu tätigen.

Die Aufgaben der einzelnen Auslandsgesellschaften fallen unterschiedlich aus, da manche schwerpunktmäßig dem Vertrieb und andere der Produktion nachgehen. Wieder andere haben strategische Aufgaben, wie beispielsweise die Niederlassung in Südkorea, die Marktinformationen und Trends aufgreifen soll.

Die Kommunikation innerhalb des Unternehmens verläuft in erster Linie über die Zentrale. Es gibt jedoch regionale Gruppierungen, wie etwa für den Bereich Südamerika, bei denen sich die Manager der einzelnen Landesgesellschaften untereinander austauschen, ihr Vorgehen abstimmen und sich gegenseitig unterstützen. Außerdem werden so genannte 'Executive Conferences' abgehalten, bei denen alle hochrangigen Führungskräfte zusammenkommen, um Themen und Strategien, die weltweit von Bedeutung sind, zu diskutieren. Auch gibt es für manche Produkte, die international ähnlich aufgestellt sind, spezielle Konferenzen. Abgesehen von diesen regionalen Gruppierungen und Zusammenkünften besteht nur direkter Kontakt zwischen unterschiedlichen Landesniederlassungen, wenn diese Warenaustausch betreiben.

Die Entsendung von Expatriates speziell als Geschäftsführer oder in das Finanzwesen der Auslandseinheiten war bei Merck, wie bereits beschrieben, schon früh gängige Praxis. Grund hierfür war, dass die Familie diese Personen aus Darmstadt meist persönlich kannte, ihnen vertraute, davon ausging, dass sie loyal zum Unternehmen sein würden und sie die Unternehmensstrukturen und -abläufe kannten. Nach Herrn Baumhauer werden auch heute noch Expatriates entsendet, da diese die Strukturen aus Darmstadt kennen. Sie müssen jedoch nicht zwangsläufig deutsche Staatsbürger sein. Beispielsweise war in China lange Zeit „ein chinesischer Landeschef, der aber jahrelang vorher .. in Darmstadt [war] und .. mindestens genau so gut hessisch wie chinesisch [sprach].“[617] Expatriates werden in den letzten Jahren hauptsächlich bei der Gründung einer neuen Auslandsgesellschaft entsendet. Später wird Wert darauf gelegt, vermehrt lokale Führungskräfte zu rekrutieren.

Die Aufgabengebiete der Auslandsmanager unterscheiden sich stark nach der Größe des Marktes und der Gesellschaft sowie der Anzahl der vertriebenen Produkte. Je nachdem werden andere Führungsqualitäten benötigt. Unterschieden werden die Positionen anhand des Gradings. Hierbei handelt es sich nach Herrn Baumhauer um ein globales Einstufungssystem anhand von Kriterien wie Fachwissen, Problemlösungskompetenz oder Führungsanforderungen.

> „Die Messlatte für diese Hierarchie ist .. das Grading, das sie erreicht haben innerhalb der Organisation, das ist nicht nur eine Gehaltsstufe, sondern mit der Gehaltsstufe [ist] .. auch .. Verantwortung [verbunden], die sie schon gehabt haben [müssen]. Und nur ab einer bestimmten Positionierung haben sie Chancen, eine große Auslandsgesellschaft zu leiten … Je höher sie aufsteigen in der Hierarchie, desto generalistischer müssen sie sein.“[618]

Jedoch hängt das Anforderungsprofil nicht nur vom Grading ab, sondern eben auch vom Tätigkeitsbereich, da im Finanzwesen andere Ziele zu erreichen sind als etwa in der Forschung.

4. Auswirkung von Familie und Unternehmenseigenschaften auf die Internationalisierung

Die Familienmitglieder von Merck haben indirekt Einfluss auf die Internationalisierung des Unternehmens durch die E. Merck KG. Nach Herrn Baumhauer sind sie ihr gegenüber sehr aufgeschlossen, da sie mit einem internationalen Unternehmen aufgewachsen sind und auch wissen, dass es für Merck unumgänglich ist, weltweit tätig zu sein.

---

[617] [ebd.]
[618] [ebd.]

Bei Merck lassen sich einige typische Eigenschaften für Familienunternehmen feststellen. So ist die *Strategie* beispielsweise stark vom langfristigen Denken der Familie geprägt.

> „Die Gesellschafter .. sehen ihre Rolle eher als Treuhänder eines Vermögens, das sie ererbt haben und weitergeben wollen an die nächste Generation … Der Familie kommt es nicht darauf an, jedes Jahr den maximalen Profit rauszuholen … [die Mitglieder] wollen aber, dass das Unternehmen [langfristig] erhalten bleibt."[619]

Die Gesellschafter halten auch bewusst national sowie international an den beiden Unternehmenszweigen Pharma und Chemie fest, um das Risiko zu diversifizieren.

Auch der *Unternehmensumwelt*, sprich den Netzwerken, wird hoher Stellenwert beigemessen. Speziell der Kontakt mit Kunden und Wettbewerbern wird als wichtig angesehen, um von weltweiten, neuen Trends zu erfahren und am Puls der Zeit zu bleiben. Nach Angaben von Herrn Baumhauer stehen Unternehmen und Famlie Veränderung und Wandel in der *Unternehmensarchitektur* sehr offen gegenüber, da diese Aspekte als überlebensnotwendig für das Unternehmen angesehen werden. Dennoch soll die Identität des Unternehmens hierbei bestehen bleiben.

Das Unternehmen verfolgt bezüglich seiner finanziellen *Ressourcen* eine konservative Finanzpolitik. Es wird darauf geachtet, dass der Anteil des Fremdkapitals nicht zu hoch ist und dieses möglichst schnell wieder abgebaut wird. Grund hierfür ist, dass man das Unternehmen nicht gefährden will.

Im Bereich *Personal* zeigen sich einige typische Merkmale. Zum einen gab es bis in die 20er Jahre keine Fremdmanager im Topmanagement und auch der Führungsstil war bis dahin stark patriarchisch geprägt. Nach Aussage von Frau Dr. Bernschneider-Reif gab es und gibt es auch heute noch in der Merck Familie starke Persönlichkeiten, die entweder das Unternehmen operativ geführt haben oder die Familie vereinen und zum Konsens bringen. Auch die Unternehmenskultur ist laut Herrn Baumhauer familiär geprägt:

> „Die Firmenmitglieder fühlen sich weltweit in einer Art Familienverbund. Das ist also mehr als einfach nur irgendwo angestellt zu sein. Ich glaube, dass die Familie Merck auch so eine Art Klammer bildet. Wir geben uns auch Mühe, die internationalen Niederlassungen zu besuchen, denen das Gefühl zu

[619] [ebd.]

> geben, dass man sich auch interessiert für ihre Arbeit, sie auch anerkennt und schätzt. Es ist so ein gewisser patriarchalischer, aber nicht diktatorischer Stil da, der das Unternehmen prägt."[620]

Auch den Mitarbeitern gegenüber ist der patriarchische Führungsstil erkennbar, da sich die Familie ihnen gegenüber in der Verantwortung sieht. Beispielsweise wurden bei Merck schon früh Sozialleistungen im In- und Ausland eingeführt. „Die Mitarbeiter haben sich sehr aufgehoben gefühlt und haben das Gefühl gehabt, sie gehören da auch schon ein bisschen familiär dazu."[621] Hierdurch war nach Frau Dr. Bernschneider-Reif die Bindung an die Familie durch alle hierarchischen Stufen hinweg schon früh sehr ausgeprägt. Auch heute ist die Verantwortung den Mitarbeitern gegenüber noch zu spüren. „Ich glaube, dass sich ein gewisser fürsorglicher Stil erhalten hat, [wodurch] .. für die Mitarbeiter das Gefühl einer erhöhten Sicherheit besteht, dass ihre Arbeitsplätze erhalten bleiben."[622]

Auch die *Selbsteinschätzung* des Unternehmens ist durch die hohe Bedeutung weicher Faktoren geprägt. Es ist nicht im Sinne der Familie, das Unternehmen auf maximale Gewinnerzielung auszurichten. Aspekte wie Mitarbeiterzufriedenheit, Sozialleistungen und Produktqualität werden als sehr wichtig angesehen. Es wird versucht, diese Eigenschaften auf die Auslandseinheiten zu übertragen. Beispielsweise werden Nikolaus- und Jubilarsfeiern auch in den Niederlassungen abgehalten, um die familiäre Unternehmenskultur zu etablieren. Bis zum Zweiten Weltkrieg war auch der patriarchische Führungsstil in Übersee stark zu spüren. Auch die Unternehmenswerte Integrität, Respekt, Transparenz, Mut, Leistung und Verantwortung, die der Familie sehr wichtig sind, werden im Ausland gelebt.

Da man im Ausland neue Anregungen bekam, jedoch noch nicht offen war, diese auch in Darmstadt umzusetzen, hat sich die Internationalisierung nach Frau Bernschneider-Reif zu Beginn hauptsächlich auf die Produktpalette ausgewirkt:

> „Man war durchaus bereit, in jedem Land unterschiedlich zu agieren, aber die rückwirkende Wirkung auf Darmstadt war nicht groß. Es gab eher eine ablehnende Haltung gegenüber Einflüssen aus dem Ausland und man war der

620 [ebd.]
621 [Bernschneider-Reif (07.06.2010)]
622 [Baumhauer (07.06.2010)]

> Ansicht, dass man das dortige Geschäftsmodell und die Vorgehensweisen nicht auf Darmstadt übertragen kann."[623]

Auch die meisten Mitarbeiter kamen damals aus Darmstadt und Umgebung und waren meist, wie in der Vergangenheit üblich, nur wenig in ihrem Leben gereist. Oftmals arbeiteten Familien über Generationen hinweg für Merck. Dies brachte mit sich, dass wenig Austausch und Öffnung nach außen hin in der Zentrale stattfand. Die ablehnende Haltung internationalen Einflüssen gegenüber änderte sich, zumindest in der Führungsriege, nach dem Zweiten Weltkrieg. Auslöser hierfür war die Einsicht, dass es nicht mehr länger möglich war, sich dem technologischen Fortschritt in den USA und anderen Ländern zu entziehen. Heute ist der rückkoppelnde Einfluss im gesamten Unternehmen zu spüren. Beispielsweise bringt die Verteilung des Managements über die ganze Welt kulturelle Einflüsse mit sich, die sich auch auf die Unternehmenseigenschaften auswirken. Jedoch besteht gerade bei der Belegschaft teilweise noch eine eher ablehnende Haltung ausländischen Impulsen gegenüber. So sagte Frau Dr. Bernschneider-Reif im Gespräch Folgendes:

> „Selbst jetzt mit der Integration von Serono haben sich manche immer noch sehr schwer getan. Die früheren Käufe, die Merck getätigt hat in Frankreich oder Italien .. das war immer eher weit weg … Mit Serono war es zum ersten Mal so, dass es Integrationsteams gab … [Aber] man hat jetzt .. diese Bewusstsein, dass es gar nicht mehr anders geht … als sich eben international weiterzuentwickeln."[624]

Der rückkoppelnde Effekt der Internationalisierung auf das Unternehmen und seine Eigenschaften ist sehr erwünscht und wird pro-aktiv verstärkt. Beispielsweise indem über die Merck University im Unternehmen identifizierte Talente und potenzielle Führungskräfte an renommierte ausländische Universitäten entsendet werden.

623 [Bernschneider-Reif (07.06.2010)]
624 [ebd.]

Mechanik GmbH & Co. KG

Aus dem Schwabenland in alle Welt

Mechanik GmbH & Co. KG (anonymisierte Darstellung)

Verwendete Quellen:

- *Interview mit dem Geschäftsführer der Mechanik GmbH & Co. KG, am 19. Mai 2010*
- *Interview mit der Gesellschafterin und Sachbearbeiterin Einkauf der Mechanik GmbH & Co. KG, am 19. Mai 2010*
- *Unternehmensinformationen gemäß Internetauftritt*
- *Katalog Antriebstechnik* [625]
- *Katalog Drucküberwachung* [626]

1. Unternehmens- und Familienhistorie

Die Mechanik GmbH & Co. KG ist nach Angaben der Unternehmensführung Marktführer in Europa im Bereich der mechanischen Drucküberwachung für industrielle Anwendungen. Ende der 30er Jahre eröffnete der Gründer eine Mechanikwerkstatt in der Nähe von Stuttgart. Sieben Jahre später trat diesem ein Partner bei, der als kaufmännischer Geschäftsführer das Unternehmen mit leitete. Seitdem hält jede der beiden Familien 50% der Anteile. Mittlerweile befindet sich das Unternehmen in den Händen der zweiten und dritten Generation der beiden Familien. Die Geschäftsleitung liegt in den Händen von Fremdmanagern und lediglich die befragte Sachbearbeiterin Einkauf ist als Mitglied eines Familienstammes aktiv im Unternehmen tätig. Obwohl es weitere Familienmitglieder gibt, die ebenfalls Gesellschafter sind und daher entscheidungsbefugt, werden die Gesellschafterentscheidungen meist von der Gesprächspartnerin und einem weiteren Mitglied des anderen Familienstammes getroffen.

Mit seinem Produktportfolio der Drucküberwachung in der Hydraulik oder Pneumatik sowie der Antriebstechnik bedient das Unternehmen Kunden unterschiedlichster Branchen. Hierauf wird viel Wert gelegt, um möglichst unabhängig zu sein. Im Bereich der

[625] Vgl. [Mechanik-GmbH&Co.KG (2010a), S. 1-3; 6 f.]
[626] Vgl. [Mechanik-GmbH&Co.KG (2010b), S. 1-5]

Drucküberwachungen stellt das Unternehmen Druck- und Vakuumschalter her, bei der Antriebstechnik Fliehkraftkupplungen und Fliehkraftbremsen. 2008 lag der Umsatz bei 21,5 Millionen Euro, sank jedoch im darauffolgenden Jahr auf Grund der Wirtschaftskrise um 40%. Das Unternehmen beschäftigt mittlerweile 178 Mitarbeiter, wovon die meisten am Standort in Baden-Württemberg tätig sind, wo sich neben der Zentrale auch der Hauptteil der Produktion befindet.

2. Internationalisierungsprozess

Bereits in den 60er Jahren nahm die Mechanik GmbH & Co. KG die Geschäftstätigkeiten über die Landesgrenzen hinaus auf. Zuerst lag der Fokus auf den deutschsprachigen Nachbarländern Schweiz und Österreich. Über Messekontakte und Anfragen von Seiten interessierter Vertretungen wurden die Aktivitäten, wenn diese Personen deutsch sprachen, auf Europa und hier bevorzugt auf Länder, in denen gute Englischkenntnisse herrschten, ausgeweitet. Mitte der 80er Jahre ergab sich die Möglichkeit, durch einen Vertriebsmitarbeiter, der in die USA zog, den Schritt nach Übersee zu vollziehen. Der ehemalige Mitarbeiter bekam das Recht, die Produkte exklusiv in den USA zu vertreiben. Im Jahre 1996 trat der befragte Geschäftsführer, der zuvor bei einem anderen Unternehmen Manager der französischen Tochtergesellschaft war, in die Geschäftsleitung der Mechanik GmbH & Co. KG ein. „Nachdem ich auch die Firmenphilosophie aufgegriffen habe, dass man möglichst große Unabhängigkeit schaffen soll, war ein ganz klares Ziel meines Eintritts und meiner Vertriebsarbeit die Internationalisierung .. voranzutreiben.“[627] Das erste Ziel war der Eintritt in den asiatischen Markt. Hierfür schloss sich das Unternehmen mit vier weiteren Firmen aus Baden-Württemberg zu einem Firmenpool zusammen und stellte einen Poolingenieur bei der deutschen AHK in Singapur an. Dieser hatte die Aufgabe, für die Unternehmen Vertriebswege zur Erschließung Asiens zu finden. Für das befragte Unternehmen bedeutete dies die Suche nach exklusiven Vertriebspartnern, die bereits in den relevanten Branchen Fuß gefasst hatten. Branchenerfahrung erleichtert, nach Ansicht des Geschäftsführers, den Markteintritt. Sobald geeignete Personen gefunden waren, wurde mit diesen die Zusammenarbeit über eine Testphase von zwei Jahren vereinbart. Bis 1999 verfolgte das Unternehmen ausschließlich die Markteintrittsstrategie des indirekten Exports durch exklusive Vertriebshändler. Diese sind rechtlich unabhängig und führen meist ein größeres

[627] [Geschäftsführer (19.05.2010)]

Portfolio an Produkten, unterliegen jedoch der Einschränkung, dass sie kein Konkurrenzprodukt vertreiben dürfen. Sie werden geschult, kaufen die Produkte jedoch auf eigene Rechnung ein, halten Lager, übernehmen Marketingaufgaben und verkaufen sie dann mit einer selbst festgelegten Marge weiter. Nach Meinung des Geschäftsführers hat diese Markteintrittsstrategie mehrere Vorzüge:

> „Wir denken, dass wir mit exklusiven Vertriebshändlern letztendlich eine Marktpräsenz zeigen, die Kontinuität besitzt, und nur mit Kontinuität schafft man es letztendlich, Kundenbindung zu erzeugen. ... Ich bin heute auch mehr denn je davon überzeugt, dass es für ein Unternehmen unserer Größenordnung eine interessante Form des Vertriebsaufbaus ist ... . Ein Händlernetzwerk halte ich für bei Weitem nicht so schlagkräftig und als kleines Unternehmen kann man es sich auch nicht in jedem Land erlauben, eine eigene Vertriebsgesellschaft zu gründen oder Mitarbeiter einzustellen. Das würde auch verwaltungstechnisch, vom Controlling und Management her, sehr stark aus dem Ruder laufen.“[628]

Im Jahre 1999 kam es durch finanzielle Nöte des französischen Vertriebshändlers zu einer Strategieerweiterung. Das Unternehmen schloss sich mit einem anderen, das sich in einer ähnlichen Situation befand, zusammen und gemeinsam wurde eine Vertriebsgesellschaft in Frankreich als gleichbeteiligtes JV gegründet. Mittlerweile sind fünf französische Mitarbeiter beim Unternehmen angestellt. Man sammelte hier sehr positive Erfahrungen und schrieb bereits im ersten Jahr schwarze Zahlen. Dies ermutigte Gesellschafter und Geschäftsführung im Jahre 2007, in den USA nicht länger auf den exklusiven Vertriebshändler zu setzen, der nicht die erhofften Ziele erreichte, sondern eine eigene Vertriebsgesellschaft zu gründen. Diese beschäftigt mittlerweile drei Mitarbeiter. Die letzte internationale Erweiterung ergab sich 2009 durch den Kauf eines produzierenden Unternehmens mit 30 Personen in Großbritannien. Dieses wird durch seine Tätigkeit im Bereich der elektronischen Druck-überwachung als gute Ergänzung zum unternehmensinternen mechanischen Fachwissen angesehen. Zum ersten Mal handelte es sich also nicht um eine Vertriebserweiterung.

Mittlerweile ist das Unternehmen mit mehr als 40 exklusiven Vertriebshändlern und drei Tochtergesellschaften in 42 Ländern der Welt vertreten. Der Anteil des Auslandsumsatzes mit den Produkten der Drucküberwachung liegt bei 55% und der der Antriebstechnikprodukte bei 25-30%.

---

[628] [ebd.]

Abgesehen von Enttäuschungen bezüglich mancher Vertriebspartner musste das Unternehmen bis jetzt beim Internationalisierungsprozess kaum Rückschläge hinnehmen. Die internationale Präsenz und der Umsatzanteil sollen zukünftig noch weiter ausgebaut werden. Die Geschäftsleitung sieht Internationalisierung als die Wachstumsstrategie neben Produktinnovationen an. „Wir wollen mittelfristig … eines der weltweit führenden Unternehmen der Drucküberwachung sein. Dazu gehört, dass man alle wichtigen Märkte in irgendeiner Form bearbeitet, hier also ein möglichst dichtes Netz webt, weil man lernt im Grunde genommen aus der Summe der Erfahrungen ...“[629] Teil dieser Vision ist die Erschließung noch fehlender Länder, speziell in Osteuropa, dem mittleren Osten und Südamerika. Auch über die Eröffnung eines Koordinationsbüros in Asien im Laufe der nächsten Jahre wird nachgedacht.

Ein wichtiges Motiv für das Vorantreiben des Auslandsengagements ist das Umsatzpotenzial auf neuen Märkten. Jedoch wird Internationalisierung auch als Überlebenszwang empfunden, die durch abnehmende Distanz, im kulturellen und geografischen Sinne, umsetzbarer wird. So äußerte sich der Geschäftsführer im Gespräch folgendermaßen:

> „Da wir in Europa in unseren typischen Anwendungsgebieten Marktführer .. sind, [sind] … auch hier irgendwann Grenzen zu sehen. Und dann muss man auch sehen, dass sich durch die Globalisierung die Märkte angenähert haben. Man kommt heute viel leichter an die Märkte heran. Die Informationen, die Schnelligkeit des Reisens, all diese Dinge spielen eine Rolle. Insofern ist es vielleicht auch leichter, diese Märkte zu bearbeiten, wobei jeder Markt für sich wieder individuelle Herausforderungen stellt, aber heute kann man meines Erachtens, und das war auch der Hauptbeweggrund, nur langfristig das Überleben eines Unternehmens sichern, wenn man versucht, in den wichtigsten Marktbereichen der Welt Präsenz zu zeigen und das ist eben nicht mehr nur Europa.“[630]

Im Laufe der Gespräche wurden mehrere interne Faktoren identifiziert, die die Internationalisierung positiv wie auch negativ beeinflusst haben. Als Vorteil wird die Stärke der eigenen Produkte angesehen. Der Geschäftsführer ist der Ansicht, dass sich das Unternehmen durch seinen Wettbewerbsvorteil und die Marktführerschaft in Europa auch im Ausland behaupten kann. Umgekehrt haben sich zwei Aspekte in der Vergangenheit negativ bemerkbar gemacht. Erstens fand vor dem Eintritt des befragten Ge-

[629] [ebd.]
[630] [ebd.]

schäftsführers keine zielgerichtete und strategische internationale Vertriebsarbeit statt. Zum zweiten war in der Vergangenheit das Fremdsprachenniveau vieler Mitarbeiter der Zentrale mit Auslandskontakt nur unzureichend. Aus diesem Grund wird mittlerweile bei Neueinstellungen auf sehr gute Englischkenntnisse Wert gelegt.

Das Sammeln von Erfahrung sowie organisationales Lernen wird als wichtiger Aspekt für eine erfolgreiche Internationalisierung angesehen. Eine wichtige Erkenntnis war, dass Produktanforderungen häufig länderspezifisch sind und es wichtig ist, sich an diese anzupassen.

Auch die Art und Weise der Marktbearbeitung unterscheidet sich stark und kann eklatant von der deutschen Vorgehensweise abweichen. So sagte der Geschäftsführer hierzu Folgendes:

> „Die Art und Weise wie Vertriebshändler vorgehen können … ist tatsächlich kulturell sehr unterschiedlich und erfordert Gespür und Erfahrung im Markt. … Länder wie Japan und Korea beispielsweise haben sehr fest etablierte Vertriebswege. [In Korea beispielsweise scheut] .. ein .. Unternehmen .. den direkten Kontakt mit dem Hersteller. Das hängt damit zusammen, dass koreanische Unternehmen relativ rau mit den Lieferanten umgehen. Hier besteht ein sehr großes Unterwürfigkeitsverhältnis des Vertriebshändlers zum Endkunden, und weil das koreanische Unternehmen nicht unbedingt die Beziehung mit dem Hersteller gefährden möchte, wird hier unter Umständen noch eine Zwischenstufe eingebaut.“[631]

Außerdem wurde auch gelernt, dass jedes Land typische Bräuche und Verhaltensweisen hat, z.B. in Bezug darauf wie Verhandlungen geführt werden, und dass man auf diese kulturellen Unterschiede Rücksicht nehmen muss, um erfolgreich zu sein.

Erfahrungen werden in erster Linie an die für die einzelnen Länder zuständigen Personen, also die Geschäftsleitung und den Vertrieb Ausland, weitergegeben. Überdies werden Mitarbeiter häufig schon zur Vorbereitung auf spezielle Seminare geschickt.

Nichtwissen wird begegnet, indem versucht wird, so viel wie möglich über die Situation oder das Land in Erfahrung zu bringen. Hierbei werden offizielle Stellen, wie die AHK, zu Hilfe gezogen und Recherchen betrieben.

---

[631] [ebd.]

3. Internationale Organisationsaufstellung

Die drei derzeitigen Tochtergesellschaften sowie die Vertriebspartner werden im operativen Geschäft vom internationalen Vertriebsleiter und seinen vier Assistentinnen, die jeweils für unterschiedliche Regionen zuständig sind, betreut. Die strategische Planung und Verantwortung, beispielsweise bei der Erschließung neuer Länder, liegt beim befragten Geschäftsführer, der hier auch den internationalen Vertriebsleiter hinzuzieht. Bei Investitionen größeren Umfangs, wie etwa Firmengründung oder Kauf, sind neben der Geschäftsleitung auch die Eigentümer an der Entscheidungsfindung beteiligt. An dieser Organisationsaufstellung soll in naher Zukunft nichts geändert werden.

Die Steuerung und Koordination der Tochtergesellschaften erfolgt nach dem „Prinzip der dezentralen Verantwortung“[632]. Es werden zwar monatlich Controllingdaten angefordert und Marketingmaßnahmen sowie Investitionen abgesprochen, ansonsten werden Verantwortung und Marktagieren bei den Auslandsmanagern belassen, die ihre Einheit als Profitcenter führen. In Bezug auf die exklusiven Vertriebspartner ist es Ziel, dass jeder entweder ein Mal pro Jahr besucht wird oder in die Zentrale kommt. Mit steigender Anzahl der Vertriebspartner wird dies jedoch zunehmend aufwändiger. Zusätzlich werden jedes Jahr mehrere Produktschulungen angeboten und alle drei Jahre ein internationales Vertriebs- und Marketingmeeting durchgeführt.

Die Leiter der Tochtergesellschaften in den USA sowie Großbritannien sind ehemalige internationale Vertriebsleiter und in Absprache an den jeweiligen Standort entsandt worden. Mit dieser Methode wurden sehr gute Erfahrungen gemacht. Sie wird intern dem Einsatz ausländischer Führungskräfte vorgezogen, da Expatriates die Abläufe und Strukturen des Stammhauses kennen und davon ausgegangen wird, dass sie durch die langjährige Zusammenarbeit loyaler zum Unternehmen stehen. Lediglich in Frankreich werden die Geschäfte von einem ehemaligen Mitarbeiter des früheren Vertriebspartners geleitet.

[632] [ebd.]

4. Auswirkung von Familie und Unternehmenseigenschaften auf die Internationalisierung

Da keines der Familienmitglieder Teil der Geschäftsleitung ist und ihre operative Mitarbeit sich auf die befragte Person im Einkauf beschränkt, haben die beiden Familien einen auf die Absprache größerer Investitionen und Vorhaben begrenzten Einfluss auf die Internationalisierung. Generell sind die Familien dem zunehmenden Auslandsengagement positiv gegenüber eingestellt, da hierdurch die Unabhängigkeit vom deutschen und europäischen Markt gestärkt wird. Jedoch gab es speziell beim Zukauf der Tochtergesellschaft in Großbritannien kritische Stimmen, da es sich hierbei zum einen um ein größeres Investitionsvolumen handelte und zum anderen um die Akquisition von Produktion und Fachwissen und nicht mehr wie bisher um eine reine Vertriebsgesellschaft.

Die Mechanik GmbH & Co. KG weist besonders in Bezug auf Strategie, Unternehmensarchitektur, Personal und Selbsteinschätzung spezifische Eigenschaften eines Familienunternehmens auf, die sich auch auf ihre internationale Geschäftstätigkeit auswirken.

Bezüglich *Strategie* wird zwar sehr zielgerichtet vorgegangen und die Geschäftsführung scheint auch eher risikofreudig zu sein, jedoch wird von der befragten Gesellschafterin das Risikoverhalten der Gesellschafter als eher zurückhaltend beschrieben. Durch dieses Vorgehen soll von Familienseite das Überleben des Unternehmens gesichert und das derzeitig erreichte nicht gefährdet werden.

Die *Unternehmensarchitektur* zeichnet sich durch eine flache Hierarchie mit drei Ebenen, nämlich Geschäftsleitung, Führungskräfte und Mitarbeiter aus. Hierdurch können Entscheidungen, auch über internationale Vorhaben, schnell getroffen werden. Die Kommunikation im Unternehmen findet tendenziell auf einer persönlichen Ebene statt. Wandel stehen die Gesellschafter skeptisch und zurückhaltend gegenüber. Man ist sich dessen bewusst, dass Stillstand Rückschritt bedeutet, will aber nichts überstürzen, da das Unternehmen bisher, so wie es ist, gut lief. Nach Aussage der Gesellschafterin gleicht die Geschäftsführung mit ihrer offenen Haltung bezüglich Wandel die Zurückhaltung der Familien wieder aus.

Weitere typische Eigenschaften zeigen sich im Bereich *Personal*. Die Unternehmenskultur ist geprägt vom Anspruch der Eigentümer, eine menschliche und sozial verantwortliche Geschäftspolitik zu betreiben. Es wird Wert darauf gelegt, dass man sich untereinander kennt, sich niemand wie eine Nummer fühlt und man eine Gemeinschaft bildet. Auch die Verantwortung den Mitarbeitern und letztendlich deren Familien gegenüber nimmt einen hohen Stellenwert ein. So sagte der Geschäftsführer folgendes:

> „Das Unternehmen ist ein Unternehmen in Familienbesitz und sowohl den Eigentümern als auch der Geschäftsleitung bedeuten die Mitarbeiter sehr viel. Wir sind ein soziales Unternehmen im wirklichen Sinne. Das heißt, bei uns werden Mitarbeiter nicht leichtfertig auf die Straße gesetzt. Unser Leitmotiv ist es, … den Erhalt oder die Schaffung von Arbeitsplätzen herbeizuführen. Insofern kann man sagen, besteht die Firmenphilosophie darin, gesund zu wachsen und letztendlich die Arbeitsplätze zu sichern. Also der Mensch steht .. im Mittelpunkt des Unternehmens."[633]

Von besonderer Bedeutung ist der Gesellschafterin zufolge der Erhalt der Arbeitsplätze im In- und Ausland. „Das ist Firmen- und Familienphilosophie. Man will die Arbeitsplätze .. erhalten und das steht auf Nummer eins."[634] Auch während der Finanzkrise wurden keine Mitarbeiter entlassen. „Natürlich musste jeder den Gürtel enger schnallen, aber wenn alle zusammenhalten und das ist hier in der Firma auch gegeben[, dann funktioniert das]."[635] Die Unternehmenskultur wie auch die Verantwortung den Mitarbeitern gegenüber führt zu einem guten und gelösten Betriebsklima. Man vertraut sich gegenseitig. Dieses Klima, die Firmenkultur und Familienphilosophie wirken sich laut des Geschäftsführers positiv auf die internationalen Aktivitäten aus. „Insbesondere was Nachhaltigkeit, Vertrauen [und] .. Offenheit im Umgang miteinander angeht, haben wir .. zu den meisten Vertriebspartnern extrem lange Beziehungen … Wir haben auch hier einen sehr fairen Umgang miteinander und das macht .. [uns] zu einem geschätzten Partner der Vertriebshändler."[636]

Bezüglich der *Selbsteinschätzung* haben weiche Zielgrößen, wie Mitarbeiterzufriedenheit, Sicherung der Arbeitsplätze und die hohe Qualität der Produkte, einen besonderen Stellenwert. Hierfür werden auch durchaus Abstriche bei harten Zielen wie Umsatz oder Wachstum gemacht.

---

633 [ebd.]
634 [Gesellschafterin (19.05.2010)]]
635 [ebd.]
636 [Geschäftsführer (19.05.2010)]

Es wird versucht die oben angesprochenen Merkmale, wie etwa Firmenkultur- und Philosophie, auf die Auslandsaktivitäten zu übertragen.

Ein rückkoppelnder Einfluss der Internationalisierung auf das Unternehmen und seine Eigenschaften ist nach Meinung beider Gesprächspartner deutlich erkennbar. So berichtete der Geschäftsführer Folgendes: „Die Internationalisierung und die Anforderungen, die aus der Internationalisierung kommen, haben auch das Unternehmen zu einem internationalen Unternehmen gemacht. ... Alles, was Internationalität bedeutet, bedeutet auch Horizonterweiterung.“[637] Das Unternehmen und seine Kultur sind heute offener für Andersartigkeit und Einflüsse von außen. Beispielsweise hat das Verständnis für landesspezifische Kundenwünsche und Kulturunterschiede zugenommen. Die Organisation und ihre Arbeitsweisen haben sich verändert und an die internationalen Anforderungen angepasst. So sagte die Gesellschafterin am Ende des Gespräches: „Ich denke, es macht auch jeden Mitarbeiter irgendwo stolz zu wissen, wir sind weltweit vertreten.“[638]

[637] [ebd.]
[638] [Gesellschafterin (19.05.2005)]

Durchflussmesstechnik GmbH & Co. KG

Ein Weltmarktführer auf allen Kontinenten

Durchflussmesstechnik GmbH & Co. KG (anonymisierte Darstellung)

Verwendete Quellen:

- *Interview mit dem geschäftsführenden Gesellschafter für Controlling und Personal der Durchflussmesstechnik GmbH & Co. KG, am 15. Juli 2010*
- *Interview mit dem Geschäftsführer für Marketing und Vertrieb der Durchflussmesstechnik GmbH & Co. KG, am 15. Juli 2010*
- *Unternehmensinformationen gemäß Internetauftritt*
- *Festschrift zum 75-jährigen Jubiläum* [639]
- *Imagebroschüre* [640]

1. Unternehmens- und Familienhistorie

Die Durchflussmesstechnik GmbH & Co. KG ist mit ihren Produkten für die Prozessmesstechnik Weltmarktspitze. Sie steht für Dienstleistung und Komplettlösungen aus einer Hand. Das Unternehmen wurde 1921 in Nordrhein-Westfalen zur Fertigung von Schwebekörper-Durchflussmessern gegründet. Mit dem Firmeneintritt des Enkels des Firmengründers und Vaters des jetzigen geschäftsführenden Gesellschafters kam 1950 der Durchbruch. Es wurde auf Innovation gesetzt und so wurde bereits drei Jahre später das erste magnetisch-induktive Durchflussmessgerät und weitere zwei Jahre später die erste berührungslose Übertragungseinrichtung für Schwebekörpermessgeräte auf den Markt gebracht. Während früher die Chemieindustrie zu den Hauptabnehmern zählte, beliefert das Unternehmen heute so unterschiedliche Branchen wie Lebensmittel, Getränke, Öl und Gas.

Das sich zu 100% in Familienbesitz befindende Unternehmen erwirtschaftete im Geschäftsjahr 2009 weltweit einen Umsatz in Höhe von 306 Millionen Euro und beschäftigte 2.564 Mitarbeiter. In der Gesellschafterversammlung, die Entscheidungen über große Investitionsvolumen trifft, sitzen derzeit fünf Gesellschafter, wobei vier bereits

[639] Vgl. [Durchflussmesstechnik-GbmH&Co.KG (2010a), S.1-7; 20]
[640] Vgl. [Durchflussmesstechnik-GbmH&Co.KG (2010b), S. 8 f.; 12]

der vierten Generation angehören. Drei Mitglieder halten jeweils 20% und die anderen beiden 10%. Außer dem derzeitigen geschäftsführenden Gesellschafter ist jedoch kein weiteres Familienmitglied im Unternehmen aktiv. Die Firma hat einen Beirat, der aus fünf Personen besteht. Vier sind familien- und unternehmensfremde Mitglieder und die fünfte Person ist der Enkel des Gründers. Der Beirat hat weitreichende Befugnisse, ähnlich wie ein Aufsichtsrat.

2. Internationalisierungsprozess

Der Internationalisierungsprozess der Durchflussmesstechnik GmbH & Co. KG kann in drei Phasen unterteilt werden. Während Phase eins, die in den 50er Jahren begann, wurden zuerst die umliegenden Länder, wie die Schweiz, Österreich, Niederlande, Frankreich und Italien durch freie Vertretungen beliefert. Dies wurde mit der Zeit auf weite Teile Europas ausgeweitet. Später wurde verstärkt auf direkten Export umgestiegen. So kam es beispielsweise 1961 zur Gründung der Schweizer Gesellschaft, 1968 zur österreichischen. Häufig wurden hierfür die Vertretungen übernommen oder sich an diesen beteiligt. In manchen Fällen, wenn großes Marktpotenzial erkannt wurde, trennte sich das Unternehmen von den Vertretungen und eröffnete eigene Vertriebsbüros. Die zweite Internationalisierungsphase war geprägt durch den Aufbau eigener Tochtergesellschaften in Europa. 1961 wurde ein kleines, aber technisch versiertes Unternehmen in den Niederlanden übernommen. Zwei Jahre später wurde eine Tochtergesellschaft mit Produktion in Frankreich gegründet, um die zu jener Zeit sehr strengen Einfuhrbestimmungen aus Deutschland zu umgehen. 1975 folgte die Gründung der Niederlassung in Großbritannien. In Phase drei war es Ziel, große und zukunftsträchtige Märkte außerhalb Europas zu erschließen. Dies begann 1970 mit der Gründung einer Gesellschaft in den USA. Hierauf folgte Südafrika. Im Jahre 1982 wurde ein JV in Japan und eines in Indien eingegangen. Vier Jahre später kam ein weiteres in China hinzu. 1992 wurde eine Tochtergesellschaft in Russland und weitere vier Jahre später ein JV in Brasilien eröffnet. Die meisten JV des Unternehmens wurden mit anderen Familienunternehmen und jeweils hälftiger Beteiligung durchgeführt. Im Jahr 2000 wurde die australische Vertretung übernommen.

Mittlerweile hat das Unternehmen 43 eigene Unternehmensniederlassungen und JVs, fertigt in neun Ländern und hat 55 exklusive Vertretungen. In Zukunft soll versucht werden, sich stärker im Mittleren Osten zu etablieren, wo es zwar bereits ein Vertriebsbüro gibt, jedoch noch keine großen Erfolge erzielt wurden. Überdies sollen in Ländern Südamerikas und Asiens, wo großes Marktpotenzial gesehen, derzeit aber nur indirekter Export betrieben wird, Vertriebsbüros eingerichtet oder Tochtergesellschaften gegründet werden.

Zu Beginn des Internationalisierungsprozesses drang das Unternehmen in die Nachbarländer vor, weil es die dort ansässige deutsche und lokale Chemieindustrie bedienen wollte. Das Motiv war also bereits damals Markterschließung, was auch heute noch das Hauptmotiv ist. Der Gang nach Frankreich wurde durch die französische Herkunft der Ehefrau des damaligen geschäftsführenden Gesellschafters begünstigt. Kostenvorteile oder niedrigere Herstellungskosten anderer Länder waren zu Beginn der Erschließung neuer Märkte keine entscheidenden Faktoren. So sagte der Geschäftsführer für Marketing und Vertrieb Folgendes: „Grundsätzlich .. [sind wir] immer nur in das Land gegangen, um den Markt dort bedienen zu können.“[641]

Beide Gesprächspartner sehen das hohe Maß an fachlicher Kompetenz, die Innovationskraft und die qualitativ hochwertigen Produkte als großen Vorteil im internationalen Konkurrenzkampf an. Durch diesen Wettbewerbsvorteil kann sich das Unternehmen ihrer Meinung nach erfolgreich im Ausland durchsetzen. Dennoch mussten einige Hürden und Rückschläge über die Jahre in Kauf genommen werden. So ist es, wie oben bereits erwähnt, schwierig für das Unternehmen, sich im Mittleren Osten zu etablieren. Das Hauptproblem wird darin gesehen, dass die firmentypische Markteintrittsstrategie, sprich die Übernahme der freien Vertreter, nicht umsetzbar ist. Da die dortigen Vertreter von reichen Arabern finanziell unterstützt werden, sind sie nicht auf eine Beteiligung angewiesen. Des Weiteren stellte es sich häufig als schwierig heraus, zum Unternehmen passende Partner zu finden. Dies fiel beispielsweise, nach Aussage des Geschäftsführers für Marketing und Vertrieb, in Osteuropa negativ ins Gewicht:

> „Wo wir uns auch schwer tun .. ist in Teilen Osteuropas, Rumänien, Bulgarien, Ungarn .. [da] haben wir letztendlich auch den Schlüssel zum Markt nicht gefunden .. Ich denke, dass es im Wesentlichen daran liegt, dass wir … die richtigen Partner nicht gefunden haben. [Das Unternehmen] ist immer dann erfolgreich, wenn wir den richtigen Partner haben, der richtig zu unserer

641 [Geschäftsführer (15.07.2010)]

> Philosophie passt. Wenn wir den haben, dann geht es gut, wenn wir den nicht haben, dann ist es ein sehr, sehr mühseliges Geschäft.“[642]

Aus diesem Grund mussten auch JVs in China und Südkorea vorzeitig beendet werden und selbst heute gibt es dort noch Probleme. „[In Südkorea gibt es] bestimmte Vertreter, die einfach unseren Namen [weiter] benutzen .. Dann steht da unser Name in deren Firmenlogo drin und wir haben ziemlich wenig Möglichkeiten, dagegen was zu unternehmen.“[643] Auch fällt es schwer, in den USA auf Grund des starken Konkurrenzkampfes, der Loyalität der Kunden zu heimischen Produkten und spezifischen Serviceanforderungen den Durchbruch zu erzielen. Es wird jedoch versucht zu analysieren, was die Hürden sind und warum es zu Rückschlägen kommt. „Wir .. [schauen] uns dann auch unsere Wunden an und sagen, da hat es sehr gut geklappt oder da hat es sehr schlecht geklappt. Und versuchen dann, den Fehler nicht zwei Mal zu machen.“[644]

Erfahrung und organisationales Lernen werden von den Gesprächspartnern als sehr wichtig für die Internationalisierung bewertet. Beispielsweise wurde die Erfahrung gemacht, dass JVs mit anderen Familienunternehmen gut funktionieren, da man eine ähnliche Firmenkultur hat und sich gegenseitig vertraut. Überdies wurde eingeführt, bereits bei der Produktentwicklung die internationalen und nicht nur die deutschen Standards zu berücksichtigen, da hierdurch die spätere Anpassung an lokale Märkte ermöglicht wird.

In Situationen von Nichtwissen, wie dem Vorstoßen in den südamerikanischen Markt, wurde versucht, Informationen von großen, internationalen Kunden, beispielsweise über Vertretungen im Zielland, zu erhalten.

3. Internationale Organisationsaufstellung

Das Unternehmen macht derzeit 85% seines Umsatzes im Ausland, was im Jahr 2009 260 Millionen Euro entsprach. Überdies sind 80% der Mitarbeiter im Ausland angestellt. Die zuständigen Entscheidungsträger für diese internationale Organisation sind in erster Linie die Geschäftsführer. Sie werden von den beiden, in der Zentrale angesiedelten, Direktoren für Vertrieb und Produktion unterstützt.

642 [ebd.]
643 [Geschäftsführender Gesellschafter (15.07.2010)]
644 [Geschäftsführer (15.07.2010)]

Bei der Organisationsaufstellung wird zwischen Vertrieb und Produktion unterschieden. Für den Vertrieb wurde die Welt in mehrere Regionen eingeteilt. Diese sind Nord- und Südeuropa, Nord- und Südamerika, Afrika, Russland, Mittlerer Osten, Asien und Japan. Zwar berichten die für eine Region zuständigen Vertriebsmanager an den Direktor Vertrieb in der Zentrale, die Regionen werden aber dezentral geführt, was die Marktanpassung begünstigen soll. Die Regionsvertriebsmanager treffen sich regelmäßig auf internationalen Veranstaltungen und tauschen sich hierbei, z.B. über international laufende Projekte, aus. Überdies arbeiten die Niederlassungen und Vertretungen innerhalb der einzelnen Regionen zusammen. Diese Organisationsaufstellung hat sich über die Jahrzehnte hinweg entwickelt. So sagte der Geschäftsführer für Marketing und Vertrieb im Gespräch Folgendes: „Wir hatten [früher] einen Flickenteppich. Ich habe dazu immer gesagt, der Flickenteppich der Landeroberung … und die [Länder] haben wir dann irgendwann mal unter die Großregionen [und die derzeitige Struktur] zusammengefasst."[645] Im Bereich der Produktion berichten die einzelnen Werksleiter direkt an den Direktor Produktion in Deutschland. Sie werden zentral geführt und die Produktion zentral koordiniert. Es wird jedoch derzeit darüber nachgedacht, die internationale Produktion nach dem Vorbild der Vertriebsorganisation umzustrukturieren.

Nicht alle Landesgesellschaften haben die gleiche strategische Gewichtung und Ausrichtung. So wird beispielsweise der chinesischen Dependance auf Grund des Marktpotenzials und dessen schneller Entwicklung große Bedeutung beigemessen.

Das Unternehmen setzt bei der Besetzung der Managerposten im Ausland auf einheimische Personen. So sprach der Geschäftsführer für Marketing und Vertrieb von „local business, local people"[646]. Man ist in der Zentrale nicht der Ansicht, dass man alles besser weiß oder kann, sondern dass es wichtig ist, lokale Führungskräfte zu haben, die den Markt und das Land kennen.

[645] [ebd.]
[646] [ebd.]

4. Auswirkung von Familie und Unternehmenseigenschaften auf die Internationalisierung

Die Familie hält 100% der Unternehmensanteile und besetzt einen der Geschäftsführerposten mit einer Person aus ihren Reihen. Damit hat sie sowohl indirekten wie auch direkten Einfluss auf die internationalen Aktivitäten. Nach Ansicht des geschäftsführenden Gesellschafters stehen die Familie und die Gesellschafter der Internationalisierung sehr positiv gegenüber.

> „Wir sind selber schon sehr international. Meine Mutter ist Französin, dann ich habe eine japanische Frau, mein Bruder hat eine schwedische Frau, meine Schwester ist in Frankreich verheiratet und eine musste ja ausbüxen, die ist mit einem Deutschen verheiratet.“[647]

Auch diese international offene Ausrichtung der Familie begünstigte das globale Vorankommen.

Im Gespräch wurden einige typische Merkmale eines Familienunternehmens deutlich, die auch Auswirkungen auf den Prozess und die internationale Organisation haben. Einer der Gesprächspartner konstatierte jedoch, dass die Übertragung der Eigenschaften und der Unternehmenskultur Zeit benötigen, vor allem, wenn ein Unternehmen akquiriert wurde.

Im Bereich *Unternehmensumwelt* wird Netzwerken, speziell zu internationalen Kunden, große Bedeutung für das internationale Vorankommen, zugesprochen.

Die *Unternehmensarchitektur* weist die typische direkte und persönliche Art der Kommunikation auf. So sind die meisten Mitarbeiter wie auch die Geschäftsleitung miteinander per Du.

Bezüglich finanzieller *Ressourcen* fällt auf, dass die Eigenkapitalquote bei 42% liegt, was dem erklärten Unternehmensziel der Eigenständigkeit dient. So werden internationale Aktivitäten meist durch organisches Wachstum ermöglicht.

Im Bereich *Personal* zeigt sich nach Angaben der Interviewpartner die familiär geprägte Unternehmenskultur. Außerdem spielt gegenseitiges Vertrauen eine wichtige Rolle.

[647] [Geschäftsführender Gesellschafter (15.07.2010)]

Ein rückkoppelnder Einfluss der Internationalisierung auf die Unternehmensmerkmale besteht und wird auch gefördert. So gibt es z.B. ein, von der Familie ins Leben gerufenes, internationales Austauschprogramm für die Kinder der Mitarbeiter. Hierdurch soll erreicht werden, dass sich die Mitarbeiter und deren Kinder austauschen, sich die Kulturen vermischen und sich dies letztlich auf das Unternehmen im Ganzen positiv auswirkt.

Gewürz GmbH & Co. KG

Auf dem Weg zu 'Global Mind Local Taste'

Gewürz GmbH & Co. KG (anonymisierte Darstellung)

Verwendete Quellen:

- *Interview mit dem geschäftsführenden Gesellschafter der Gewürz GmbH & Co. KG, am 27. Mai 2010*
- *Interview mit dem Director Industry der Gewürz GmbH & Co. KG, am 27. Mai 2010*
- *Unternehmensinformationen gemäß Internetauftritt*
- *Imagebroschüre* [648]

1. Unternehmens- und Familienhistorie

Die Gewürz GmbH & Co. KG ist einer der führenden multinationalen Hersteller für Gewürzmischungen und Geschmacksstoffe für die Lebensmittelindustrie. Das Unternehmen wurde in den 20er Jahren in Norddeutschland von einem approbierten Apotheker gegründet, um mit Chemikalien, Medikamenten und Lebensmitteln zu handeln. Mit der Erfindung salzfreier Gewürze kam der große Erfolg, da Salz als billiger Rohstoff nicht mehr transportiert werden musste. Auf Grund der Zerstörung der Gebäude zog das Unternehmen mit Ende des zweiten Weltkriegs nach Bayern um, wo sich auch heute noch die Zentrale befindet. Mit dem Tod des Gründers in den 70er Jahren gingen die Unternehmensanteile zu 40% auf eine gemeinnützige Stiftung und nach einiger Zeit zu je 45 und 15% auf zwei Mitarbeiter und deren Familien über. Langfristig werden sich 60% auf eine der beiden Familien vereinen, die seit 2005 das Unternehmen in der zweiten Generation leitet. Die zweite Familie ist nicht mehr aktiv tätig.

Der Ursprung des Geschäftsmodells war die Belieferung des Metzgerhandwerks mit Gewürzmischungen. Mittlerweile bedient das Unternehmen mit seinem Produktportfolio die drei Segmente Industry (Lebensmittelunternehmen), DeliCo (Handwerk) und Food Service (Catering-Service und Gemeinschaftsküchen). Es erwirtschaftete 2009 einen Umsatz von 165 Millionen Euro und beschäftigte ca. 900 Mitarbeiter. Hiervon

[648] Vgl. [Gewürz-GmbH&Co.KG (2010), S. 2-4; 14-16; 20-22; 32]

sind ungefähr zwei Drittel am zentralen Standort in Bayern tätig, wo auch der überwiegende Teil der Produktion stattfindet. Für strategische Entscheidungen und Investitionen hat die Geschäftsführung die Genehmigung eines Beirates einzuholen, der von den Gesellschaftern gewählt wird.

2. Internationalisierungsprozess

Die erste ausländische Tochtergesellschaft wurde in den 80er Jahren auf Grund von Sprache sowie Ähnlichkeiten bezüglich Kultur und Kundenstruktur in der Schweiz gegründet. Im folgenden Jahrzehnt wurden Dependancen in Österreich, Frankreich, den Niederlanden, Belgien und dem Vereinigten Königreich eröffnet. Zu diesem Zeitpunkt war der europäische Markt im Fokus, da dieser, wie bereits die Schweiz, durch geografische Nähe sowie Vorwissen über Kulturen und Sprachen einfacher zu erschließen war. Zudem internationalisierte das Unternehmen zu Beginn in Ländern, in denen das Metzgerhandwerk sowie der Verzehr von Fleisch- und Wurstprodukten stark verbreitet waren. Dort war es möglich, sein bereits bestehendes Produktsortiment abzusetzen. Die Markteintrittsstrategie über Tochtergesellschaften wurde nach und nach durch Distributoren in den unterschiedlichsten Ländern in- und außerhalb Europas ergänzt. Ende der 90er Jahre kam Norwegen als Tochtergesellschaft hinzu und zur Koordination des Asiengeschäfts wurde eine weitere Vertriebsgesellschaft in Singapur gegründet. Nach der Jahrtausendwende rückte Osteuropa verstärkt in den Fokus. Hierfür wurden Tochtergesellschaften in Russland, der Tschechischen Republik sowie der Ukraine eröffnet, wovon heute nur noch letztere besteht. Im Jahre 2005 wurde der südamerikanische Markt ins Auge gefasst. Dieses Unterfangen verlief jedoch auf Grund von marktspezifischen Anforderungen, die das Unternehmen derzeit nicht erfüllen kann, wenig erfolgreich. Vier Jahre später wurde eine Tochtergesellschaft in Japan gegründet, die zusätzlich zum japanischen Markt auch den südkoreanischen und chinesischen bedienen soll. Die Tochtergesellschaft in Singapur soll aufgelöst werden. Zusätzlich zu den eigenen Dependancen hat die Gewürz GmbH & Co. KG ein Vertreternetzwerk über rechtlich unabhängige Distributoren unterschiedlichster Art in 52 Ländern aufgebaut. Die meisten der neun noch bestehenden Vertriebsgesellschaften gehören dem Unternehmen zu 100%. Österreich ist mit ca. 150 Mitarbeitern die größte und nimmt in mehrerlei Hinsicht eine besondere Position ein. So ist der österreichische Manager an dieser beteiligt, sie genießt eine rechtliche Sonderstellung, darf zusätzlich bestimmte Länder in Süd-

Osteuropa sowie Russland betreuen und unterhält als einziger außerdeutscher Standort eine eigene Produktion.

Bis zum Unternehmenseintritt des Sohnes des früheren geschäftsführenden Gesellschafters im Jahre 2005, erst als internationaler Vertriebsleiter und dann ebenfalls als Geschäftsführer, gab es keine strategische Herangehensweise an das Thema Internationalisierung. Vielmehr kam sie meist durch zufällige Kontakte zustande, die häufig auf Messen zu Personen, die entweder als Distributor die Produkte vertreiben wollten oder sich als geeigneter Partner für eine Tochtergesellschaft darboten, geknüpft wurden. Ein Hauptanliegen des neuen geschäftsführenden Gesellschafters ist es, dies zu ändern und die Internationalisierung nach strategischen Gesichtspunkten auszurichten. In der Zukunft soll der Fokus auf Ländern liegen, in denen eine zahlungskräftige Mittelschicht heranwächst und eine Verwestlichung des Konsums im Lebensmittelbereich stattfindet. Da hierdurch Fleisch- und Wurstprodukte zunehmend nachgefragt werden und eine Professionalisierung in der Lebensmittellindustrie stattfindet, sieht die Geschäftsführung hier großes Marktpotenzial. Aus diesem Grund soll beispielsweise nach China und Südkorea von Japan aus verstärkt vorgedrungen werden. Des Weiteren geht die Geschäftsleitung von einer ähnlichen Entwicklung in der Türkei, dem Mittleren Osten und Nordafrika aus, weshalb auch hier expandiert werden soll. Langfristige Überlegungen sehen auch Produktionsstätten außerhalb Europas vor, um Kunden auf anderen Kontinenten schneller bedienen zu können. Derzeit und wohl auch noch in den nächsten ein bis zwei Jahren steht jedoch die Umstrukturierung der Organisation und ihrer internationalen Aufstellung im Vordergrund. Hierauf wird im nächsten Unterkapitel näher eingegangen.

Ursprünglich wurde auf Grund von Wachstumsbestrebungen und wahrgenommenen Marktpotenzialen im Ausland internationalisiert, was auch heute noch das bedeutendste Motiv ist. Mittlerweile verspürt das Management jedoch auch einen gewissen Zwang zur Internationalisierung, da das Potenzial des deutschen Marktes, teilweise auch des europäischen, weitestgehend erschöpft ist und der Wettkampf zunehmend agressiver wird.

> „Das Wachstum, was aus Deutschland kommt, wird schwerer zu erschließen sein. Es [herrscht] ein sehr starker Verdrängungswettbewerb, es wird auf die Preise gehen, es wird auf die Marge gehen. … Mittelfristig sind die Potenziale in

> .. Märkten [anderer Länder] wesentlich leichter und schneller zu erschließen. Gerade weil … dort auf Grund der wirtschaftlichen Entwicklung der Länder eine Mittelschicht heranwächst, die groß genug ist, die andere Ernährungsgewohnheiten hat … Und da kann man sicherlich mit dem Know-how und Produktwissen, das wir haben, kurzfristig schneller die Potenziale erschließen als in den westeuropäischen Märkten."[649]

Die beiden Gesprächspartner identifizierten mehrere interne Faktoren, die sich auf die Internationalisierung auswirken. So sind das Unternehmen, seine qualitativ hochwertigen Produkte und die Marke mittlerweile im Ausland bekannt. Dies erleichtert die internationale Geschäftstätigkeit, da potenzielle Partner oftmals auf das Unternehmen zukommen, auch wenn dieses im Land noch nicht vertreten ist. Überdies ist es zum einen in Deutschland in ein Netzwerk integriert, das seinerseits international agiert, und zum anderen ist das Unternehmen auch in ausländischen Netzwerken aktiv. Es wurden aber auch einige negative Aspekte sowie fehlende Ressourcen vor allem am Standort in Bayern identifiziert. So sind beispielsweise Mitarbeiter der Zentrale meist nicht bereit, in eine Position im Ausland zu wechseln. Daher müssen im jeweiligen Land Personen gefunden werden, die Branchenerfahrung aufweisen. Dies ist häufig ein schwieriges und kostspieliges Unterfangen. Da im Hauptsitz auch die Fremdsprachenkenntnisse mangelhaft sind, ist es häufig nötig, im Ausland deutschsprachige Mitarbeiter zu finden und mit Dolmetschern zu arbeiten. Des Weiteren ist die Unternehmenskultur in der Zentrale noch sehr auf das Heimatland sowie das ursprüngliche Geschäftsmodell ausgelegt. So sagte der geschäftsführende Gesellschafter im Gespräch:

> „Sie haben eine Kultur geprägt über das Geschäftsmodell, was lange Zeit gelaufen ist, 'wir exportieren deutsche Kompetenz .. ins Ausland'. Man hat wenig Verständnis, dass ein Geschäft im Ausland anderen Spezifika unterliegt. Sie bekommen ein deutsches Wurstgewürz für Bratwurst nicht unbedingt einem Franzosen verkauft."[650]

Um die Unternehmenskultur für die internationalen Bedürfnisse zu sensibilisieren und Wandel herbeizuführen, wurde der Satz 'Global Mind Local Taste' als Unternehmensmotto eingeführt.

[649] [Director Industry (27.05.2010)]
[650] [Geschäftsführender Gesellschafter (27.05.2010)]

Im Verlauf der Gespräche wurden mehrere Hürden und Rückschläge identifiziert, die das Unternehmen bei der Internationalisierung hinnehmen musste. Eine solche Hürde sind die lokalen Essensgewohnheiten. Beispielsweise gibt es externe Vertretungen in einigen asiatischen Ländern, in denen stark landestypische Essgewohnheiten herrschen und auch keine Verwestlichung zu verzeichnen ist. Da diese umsatzschwach sind, wird die Tochtergesellschaft in Singapur, die hauptsächlich für deren Koordination verantwortlich ist, geschlossen. Beim Versuch, in den südamerikanischen Markt vorzudringen, wurde festgestellt, dass die lukrativen und großvolumigen Aufträge nur an Unternehmen vergeben werden, die vor Ort produzieren. Grund hierfür ist, dass den dortigen Kunden die Lieferung von Deutschland aus zu viel Zeit in Anspruch nimmt und auf Grund der Einfuhrbestimmungen zu unsicher ist. Speziell in Südafrika, jedoch auch in mehreren Ländern Osteuropas, arbeitete und vertraute man Personen, die dies missbrauchten, um sich selbst zu bereichern. Da jedoch kaum Kontrollmechanismen bestanden, wurde dieser Missstand erst spät bemerkt, wodurch das Unternehmen Geld verlor und unnötigem Risiko ausgesetzt war. Hierauf mussten Geschäftsbeziehungen beendet und Tochtergesellschaften geschlossen werden. Ein weiterer Rückschlag ergab sich in Russland. Obwohl das Land schon seit Jahren über Distributoren von der österreichischen Gesellschaft aus betreut wird, gab es in der deutschen Zentrale Bestrebungen, den Markt nicht komplett Österreich zu überlassen. Aus diesem Grund wurde eine eigene Tochtergesellschaft gegründet. Jedoch wurde die Erfahrung gemacht, dass die Handhabung der Zölle in Russland sich häufig in der Grauzone bewegt und durch eine eigene Gesellschaft ein sehr hohes Risiko auf sich genommen wird. Da sich der russische Geschäftsführer überdies als nicht vertrauenswürdig herausstellte, wurde auch hier die Gesellschaft geschlossen. Russland wird weiterhin von Österreich aus betreut. In der Schweiz müssen derzeit starke Umsatzeinbußen hingenommen werden, die wahrscheinlich auf den mehrfachen Führungswechsel sowie Fehler des Managements zurückzuführen sind.

Durch den bisherigen Verlauf der Internationalisierung ergaben sich, nach Aussage der Gesprächspartner, einige Lernaspekte. Zum einen wurde erkannt, dass es nötig ist, hierbei strategisch vorzugehen und die Internationalisierung nicht dem Zufall zu überlassen, da ansonsten interessante Märkte ausgelassen und in anderen, die wenig Potenzial haben, Ressourcen gebunden werden. Auf Grund negativer Erfahrungen in der

Vergangenheit wird heute auf mehr direkte Kontrolle durch die Zentrale gesetzt. So sollen Missstände frühzeitiger aufgedeckt und vereinbarte Ziele besser nachverfolgt werden können. Bezüglich der zu wählenden Markteintrittsstrategie wurde gelernt, dass es vorteilhafter und einfacher sein kann, mit Vertretungen zu arbeiten, da diese die rechtliche Lage des Landes sowie die geltenden Vorschriften kennen. Zudem ist das unternehmerische Risiko geringer. Ein letzter Lernaspekt besteht in der stärkeren Berücksichtigung unterschiedlicher Kulturen besonders in Bezug auf landestypische Essgewohnheiten. Die oben aufgeführten Gesichtspunkte wurden von der Unternehmensführung verinnerlicht und im Rahmen der neuen Organisationsstruktur, die derzeit implementiert wird, umgesetzt.

3. Internationale Organisationsaufstellung

Die derzeitige Reorganisation soll das Unternehmen fit für die Zukunft machen und zu einem Wettbewerbsvorteil gegenüber der nationalen und multinationalen Konkurrenz führen. Verantwortlicher Entscheidungsträger ist allen voran die Geschäftsführung, die von der Vertriebsmannschaft in der Zentrale unterstützt wird. Die frühere Organisationsstruktur war nach geografischen Gesichtspunkten ausgerichtet. Es wurde zwischen dem deutschen und dem internationalen Vertrieb unterschieden. Letzterer war weiter in Regionen untergliedert. Jede Auslandstochtergesellschaft wurde von einem General Manager geführt, der ebenso wie die freien Vertretungen an den internationalen Vertriebsleiter im Stammhaus Bericht erstattete. Die neue Organisationsaufstellung folgt der Unterteilung in die drei Kundensegmente Industry, DeliCo und Food Service. Es wird dementsprechend nicht mehr zwischen deutschem und internationalem Vertrieb unterschieden. Da das Unternehmen im Ausland mittlerweile 56% seines Umsatzes erwirtschaftet und hierauf in Zukunft der Fokus liegen soll, ist es von Seiten der Geschäftsleitung auch nicht mehr erwünscht, den internationalen Vertrieb stiefmütterlich zu behandeln. Eine Unterteilung in die drei Segmente ist, nach Meinung der Unternehmensführung nötig, da sich die Kundenwünsche und Ansprüche stark unterscheiden und daher spezifischer Handhabung bedürfen. Zudem will das Unternehmen im Ausland stärker in den Bereichen Industry und Food Service aktiv werden und sich nicht mehr nur auf sein Ursprungsgeschäft konzentrieren. In der Zentrale gibt es bereits für jedes der drei Kundensegmente einen Manager. Dementsprechend wird angestrebt, in jedem Land Segmentverkaufsleiter einzusetzen. Dies bedeutet, dass es in den Tochtergesellschaften keinen General Manager mehr geben wird, sondern auf Verkaufsseite drei Segmentverkaufsleiter, die jeweils, falls die Dependance groß genug ist, ein Verkaufsteam unter sich haben und direkt an den Segmentmanager in der Zentrale berichten. Auch die Distributoren sollen an die neue Struktur angepasst werden, gegebenenfalls auch durch die Hinzunahme weiterer Vertretungen, die auf eines der drei Segmente spezialisiert sind. Im Gesprächsverlauf wurde jedoch eingeräumt, dass vor allem für kleinere Märkte und Gesellschaften die Struktur eventuell nicht dreigliedrig umgesetzt werden kann. Die Umstrukturierung endet nicht auf Vertriebsebene, sondern schließt auch den kaufmännischen Bereich mit ein. In den Tochtergesellschaften soll es jeweils einen kaufmännischen Verantwortlichen geben, der direkt an die entsprechende Abteilung in der Zentrale, z.B. das Finanzwesen, berichtet. Hierdurch soll eine professionellere Aufbereitung kaufmännischer Sachverhalte, vor allem von Controllingdaten, sichergestellt werden.

Die neue Organisationsstruktur soll die Vorteile erhöhter Flexibilität, kürzerer Entscheidungswege und eines besseren Kundenservices mit sich bringen. So verringern sich etwa die Entscheidungsinstanzen von fünf auf drei. Die daraus resultierende kürzere Reaktionszeit ist speziell im Segment Industry vonnöten. Alles in allem soll ein Wettbewerbsvorteil gegenüber nationalen und multinationalen Konkurrenten entstehen. Nach Ansicht der Geschäftsführung wird das Unternehmen nach der Reorganisation das am besten aufgestellte multinationale Unternehmen der Branche sein. So der geschäftsführende Gesellschafter:

> „Das heißt, dass wir das, was die nationalen [Konkurrenten] derzeit leisten können, durch einen engen Fokus und eine schnelle Abarbeitung aufgeholt haben, indem wir unsere Organisation so [zu]geschnitten haben und mit den Ressourcen ausgerüstet haben, dass wir die gleiche Geschwindigkeit auf die Straße bringen können.“[651]

Mit der neuen Struktur ändert sich auch die Art und Weise, wie die Auslandsengagements, allen voran die Tochtergesellschaften, gesteuert und kontrolliert werden. Früher wurden die Dependancen dezentral über den General Manager des jeweiligen Landes gesteuert und nur wenige Finanzkennzahlen kontrolliert. Unterstützungsfunktionen wie das Personalwesen und Controlling waren ebenfalls dezentral angesiedelt. Mit der

---

[651] [ebd.]

neuen Organisationsstruktur geht eine zentrale Führung und Kontrolle durch die Zentrale einher. Die Segmentleiter werden direkt vom jeweiligen Segmentmanager und seinen Mitarbeitern im Stammhaus geführt ebenso wie die kaufmännischen Leiter vom Pendant in der Zentrale.

Auch die Profile der in- und ausländischen Führungskräfte ändern sich durch die neue Struktur. Die Segmentmanager in der Zentrale haben die Aufgabe, mit den Segmentleitern im Ausland Ziele zu vereinbaren, diese zu steuern und zu kontrollieren. Die Hauptaufgabe der Auslandssegmentleiter wiederum ist der Verkauf in ihrem Bereich, womit die Steuerung ihres Teams einhergeht. Die kaufmännischen Leiter der Dependancen haben die Aufgabe, Daten aufzubereiten und diese der entsprechenden Abteilung in der Zentrale bereitzustellen.

4. Auswirkung von Familie und Unternehmenseigenschaften auf die Internationalisierung

Von den beiden Familien, die Anteile am Unternehmen halten, hat nur eine direkten Einfluss auf die Internationalisierung, nämlich die, die mittlerweile in zweiter Generation den Geschäftsführer stellt. Prinzipiell sind, nach Angaben des Geschäftsführers, die Familienmitglieder der Ausweitung des Auslandsengagements positiv gegenüber eingestellt, wobei der starke Fokus hierauf, weg vom deutschen Markt, teilweise kritisch gesehen wird.

Generell ist zu bemerken, dass das Unternehmen zwar typische Eigenschaften eines Familienunternehmens in den Bereichen Strategie, Umwelt, Architektur, Ressourcen und Personal aufweist, diese jedoch durch die Übernahme der Geschäftsleitung durch den Junior stark abgeschwächt wurden. Jedoch fällt auch hier wieder die für Familienunternehmen charakteristische Personenbezogenheit auf, da dieser Trend mit der Übernahme des Juniors eingesetzt hat, der die Firma nun stark prägt.

Bezüglich *Strategie* fällt auf, dass es früher kein strategisches Herangehen an die Internationalisierung gab, sondern Entscheidungen größtenteils auf dem Bauchgefühl der Geschäftsleitung beruhten. Dies ist seit der Übernahme des Juniors nicht mehr der Fall.

Die *Unternehmensumwelt*, besonders das Netzwerk, spielt früher wie heute eine wichtige Rolle. Beziehungen und Zusammenarbeit mit Netzwerkmitgliedern werden als wichtig angesehen und haben sich positiv auf die Internationalisierung ausgewirkt.

Auch bei der *Unternehmensarchitektur* finden sich typische Merkmale wieder, die jedoch durch die Reorganisation abgeschwächt werden. Beispielsweise wurde Wandel früher eher mit Ablehnung begegnet und wenn dieser stattfand, dann nur sehr langsam. Durch die Neuausrichtung sind grundlegende Veränderungen jedoch unumgänglich. Obwohl nach Aussage der Gesprächspartner noch nicht alle Mitarbeiter von der neuen Richtung überzeugt sind, findet eine Öffnung statt. Die Kommunikation im Unternehmen wird weiterhin als persönlich und direkt beschrieben, jedoch hält der Austausch per E-Mail verstärkt Einzug.

Speziell im Bereich Personal identifizierten die Gesprächspartner einen Mangel an *Ressourcen*. Dies macht sich auch bei der Internationalisierung bemerkbar. Der neue Geschäftsführer scheint mit finanziellen Mitteln zwar weniger sparsam zu sein als sein Vater, jedoch stellt auch dieser sie nur bei gut begründeten Potenzialen zur Verfügung.

Beim Faktor *Personal* fällt vor allem der patriarchische Führungsstil des Seniors als typisch auf, da Verantwortung und Entscheidungen immer an ihn weiterdelegiert wurden. Der neue geschäftsführende Gesellschafter will dies ändern und versucht nach Angaben des Director Industry, „die Verantwortung .. auf mehr Schultern [zu verteilen].“[652]. Jedoch liegen auch heute noch die wichtigen Entscheidungen beim Junior. Auch eine Konfliktkultur, die offene Auseinandersetzungen und Meinungsaustausche begünstigen würde, fehlt derzeit noch weitestgehend. Die Mitarbeiter sind es gewohnt, die Anweisungen des Unternehmers zu befolgen und diese nicht in Frage zu stellen. Familientypisches findet sich auch bei der Unternehmenskultur wieder. Diese ist von der Familie geprägt, die sich wiederum stark mit der Organisation identifiziert. Überdies sind, dem Director Industry zufolge, die Mitarbeiter sehr loyal und fühlen sich dem Unternehmen wie auch der Familie sehr verbunden.

[652] [Director Industry (27.05.2010)]

Die oben angesprochenen Eigenschaften haben zwar, wie aufgezeigt, Auswirkung auf das internationale Vorgehen, werden aber auf die Auslandseinheiten nur wenig übertragen.

Prinzipiell ist im Unternehmen, laut der Gesprächspartner, zwar ein rückwirkender Einfluss der Internationalisierung zu verzeichnen, dieser hat jedoch noch nicht das gewünschte Ausmaß erreicht. So berichtet der Director Industry Folgendes:

> „Es gibt unterschiedliche Geschäftsgewohnheiten … und Kulturen, die hier reinschwappen. Es gibt andere Produktanforderungen, was die Qualität betrifft, was Servicebereitschaft betrifft, was Sprachen betrifft. Es müssen einfach Leute hier sein, die akzeptieren, dass wir nicht der Nabel der Welt sind, sondern dass andere Länder … berechtigte Ansprüche haben und dass es nicht nur darum geht zu sagen, das was wir machen, ist richtig, …sondern darum geht, offener zu werden und zu verstehen, warum haben die andere Anforderungen, warum kommunizieren die mit uns anders. … Das ist ein Prozess, der lange geht.“[653]

[653] [ebd.]

Leopold Kostal GmbH & Co. KG

Mechatronik für den Menschen auf vier Kontinenten

Leopold KOSTAL GmbH & Co. KG, Lüdenscheid

Verwendete Quellen:

- *Interview mit Herrn Andreas Kostal, geschäftsführender Gesellschafter der Leopold KOSTAL GmbH & Co. KG, am 14. Juli 2010*
- *Interview mit Herrn Sanders, Koordinator Tochtergesellschaften der Leopold KOSTAL GmbH & Co. KG, am 14. Juli 2010*
- *Unternehmensinformationen gemäß Internetauftritt (http://www.kostal.com)* [654]
- *Kostal - Company Presentation* [655]
- *Kostal – Mechatronik für den Menschen!* [656]
- *Team Kostal: Global Integration* [657]

1. Unternehmens- und Familienhistorie

'Mechatronik für den Menschen' das ist das Unternehmensmotto des in Lüdenscheid ansässigen Familienunternehmens, das sich auf elektronische und mechatronische Produkte konzentriert. Gegründet wurde das Unternehmen 1912 von Leopold Kostal. 15 Jahre später erfolgte durch die Entwicklung einer Fahrtrichtungsanzeige der Einstieg in die Automobilelektrik. 1981 wurde das Unternehmen mit dem Tod des Gründers in GmbH & Co. KG umfirmiert. Über die Jahre wuchs Kostal auch außerhalb der Automobilindustrie, weshalb der Enkel des Gründers, Helmut Kostal, 1995 die vier derzeitigen Geschäftsbereiche Automobil, Industrie, Kontaktsysteme und Prüftechnik etablierte. Im Jahre 2008 trat Andreas Kostal, Urenkel des Gründers, der Geschäftsführung bei. Vater und Sohn sind derzeit die einzigen im Unternehmen tätigen Familienmitglieder.

Im Geschäftsjahr 2009 erwirtschaftete die Kostal Gruppe 1,075 Milliarden Euro und beschäftigte weltweit 10.612 Mitarbeiter. Das Unternehmen befindet sich zu zwei Drit-

---

[654] Vgl. [Kostal (2010d), S. 1]
[655] Vgl. [Kostal (2010c), S. 1-8, 23 f.]
[656] Vgl. [Kostal (2010e), S. 1-5]
[657] Vgl. [Kostal (2010f), S. 1-6]

teln im Besitz der Familie Kostal. Der Rest entfällt auf die Familie Korn. Beide Familienstämme gehen jedoch auf den Gründer, Leopold Kostal, zurück und sind daher miteinander verwandt. Derzeit entstammen zwei Gesellschafter der zweiten und fünf der vierten Generation. Alle Entscheidungen, die von den Gesellschaftern zu treffen sind, werden in der Gesellschafterversammlung im Konsens getroffen. Überdies hat das Unternehmen einen Beirat, der zum Wohle des Unternehmens entscheiden und familiäre Belange außer Acht lassen soll.

2. Internationalisierungsprozess

Das Unternehmen Kostal ist nicht in allen vier Geschäftsbereichen gleichermaßen international aufgestellt und folgte auch nicht der gleichen Vorgehensweise, da unterschiedliche Branchen bedient werden.

Am weitesten fortgeschritten ist die Internationalisierung im Bereich Automobilelektrik, die auch am frühesten begonnen hat. Hier zeigte sich in der ersten Phase das, für diese Branche, typische Phänomen des 'dem Kunden folgen'. Dies begann 1973, als Kostal von seinem Großkunden Volkswagen (VW), der bereits in Mexiko tätig war, aufgefordert wurde, dort eine Produktion aufzubauen. Das Motiv, dem Kunden ins Ausland zu folgen, war auch ausschlaggebend für die Gründung des JV in Brasilien fünf Jahre später. Mittlerweile hat Kostal dort eine eigene Tochtergesellschaft. In dieser ersten Internationalisierungsphase wurde Kostal von den großen OEMs der Automobilindustrie zwar aufgetragen, im Ausland tätig zu werden, bekam dafür aber auch Unterstützung von diesen, beispielsweise in Form von garantierten Abnahmevolumen. Während der zweiten Phase, die in den 80er Jahren begann, wurden Produktionsstätten in Ländern mit niedrigen Produktionskosten errichtet. Häufig waren die lokalen Märkte nicht sonderlich attraktiv. Die gegründeten Gesellschaften fungierten lediglich als verlängerte Werkbänke, deren Produkte entweder an die Zentrale oder direkt an die global tätigen OEMs geliefert wurden. So entstanden 1981 'Kostal of Irland' sowie einige Jahre später weitere Gesellschaften in Spanien, Tschechien und der Ukraine. Während der dritten Internationalisierungsphase, welche hauptsächlich in den 90er Jahren ablief, stand die Erschließung attraktiver und aussichtsreicher Märkte im Vordergrund. So sagte Herr Kostal im Gespräch Folgendes:

> „Heute folgen wir keinem konkreten Kunden. Da gehen wir da hin, weil wir quasi an das Marktpotenzial glauben … Ein Kunde hat mal den Ausspruch

> geprägt 'Ihr glaubt doch nicht, dass ich unsere Zulieferer am Kälberstrick nach Indien führe'. Er hat damit relativ klar gesagt, .. die Zeiten, in denen wir euch irgendwo unterstützt haben in euern Internationalisierungsbemühungen, die sind vorbei."[658]

So wurde 1981 Kostal USA, 1990 Kostal Großbritannien, zwei Jahre später Kostal Japan, drei Jahre darauf ein JV in China sowie erst ein JV und dann eine Tochtergesellschaft in Italien gegründet. 1999 folgte die Eröffnung der französischen und sieben Jahre später der südkoreanischen Tochtergesellschaft. Zuletzt wurde 2008 ein JV in Indien eingegangen. Bei vielen dieser Neugründungen, wie etwa in Japan oder Südkorea, handelt es sich um Vertriebsgesellschaften zur Betreuung des lokalen Marktes. Überdies wurde die Produktentwicklung vermehrt global angesiedelt.

Die beiden anderen Geschäftsbereiche von Kostal, die bereits mit der Internationalisierung begonnen haben, sind Industrietechnik und Kontaktsysteme. Beide bauen in Teilen auf die bereits bestehenden internationalen Strukturen des Bereichs Automobil auf. Hauptgrund für ihre Internationalisierung ist die Erschließung neuer Märkte. Für die Industrietechnik wird derzeit in Deutschland produziert und dann hauptsächlich über die 2009 gegründeten Vertriebsgesellschaften in Frankreich, Italien, Spanien und Griechenland exportiert. Auch wird ein weiterer Vertriebsstandort in den USA errichtet. Für den Bereich Kontaktsysteme werden die Produkte hauptsächlich in Deutschland und Tschechien sowie teilweise in Mexiko hergestellt. Es gibt zwar Vertriebsgesellschaften in Frankreich, den USA sowie in Japan, meist werden aber auch in diesem Bereich die Produkte direkt an die global tätigen OEMs der Automobilindustrie geliefert. Die strategische Zukunftsplanung sieht in den nächsten Jahren die verstärkte Internationalisierung der Geschäftsbereiche Industrieelektrik, Kontaktsysteme und Prüftechnik vor. Für den Bereich Automobil sind Neueröffnungen von Standorten in den bereits erschlossenen sowie in neun asiatischen Ländern geplant.[659]

Nach Aussage von Herrn Kostal wurden vor allem zu Beginn der Internationalisierung gravierende Fehler gemacht, die jedoch wenig ins Gewicht fielen, da die Kunden das Unternehmen damals im Ausland stark unterstützten. Auch wurde auf Kundenwunsch

---

[658] [Kostal (14.07.2010)]

[659] Da Kostal nur im Bereich Automobilelektrik seit Jahrzehnten internationalisiert und daher hier viel Erfahrung vorliegt, bezogen sich die Gesprächspartner für die folgenden Ausführungen auf dieses Segment.

in einen Markt eingedrungen, aus dem sich dann jedoch der OEM wieder zurückzog. Kostal war auch immer wieder von Landeskrisen betroffen. Beispielsweise beeinträchtigte die Hyperinflation in Mexiko das Ergebnis der dortigen Aktivitäten erheblich. Auf Grund des argentinischen Staatsbankrotts musste die dort neugegründete Niederlassung wieder geschlossen werden. Des Weiteren kam es durch verschiedene Zielsetzungen und mangelndes Verständnis füreinander wiederholt zu Problemen mit JV-Partnern. Auch bezüglich des Landesmanagements mussten Rückschläge hingenommen werden, da dieses in einigen Fällen Gelder veruntreute.

Erfahrung und organisationales Lernen wird von beiden Gesprächspartnern als sehr wichtig eingestuft. „Wir sind ziemlich früh in entsprechende Länder reingegangen und haben dadurch eine Menge Erfahrung .. sammeln können, [wodurch] .. wir dann .. gut lernen konnten.“[660] Beispielsweise wurde erkannt, dass es für Kostal besser ist, eigene Tochtergesellschaften zu gründen als JVs einzugehen, und dass der Eintritt in ein neues Land strategisch geplant werden und einer klaren Zielsetzung folgen muss. Über die Jahre wurde gelernt, dass es zwar beim Aufbau eines ausländischen Standortes vorteilhaft und nötig ist, das in der Zentrale vorhandene Wissen und die Erfahrung zu transferieren, jedoch musste erst gelernt werden, den Tochtergesellschaften im Laufe der Zeit mehr Eigenverantwortung zu übertragen. Auch das Aufgreifen dort entstehender Impulse ist hierbei ein wichtiger Aspekt laut Herrn Kostal:

> „Das kann schon auch am Selbstverständnis einer Organisation rütteln, dass man auf einmal merkt, die haben ja gute Ideen ... Teilweise sind wir da gut drin, das für die Gruppe zu nutzen … teilweise müssen wir das noch lernen, … die [Ideen] erst mal aufnehmen, bewerten und dann nicht mit dem ‘Not-inventet here-Syndrom’ da drauf zu schauen, sondern zu sagen .. das ist eigentlich wirklich gut, dass müssten wir für die Gruppe nutzen.“[661]

Auch die Bedeutung kultureller Unterschiede und ihre negative Auswirkung auf das operative Ergebnis bei Nichtbeachtung wurden durch Erfahrung erlernt.

In Situationen von Nichtwissen, beispielsweise beim geplanten Eindringen in ein neues Land, werden zwar so viele Informationen wie möglich über das Land und den Markt gesammelt, man ist sich aber nach Herrn Kostal durchaus bewusst, dass man immer auf Unerwartetes stoßen wird.

[660] [Sanders (14.07.2010)]
[661] [Kostal (14.07.2010)]

> „Nach Möglichkeit versucht man natürlich relativ viel zu wissen, mit der Gewissheit, dass man das niemals alles schafft, aber die großen Pflöcke sollte man dann doch mal abgeprüft haben ... Wir fragen z.B. unsere Banken, die ja normalerweise auch global tätig sind, nach ihren Erfahrungen. Wir fragen Unternehmen, die dort vor Ort sind ... [Aber] auch, wenn man alles abprüft, gibt es immer noch schwarze Löcher ... Ich glaube, da kann man sich nicht viel mehr drauf einstellen, als dass man weiß, dass .. man auf Unvorhergesehenes trifft."[662]

3. Internationale Organisationsaufstellung

Die Kostal Gruppe erwirtschaftet mittlerweile über 60% ihres Umsatzes im Ausland. Während der Inlandsumsatz seit Mitte der 90er Jahre konstant geblieben ist, steigt der im Ausland generierte seither jährlich an. Auch ist die Mitarbeiterzahl im Inland, mit etwas über 3.000, seitdem auf dem gleichen Niveau geblieben. Gute 70% der Mitarbeiter sind dementsprechend im Ausland beschäftigt. Eine Zahl, die ebenfalls stetig zunimmt. Zuständig für diese internationale Organisation ist hauptsächlich der Geschäftsführer Automobil sowie die Herren Kostal Senior und Junior.

Die internationale Organisationsaufstellung des Unternehmens folgt der Matrixform.[663] Auf der einen Seite berichtet die Geschäftsführung der Landesgesellschaften direkt an den Geschäftsführer Automobil. Auf der anderen Seite gibt es in der Zentrale funktionale Manager für Bereiche wie Qualität, Vertrieb oder das operative Geschäft. Je nach strategischer Ausrichtung der Tochtergesellschaft gibt es auch hier entsprechende funktionale Manager, die sowohl an die Landesgeschäftsführung wie auch an die funktionalen Verantwortlichen in Deutschland berichten. Diese Organisationsform soll gewährleisten, dass sowohl das Interesse der Gruppe wie auch der einzelnen Landesgesellschaften Beachtung findet.

Während der internationalen Aufbauphase der 70er Jahre wurden die ausländischen Tochtergesellschaften sehr zentral von Deutschland aus geführt und koordiniert. Die starke Bindung an das Mutterhaus sollte die weltweite Einführung standardisierter Prozesse begünstigen. In den 80er Jahren ging man zu einer dezentraleren Verantwort-

---

662 [ebd.]

663 Da die anderen beiden Bereiche derzeit nur wenig international tätig sind und vom Prinzip her ähnlich organisiert sind wie der Bereich Automobil, wird auf diese nicht getrennt eingegangen.

lichkeit über. Seit den 90er Jahren wird wieder zentraler geführt und koordiniert. Die Geschäftsführung ist sich jedoch dessen bewusst, dass vor allem Tochtergesellschaften und JVs, die einen markterschließenden Fokus haben, sich auch an diesen anpassen müssen. Die Auslandsniederlassungen haben heute unterschiedliche strategische Zielsetzungen je nachdem, ob sie für den Vertrieb, die Produktion oder F&E zuständig sind. Die Arbeitsteilung von Zentrale und Auslandsstandort unterscheidet sich dementsprechend. Prinzipiell kann jedoch nach Herrn Sanders festgehalten werden, dass hochkomplexe Technologien, Prozesse oder Produkte in der Zentrale zur Kompetenz aufgebaut werden und erst dann, falls sinnvoll, ins Ausland transferiert. Die Vernetzung geht zwar in erster Linie sternförmig von der Zentrale aus, die Auslandsniederlassungen arbeiten aber auch untereinander zusammen. So ist Kostal global in drei Regionen, nämlich Europa, Nordamerika und Asien eingeteilt. Hinzu kommt Brasilien als einzelnes Land. Innerhalb dieser Regionen sind die Aktivitäten der Gesellschaften, nach Herrn Kostal, aufeinander abgestimmt:

> „In Asien beispielsweise … da haben wir eine Zusammenführung der Organisationseinheiten China, Japan, Korea vorgenommen. Da letztendlich China unser Produktionsstandort und Entwicklungsstandort ist, Japan und Korea .. über Kundenkontakte verfügen, … daher macht das Sinn, die als Einheit zu betrachten.“[664]

Aber auch Niederlassungen, die nicht innerhalb einer Region liegen, sind vernetzt. Beispielsweise beliefern sich Fertigungsstätten häufig gegenseitig mit Vorprodukten. Des Weiteren gibt es internationale Treffen, auf denen sich die Führungskräfte austauschen. Auch das Projektmanagement ist häufig international. „Es kann durchaus sein, dass wir hier ein Projekt akquirieren, das nachher in den USA entwickelt und in Mexiko produziert wird.“[665]

Die Geschäftsführungspositionen der Auslandsniederlassungen werden normalerweise mit qualifizierten einheimischen Personen besetzt, da diese das Land und den Markt kennen. Bei der Besetzung des Controllers jedoch wird Wert darauf gelegt, dass dieser bereits einige Jahre bei Kostal gearbeitet hat. Der Hauptgrund hierfür ist, dass Mitarbeitern, die schon länger für das Unternehmen tätig waren, mehr vertraut wird und der Controller in gewisser Hinsicht eine Überwachungsfunktion der ausländischen Ge-

664 [Kostal (14.07.2010)
665 [ebd.]

schäftsführung gegenüber einnimmt. Überdies wird es als wichtig erachtet, dass er die internen Strukturen und Entscheidungsträger kennt.

4. Auswirkung von Familie und Unternehmenseigenschaften auf die Internationalisierung

Die Inhaberfamilien, speziell die Familie Kostal, haben indirekt, wie auch direkt durch die Besetzung der Geschäftsführerposten mit Familienmitgliedern, Einfluss auf die Internationalisierung und sind dieser positiv gegenüber eingestellt. So sagte Herr Kostal im Gespräch Folgendes:

> „Ich glaube, .. , dass die Notwendigkeit zur Internationalisierung absolut erkannt und akzeptiert worden ist. Wir gehen mit unseren Gesellschaftern auch absichtlich in die Auslandsstandorte, damit die die Auslandsstandorte auch kennen und sehen. Ich glaube nicht, dass es eine emotionale Unterscheidung .. zwischen Kostal in Deutschland und Kostal in der Welt [gibt], ich glaube, dass das schon als eine Einheit gesehen wird.“[666]

Während des Gesprächsverlaufs wurden einige typische Eigenschaften deutlich, die sich auch auf das internationale Engagement auswirken.

Im Bereich *Strategie* weist Kostal die charakteristische, langfristige Orientierung auf. Dies begünstigt das Durchhaltevermögen, welches speziell bei internationalen Aktivitäten häufig vonnöten ist. Dementsprechend sagte Herr Kostal: „Wenn wir davon überzeugt sind, dass es richtig ist, in diesem Markt .. aktiv zu sein, dann haben wir auch einen relativ langen Atem.“[667]

Die *Umwelt* spielt für das Unternehmen eine bedeutende Rolle. Nicht nur ist Kostal früher seinen Kunden ins Ausland gefolgt, auch sind Beziehungen zu lokalen Lieferanten äußerst bedeutsam.

Die *Unternehmensarchitektur* zeichnet sich durch kurze Entscheidungswege und schnelle Umsetzung aus. Auch die Kommunikation weist familiäre Strukturen auf. So

[666] [ebd.]
[667] [ebd.]

wird meist direkt und persönlich, also von Angesicht zu Angesicht oder über das Telefon, kommuniziert.

Mit finanziellen *Ressourcen* wird konservativ umgegangen, da man unabhängig von externen Geldgebern bleiben möchte. So sagte Herr Sanders: „Wir müssen uns dann teilweise im [internationalen] Wachstum begrenzen, dass wir das eigene Wachstum finanzieren können.“[668]

Im Bereich *Personal* zeigt sich, nach Herrn Sanders, der familienunternehmenstypische Führungsstil, der stark von bestimmten Personen geprägt ist:

> „Das ist immer noch ein Familienunternehmen, trotz 11.000 Leute. Das heißt, ein Führungsstil getrieben von Herrn [Helmut] Kostal selbst und jetzt seinem Sohn Andreas Kostal. Ein sehr persönlicher Stil. Das findet man auch dann in den lokalen Unternehmen, das man einen ähnlichen Stil hat.“[669]

Auch soll immer mindestens ein Familienmitglied Teil der Geschäftsführung sein. Wie bereits am Beispiel des Controllers exemplarisch verdeutlicht, spielt Vertrauen eine wichtige Rolle. Die Unternehmenskultur, die familiär geprägt ist, beschreibt Herr Kostal als global integriert:

> „Im Rahmen des Unternehmens haben wir aber quasi schon global auch so eine Art .. Kostal-Kultur .. , die natürlich an jedem Standort nicht gleich ausgeprägt ist, das hängt natürlich auch immer von der lokalen Kultur ab. Aber wenn man das mitbekommt, wie Kostalianer von unterschiedlichen Standorten miteinander umgehen, dann ist da relativ schnell eine Vertrauensbasis und ein offener Umgang miteinander.“[670]

Nicht zuletzt spielt auch die Verantwortung den Mitarbeitern gegenüber eine große Rolle, wobei nicht zwischen inländischen und ausländischen unterschieden wird.

Die Unternehmenseigenschaften werden auf die Auslandsgesellschaften übertragen, jedoch gab Herr Kostal zu bedenken, dass dies nicht vom einen Tag auf den anderen möglich ist und nur durch Vorleben, gemeinsame Erfahrungen und Erfolge gelingen kann.

[668] [Sanders (14.07.2010)]
[669] [ebd.]
[670] [Kostal (14.07.2010)]

Ein rückkoppelnder Einfluss der Internationalisierung auf die Unternehmenseigenschaften wurde von beiden Gesprächspartnern bejaht. Herr Sanders sprach davon, dass die Menschen in der Zentrale offener wurden und mittlerweile mehr Verständnis dafür aufbringen, wenn bestimmte Aspekte im Ausland anders ablaufen als in Deutschland.

Mey GmbH & Co. KG

Me, Myself and Mey – Premiumwäsche für Europa

Mey GmbH & Co. KG, Albstadt-Lautlingen

Verwendete Quellen:

- *Interview mit Herrn Armin Mey, Gesellschafter und ehemaliger Vertriebsleiter sowie Leiter des ungarischen Werkes der Mey GmbH & Co. KG, am 06. Juli 2010*
- *Interview mit Herrn Lorch, Geschäftsführer Produktion der Mey GmbH & Co. KG, am 06. Juli 2010*
- *Unternehmensinformationen gemäß Internetauftritt (http://www.mey.de)* [671]
- *Chronologie* [672]
- *Frankfurter Allgemeine Zeitung (10.03.2009) „Ohne Wühltische an die Wäsche gehen“* [673]
- *Süddeutsche Zeitung (09.03.2009) „Jedes dritte Unternehmen hat modische Finessen“* [674]
- *Unternehmensinformationsblätter* [675]
- *Wirtschaftswoche (16.02.2009) „Nicht nur Apokalypse“* [676]

1. Unternehmens- und Familienhistorie

'Me, Myself and Mey' so lautet die Werbekampagne des Deutschlandmarktführers für Damen- und Herrenwäsche, dessen Marke 2009 von der Gesellschaft für Konsumforschung als wachstumsstärkste Produktmarke, noch vor Samsung und Nike, ausgezeichnet wurde. Gegründet wurde das Unternehmen im Jahre 1928 von Franz Mey als Lohnwirkerei in Albstadt-Lautlingen auf der schwäbischen Alb. Nach den Materialengpässen des Zweiten Weltkrieges wandelten 1948 die Brüder Franz und Karl Mey das Unternehmen in die Gebrüder Mey OHG zur Konfektion von Damen-, Herren- und Kinderbekleidung um. Ab 1956 wurde das Unternehmen von Franz Mey, seinem Sohn Albrecht und später auch dem Sohn Dietmar weitergeführt. Vor allem Albrecht Mey

671 Vgl. [Mey (2010b), S. 1]
672 Vgl. [Mey (2010a), S. 1]
673 Vgl. [Preuß (10.03.2010), S. 1]
674 Vgl. [Deckstein (09.03.2010), S. 1]
675 Vgl. [Mey (2010c), S. 1 f.]
676 Vgl. [Steinkirchner (16.02.2009), S. 1]

prägte das Unternehmen maßgeblich. So kam es beispielsweise zu etlichen technischen Innovationen, zur Entscheidung, sich auf Damen- und zu Beginn noch auf Mädchenwäsche zu konzentrieren, die Marke Mey aufzubauen und später die Herrenwäsche in das Sortiment aufzunehmen. Nach dem Tod von Herrn Albrecht Mey im Jahre 2002 wurde die Unternehmensführung umorganisiert. So ist sie derzeit bis auf Herrn Martin Mey ausschließlich mit Fremdmanagern besetzt.

Das in Mey GmbH & Co. KG umfirmierte Unternehmen hat sich längst als Premiumhersteller auf dem Textilmarkt etabliert und entwickelt auch heute noch 90% des verarbeiteten Materials selbst. 2009 beschäftigte es 830 Mitarbeiter und erzielte einen Umsatz von 65 Millionen. Es befindet sich zu 100% in der Hand der zweiten bis vierten Generation der Familie Mey. Die derzeit fünf Gesellschafter sitzen auch im Unternehmensbeirat, dem überdies zwei externe Personen angehören. Außer Herrn Martin Mey arbeitet derzeit lediglich ein weiteres Familienmitglied im Unternehmen.

2. Internationalisierungsprozess

Das Unternehmen Mey ist sowohl durch Export wie auch Produktion international aufgestellt. Export wurde Ende der 80er und Anfang der 90er Jahre hauptsächlich mit der Schweiz und den Beneluxstaaten betrieben. In den folgenden Jahren wurde durch Handelsvertreter, die nicht bei Mey angestellt waren, aber exklusiv die Produkte der Firma vertrieben, auf den österreichischen, dann den skandinavischen sowie den osteuropäischen Markt vorgedrungen. Heute werden die Produkte von Mey per indirektem Export in 16 europäische Länder sowie in die USA vertrieben. Zeitweise wurde auch der mittlere Osten bedient, was jedoch durch den Golfkrieg fast vollständig zum Erliegen kam. Die Hauptgründe für das Vordringen in diese Länder war zu Beginn geografische Nähe, vor allem aber die Möglichkeit dort in deutscher oder englischer Sprache Geschäfte abzuwickeln. Der Anteil des Auslandsumsatzes der Firma Mey lag 2009 bei 19,5%. Auf Exportseite ist es Ziel, in den nächsten Jahren speziell den skandinavischen Markt stärker zu erschließen. Überdies soll auch nicht mehr ausschließlich mit Handelsvertretern zusammengearbeitet, sondern es sollen eigene Geschäfte, wie demnächst in Wien, eröffnet werden. Bedingt durch Arbeitskräftemangel Anfang der 90er Jahre, speziell von Näherinnen, auf der schwäbischen Alb wurde im Unternehmen Mey 1991 der Entschluss gefasst, eine Produktionsstätte im Ausland aufzubauen. Da Portugal schon früh Mitglied der Europäischen Gemeinschaft war und die Lohnkosten niedrig, wurde ein Werk in der Ortschaft Celorico da Beira, zwei Autostunden von Porto, errichtet und eine portugiesische Tochtergesellschaft gegründet. Die Waren wurden, und werden auch heute noch, nach Deutschland geliefert, da der Heimatmarkt zu diesem Zeitpunkt noch um die 95% des Gesamtumsatzes ausmachte. Nach der Eröffnung des portugiesischen Werkes wurde ein JV mit einem Produktionsbetrieb in Ungarn eingegangen, der exklusiv für Mey fertigte. Mit der Öffnung des Ostens konnte dies jedoch nicht fortgeführt werden, da das staatsnahe Partnerunternehmen in Budapest aufgelöst wurde. Aus diesem Grund gründete Mey eine eigene Tochtergesellschaft, die zu Beginn in angemieteten Räumen produzierte. Im Jahre 2000 wurde dann eine eigene Produktionsstätte 30 Minuten außerhalb von Budapest in Veresegyház eingeweiht. Mittlerweile lässt das Unternehmen bei Produktionsengpässen zusätzlich noch eine Lohnfertigung in Kroatien für sich arbeiten. Die Wertschöpfung im Ausland lag 2009 bei 33%. Die zukünftige Planung sieht in absehbarer Zeit keine neuen Produktionsstandorte im Ausland vor.

Der Hauptgrund für die Aufnahme der Auslandsproduktion war zu Beginn der heimische Arbeitskräftemangel, da die Textilindustrie auf der schwäbischen Alb sehr stark war. Mittlerweile sind jedoch die hohen Lohnkosten in Deutschland der entscheidende Faktor. So sagte Herr Mey im Interview: „Wir wären mittlerweile nicht mehr in der Lage, mit unseren Lohnkosten in Deutschland konkurrenzfähig zu produzieren.“[677] Durch zunehmenden Export soll die Abhängigkeit vom deutschen Markt verringert werden. Dies ist vor allem nötig, da hier zu Lande das Umsatzvolumen des Unterwäschemarktes in den letzten Jahren rückläufig war.

Das Unternehmen musste während des Internationalisierungsprozesses mehrere Rückschläge hinnehmen und Hürden überwinden. So brachte beispielsweise der Golfkrieg den Handel mit dem Nahen Osten fast komplett zum Erliegen. Auch ist es bis heute nicht geglückt, in Frankreich Fuß zu fassen, da die französischen Kunden einen sehr andersartigen Modegeschmack haben und deutsche Wäsche ablehnen. Des Weiteren gab es nach Herrn Mey Rückschläge auch auf personeller Ebene:

[677] [Mey (06.07.2010)]

> „Die Rückschläge lagen sehr, sehr oft auf Personalseite … Also ganz speziell in Ungarn wurde ich vom damaligen Geschäftsführer bitter bitter böse enttäuscht. Ich hab des erkannt, dass da bestimmte Dinge nicht korrekt laufen, dass er noch in eine andere Kasse wirtschaftet.“[678]

Auch die Landessprachen an den Produktionsstandorten stellten Hürden dar. Um dieses Problem zu überwinden, werden dort mittlerweile Deutschkurse angeboten.

Organisationales Lernen, das Sammeln von Erfahrungen im Ausland und Netzwerke waren und sind nach Herrn Mey beim Internationalisierungsprozess des Unternehmens sehr wichtig. „Bei uns war das ‘learning by doing‘. Wir hatten überhaupt keine Erfahrung. Wir haben gefragt wo, wie, was? Bei unseren Verbänden, bei Verwandten, bei befreundeten Unternehmern … und haben uns dann entschieden.“[679] Erkannt wurde beispielsweise, dass es nicht sehr vorteilhaft war, die portugiesische Produktionsstätte weit entfernt vom nächsten Flughafen anzusiedeln, weshalb die ungarische wesentlich zentraler gelegen ist. Auch wurde erlernt, dass die Ängste der deutschen Mitarbeiter, ihre Arbeitsplätze könnten ins Ausland verlagert werden, nur durch offene Kommunikation beschwichtigt werden konnten. Ein weiterer Lernaspekt war, dass es, vor allem auf der Geschäftsführungsebene, im Ausland schwer und gleichsam sehr wichtig ist, gutes Personal zu bekommen. Nur durch gutes Management kann nach Herrn Mey ein funktionierender Produktionsbetrieb, dessen Produkte den in Deutschland produzierten qualitativ in nichts nachstehen, aufgebaut werden, denn „der Fisch stinkt vom Kopf her.“[680] Auch das Erlernen des Umgangs mit anderen Kulturen, das Verständnis und die Akzeptanz hierfür sind wichtige Lernfelder, die weit über landestypische Modegeschmäcker hinausgehen. So berichtete Herr Mey von den folgenden beiden Beispielen aus den Golfstaaten und Portugal:

> „Natürlich mussten wir uns in den Golfstaaten anders verhalten als in den USA. Zum Beispiel unseren Kollektionskatalog musste ich unter dem Tisch halten, weil der galt als Pornographie … Als ich das zweite oder dritte Mal in Portugal war, stand da ein Baum mit einem Ast und dieser Ast hing direkt in unser Firmenlogo .. Bevor ich ins Gebäude bin, bin ich zu unserem Hausmeister und hab gesagt, ich brauch eine Säge. Bin raus und habe den Ast abgesägt. Dann hat unsere Mitarbeiterin gesagt, damals die Geschäftsführerin:

[678] [ebd.]
[679] [ebd.]
[680] [ebd.]

> 'Herr Mey Sie sind mehr wie Directore, Sie sind Inhaber und der macht das nicht in Portugal, der lässt das machen'."[681]

3. Internationale Organisationsaufstellung

Verantwortlich für die internationale Geschäftstätigkeit der Firma Mey ist die Geschäftsführung in der Zentrale. Diese hat, bei bestimmten Investitionsvolumen oder Personalentscheidungen, die Zustimmung des Beirats einzuholen. Der Export wird von Deutschland aus gesteuert und fällt in den Aufgabenbereich des Geschäftsführers für Marketing und Vertrieb. Die beiden Auslandsproduktionsstätten unterliegen der Verantwortung des Produktionsgeschäftsführers, Herrn Lorch. Nach seinen Angaben werden beide Betriebe zentral von Albstadt-Lautlingen aus gesteuert und koordiniert. Der Grund für diese zentrale Führung liegt, laut Herrn Lorch, im hohen Qualitätsanspruch der Firma Mey:

> „Man soll nicht sehen primär, das kommt aus Ungarn, Portugal oder Deutschland. Das heißt, das muss wirklich eins zu eins vergleichbar sein und da wir es hier entwickeln … muss es so sein, dass die Dinge, die da technisch notwendig sind, die speziell von der Konfektion her notwendig sind, genau so in Ungarn und Portugal gemacht werden."[682]

Die Auslandsmanager haben demzufolge hauptsächlich die Aufgabe, die Anweisungen aus der Zentrale umzusetzen. Hierfür haben beide Produktionsstandorte eine Geschäftsführung und verantwortliche Personen für kaufmännische, technische und Produktionsaspekte, die direkt an die entsprechende Stelle in Deutschland berichten. Zu Beginn der portugiesischen Tochtergesellschaft wurde ein Ehepaar, wovon die Frau spanischer Abstammung ist, zusammen mit einem Portugiesen als Expatriates entsendet. Alle drei waren bereits langjährige Mitarbeiter der Firma Mey, was die Implementierung der Unternehmensphilosophie und des Qualitätsstandards erleichterte. Auch heute noch wird Portugal von Deutschen geführt. In Ungarn wurde eine einheimische Geschäftsführerin gefunden, die fließend deutsch spricht und aus der Textilbranche kommt.

[681] [ebd.]
[682] [Lorch (06.07.2010)]

4. Auswirkung von Familie und Unternehmenseigenschaften auf die Internationalisierung

Die Familie Mey hat starken Einfluss auf die Internationalisierung, da sie 100-prozentiger Eigentümer des Unternehmens ist. Zu bedenken ist jedoch, dass die operativen Entscheidungen mittlerweile hauptsächlich bei Fremdmanagern liegen. Nach Angaben beider Interviewpartner sind Gesellschafter und Geschäftsführung der Internationalisierung sehr offen gegenüber eingestellt, zumindest solange es sich um Geschäfte mit Ländern handelt, die politisch und menschenrechtlich stabil sind.

Bei Mey zeigen sich eine ganze Reihe von typischen Familienunternehmenseigenschaften, die auch auf die Auslandstätigkeiten, speziell die Produktionsstätten, übertragen werden.

Im Bereich *Strategie* weist das Unternehmen und seine Führung das typische, auf Langfristigkeit ausgerichtete Denken zur Wohlstandssicherung auf. Obwohl Herr Lorch die Familie und Geschäftsführung als offen für Risiko einschätzt, gilt dies nach Herrn Mey nicht für potenzielle Markteintritte in Länder, die politisch und rechtlich als schwierig angesehen werden:

> „Wir sind nicht gewillt, in China zu investieren, weil es uns zu unsicher ist … Es gibt zwar immer wieder Leute, die sagen, Sie müssen nach China …, aber wenn ich dann schaue, wer ist das, dann sind das familienfremde Geschäftsführer, die nicht mit dem eigenen Geld im Risiko stehen.“[683]

Auch die *Unternehmensumwelt* ist von großer Bedeutung. Wie bereits in einem vorher angebrachten Zitat verdeutlicht, waren Beziehungen zu mit der Internationalisierung erfahrenen Personen und Unternehmen äußerst wichtig.

Das Unternehmen Mey weist eine sozial geprägte *Organisationsarchitektur* auf. Nach Aussage von Herrn Mey gab es in der Vergangenheit keine klare Aufgabenteilung, was sich auch auf die internationalen Aktivitäten auswirkte. Die derzeitige Unternehmensstruktur ist mit drei Hierarchiestufen relativ flach und begünstigt kurze Entscheidungswege. Die Kommunikation im Unternehmen verläuft meist informell und auf persönlicher Ebene. „Meine Bürotür stand immer offen … ich wollte einfach ein Zeichen set-

[683] [Mey (06.07.2010)]

zen: Ich bin für jeden da."[684] So bereist Herr Mey auch heute noch persönlich die ausländischen Produktionsstätten, um mit den Mitarbeitern von Angesicht zu Angesicht sprechen zu können. Auch kennt man sich nach Herrn Mey auf einer sehr persönlichen Ebene. „Mit ca. 20 Prozent der Mitarbeiter bin ich per Du. Der Anteil war früher [, zu meinen aktiven Geschäftszeiten, noch] viel, viel höher."[685]

Im Bereich finanzieller *Ressourcen* ist das Unternehmen nach Aussage der Gesprächspartner sehr solide aufgestellt und weist eine hohe Eigenkapitalquote auf. Investitionen werden meist durch den operativen Gewinn finanziert. Auf personeller Seite jedoch beschrieb Herr Mey das Unternehmen, speziell in der Vergangenheit, als magersüchtig, da es extrem schlank aufgestellt war. Mittlerweile wird versucht, dies mehr ins Gleichgewicht zu bringen.

Im Bereich *Personal* zeigt sich, dass Unternehmen und Führungsstil auch heute noch vom verstorbenen Patriarchen, Herrn Albrecht Mey, geprägt sind. Des Weiteren ist die Personalführung im In- und Ausland von der Verantwortung den Mitarbeitern gegenüber geprägt. So sagte Herr Mey Folgendes:

> „Bei uns stand immer schon der Mensch im Vordergrund … Wenn ein Mitarbeiter ein Problem hat, dann löst das der Chef. Ob das nun ein betriebliches Problem ist, ein gesundheitliches Problem ist, ein privates Problem ist. Er weiß zumindest einen Rat."[686]

Zusatzleistungen wie eine eigene Kantine oder ein Hallenbad mit Sauna für die Angestellten wurden schon früh eingerichtet. Auch familiäre Traditionen werden im Unternehmen fortgeführt. So bekommt beispielsweise jeder Mitarbeiter, ob in Deutschland, Ungarn oder Portugal, bei der Weihnachtsfeier zusätzlich zum Weihnachtsgeld ein Sachgeschenk.

Bezüglich der *Selbsteinschätzung* räumten die Gesprächspartner ein, dass weiche Faktoren, wie etwa Qualität oder Mitarbeiterzufriedenheit, mittlerweile einen höheren Stellenwert als etwa die Gewinnerzielung haben. Auch hier soll in Zukunft wieder mehr auf Balance geachtet werden.

---

[684] [ebd.]
[685] [ebd.]
[686] [ebd.]

Die oben beschriebenen Eigenschaften beeinflussen die Internationalisierung und werden, nach Aussage der Interviewpartner, auf die Auslandsbetriebe und deren Mitarbeiter ausgeweitet. „So wie das Stammhaus geführt wird, so werden auch die anderen Niederlassungen geführt.“[687]

Die Internationalisierung hat eine positive, wenn auch nicht allzu starke, rückkoppelnde Wirkung auf die Unternehmenseigenschaften. So wurden beispielsweise die Mitarbeiter offener für ihre ausländischen Kollegen und andersartige Kundenwünsche. Auch werden neue Ideen und Trends vom Ausland nach Albstadt-Lautlingen weitergegeben. Nach Herrn Lorch lernen die deutschen Mitarbeiter von den ausländischen und anders herum. „Das ist eine Win-win-Situation, wo wir voneinander profitieren.“[688]

687 [Lorch (06.07.2010)]
688 [ebd.]

Dr. O. Hartmann GmbH & Co. KG

Die ersten Schritte im Ausland

Dr. O. Hartmann GmbH & Co. KG, Vaihingen an der Enz

Verwendete Quellen:

- *Interview mit Herrn Werner Wolf, geschäftsführender Gesellschafter Finanzen und Produktion der Dr. O. Hartmann GmbH & Co. KG, am 09. Mai 2010*
- *Interview mit Herrn Frank Wolf, geschäftsführender Gesellschafter Vertrieb der Dr. O. Hartmann GmbH & Co. KG, am 10. Mai 2010*
- *Interview mit Frau Auer, Leiterin Organisationsmanagement der Dr. O. Hartmann GmbH & Co. KG, am 10. Mai 2010*
- *Unternehmensinformationen gemäß Internetauftritt (www.dr-hartmann-chemie.eu)* [689]
- *Imagebroschüre* [690]
- *Jahresabschlüsse 2008-2009* [691]
- *Unternehmenshistorie* [692]

1. Unternehmens- und Familienhistorie

Die Dr. O. Hartmann GmbH & Co. KG ist nach eigenen Angaben eines der führenden Unternehmen für die chemisch-industrielle Wasserbehandlung auf dem deutschen Markt. Gegründet wurde sie im Jahre 1932 in Stuttgart von Herrn Dr. Hartmann und Herrn Schilling. Nach dem zweiten Weltkrieg kam es zum Zerwürfnis der beiden Gesellschafter, woraus 1946 die Firma Dr. O. Hartmann GmbH hervorging. Nach dem Tod von Herrn Dr. Hartmann wurde das Unternehmen im Jahre 1989 von den Eheleuten Werner und Eleonore Wolf gekauft und 1994 in Dr. O. Hartmann GmbH & Co. KG umfirmiert. Der Umzug nach Vaihingen an der Enz fand 1998 statt. Die operative Geschäftsleitung lag seit der Unternehmensübernahme bei Herrn Werner Wolf. 2006 wurde der Sohn, Herr Frank Wolf, in die Geschäftsführung aufgenommen. Das Unternehmen wird damit von der ersten und zweiten Generation der Familie Wolf geführt.

[689] Vgl. [Hartmann (2010a), S. 1]
[690] Vgl. [Hartmann (2010b), S. 1-6]
[691] Vgl. [Hartmann (2010c), S. 3-7]
[692] Vgl. [Hartmann (2010d), S. 1]

Der heutige Schwerpunkt des Unternehmens liegt im Bereich der industriellen Wasserbehandlung für Kessel-Kühl-Prozess- und Trinkwasser, sprich der chemischen Produkte sowie der für die Behandlung benötigten Anlagentechnik. Im Geschäftsjahr 2009 hat Hartmann einen konsolidierten Umsatz von 5,2 Mio. Euro erzielt und 46 Mitarbeiter beschäftigt. Die Familie Wolf hält 100% der Unternehmensanteile. Ursprünglich waren diese zu 60% auf Herrn Werner Wolf und zu 40% auf Frau Eleonore Wolf verteilt. 2006 hat Frau Wolf erst 5% und zwei Jahre später weitere 5% ihrer Anteile auf den Sohn übertragen.

2. Internationalisierungsprozess

Derzeit aktiv durch direkten und indirekten Export ist das Unternehmen in den Ländern Schweiz, Frankreich, Österreich und den Niederlanden. Bereits bevor das Unternehmen 1989 von den Eheleuten Wolf übernommen wurde, bestanden Exportbeziehungen in die Schweiz und nach Frankreich. In der Schweiz wurde damals wie heute indirekter Export betrieben. Hartmann arbeitet dort mit einem Unternehmen zusammen, welches auf dem Schweizer Markt als Wiederverkäufer der Hartmannprodukte fungiert. Zu Zeiten der Firmenübernahme wurde mit Hilfe eines Handelsvertreters in Frankreich indirekter Export betrieben, was jedoch zu keinem dauerhaften Erfolg führte. Im Jahre 1994 wurde mit Unterstützung eines neuen, zu dem Zeitpunkt noch selbstständigen Handelsvertreters, Herr Belin, der jedoch nur wenig deutsch sprach, dieses Geschäft wiederbelebt. Dieser wurde anfangs vom damaligen Verkaufsleiter, der französisch sprach, jedoch in Rente ging, betreut. 2005 trat Herr Belin ebenfalls in den Ruhestand ein und wurde daraufhin auf Teilzeitbasis vom Unternehmen als Leiter für Frankreich angestellt. Um auch weitere Gebiete Frankreichs besser abdecken zu können, auf denen großes Umsatzpotenzial erkannt wurde, wurden sechs freie Handelsvertreter eingesetzt und geschult. Vier Jahre später zog sich Herr Belin altershalber endgültig aus der Arbeitswelt zurück und „auf Grund der .. Finanzkrise hatten wir plötzlich die Möglichkeit, einen Mann aus der Wasserbranche .. zu bekommen und den haben wir [als Ersatz] eingestellt.“[693] Herr Demange, der fließend deutsch spricht, ist seit 2009 als Vollzeitaußendienstmitarbeiter und Leiter für Frankreich angestellt. Als deutschsprachiges Nachbarland wurde Österreich lange Jahre von Deutschland aus direkt betreut. Speziell durch die Zusammenarbeit mit Unternehmen aus dem Netzwerk konnte der Kundenkreis erweitert werden. Da

[693] [Wolf, W. (09.05.2010)]

der Binnenmarkt dieses Landes von der Firma Hartmann als sehr attraktiv eingestuft wird, wurde 2010 auch hier ein Außendienstmitarbeiter eingestellt. In den Niederlanden werden Kunden indirekt über ein deutsches Unternehmen akquiriert, welches dort seine Anlagen verkauft und zu deren Instandhaltung und Reinigung es seinen Kunden die Produkte von Hartmann empfiehlt.

In den vier Ländern, in denen Hartmann derzeit außerhalb Deutschlands vertreten ist, erwirtschaftet das Unternehmen, nach Angaben von Herrn F. Wolf, 10% seines Umsatzes. Dieser Anteil soll in der Zukunft ausgebaut werden. Ziel für die nächsten Jahre ist es, mit den neuen Außendienstmitarbeitern in Österreich und Frankreich profitabel zu werden, auf diesen Märkten zu wachsen und gegebenenfalls weiteres Personal einzustellen. Zugute kommen sollten dem Unternehmen, nach Ansicht der Geschäftsleitung, hierbei die qualitativ hochwertigen und bewährten Produkte sowie das ausgeprägte interne Fachwissen.

Beide Geschäftsführer haben das Marktpotenzial des Auslands erkannt. Durch die Internationalisierung soll überdies die Abhängigkeit vom deutschen Markt reduziert werden.

Die drei Gesprächspartner wiesen auf unterschiedliche Hürden hin, denen sich Hartmann bisher im Zuge der Internationalisierung stellen musste. Die erste ist fehlendes Wissen und Erfahrung in ausländischen Märkten, da das Unternehmen noch am Anfang des Internationalisierungsprozesses steht. Nach Herrn W. Wolf findet man „auch praktisch keine Ansprechpartner, die einem weiterhelfen könnten, weil wir ein Nischensegment sind."[694] Des Weiteren wird zwar die Etablierung in ausländischen Netzwerken für sehr wichtig erachtet, jedoch gestaltet sich diese als schwierig, weil „die Plätze bereits belegt sind."[695] Die Unbekanntheit der Firma Dr. Hartmann sowie des Markennamens im Ausland erschwert sowohl die Kunden- wie auch die Personalakquise. Überdies behindern personelle Probleme die Internationalisierung. So sagte Herr W. Wolf im Gespräch „[es ist ein Problem] jemanden zu finden, der aus unserer Branche kommt. Da wir eine Nischenbranche sind, ist das Personal, das es gibt, sehr ma-

694 [ebd.]
695 [Wolf, F. (10.05.2010)]

ger."[696] Hier spielt auch wieder das mangelnde Marktwissen eine Rolle. „Man braucht einen Fachmann aus der Branche, weil wenn man sich .. erst alle Marktinformationen eines Landes aufbereiten muss, ist das für ein mittelständisches Unternehmen wie uns utopisch."[697] Nach Angaben von Herrn W. Wolf gelangen aus diesem Grund auch Internationalisierungsbemühungen in Polen und Tschechien nicht. Frühere Engagements in Spanien und Ungarn mussten wieder eingestellt werden. Der Umgang mit der Andersartigkeit neuer Länder stellt eine weitere Hürde für das Unternehmen dar. Ein besonderes Problem hierbei sind andere Sprachen, vor allem wenn diese in der Zentrale von niemandem fließend gesprochen werden. Für Frankreich waren laut Frau Auer sprachliche Schulungen nötig. „Wir haben zum Beispiel für alle internen Mitarbeiter einige Worte und die Zahlen von null bis zehn in Französisch aufgeschrieben, damit man die Faxnummer des Außendienstmitarbeiters in Frankreich durchgeben kann."[698] Dolmetscher werden zwar hinzugezogen, jedoch ist es häufig für diese problematisch, das Fachwissen richtig zu vermitteln. Zusätzlich zum Faktor Sprache muss das Unternehmen sich auch mit z.B. der Arbeitsweise, gesetzlichen Vorschriften, dem Steuersystem und der Kultur des Landes auseinander setzen und diese verstehen lernen. Eine weitere Hürde im Internationalisierungsprozess für Hartmann stellen fehlende Ressourcen dar. Dies bezieht sich sowohl auf finanzielle wie auch auf personelle Aspekte.

Obwohl das Unternehmen im Ausland bisher nur wenige Praxiskenntnisse sammeln konnte, wird Erfahrung und organisationales Lernen als wichtiger Erfolgsfaktor bei der Internationalisierung angesehen. Aus dem bisherigen Internationalisierungsprozess sowie den Hürden und Rückschlägen wurden drei Haupterkenntnisse gewonnen. Erstens wurde erkannt, dass die zu bevorzugende Markteintrittsstrategie der direkte Export über die Etablierung eigener Außendienstmitarbeiter ist. Ansätze, über den indirekten Export ausländische Märkte anzugehen, waren bisher nur teilweise von Erfolg gekrönt. Dies wurde etwa in Finnland, Dänemark, Schweden und Israel versucht. Nach Ansicht der Gesprächspartner sind die Produkte von Hartmann zu wissens- und dienstleistungsintensiv, als dass sie sich in großer Masse und mit wenig Aufwand für den ungeschulten externen Verkäufer absetzen ließen. Abgesehen von den Nachteilen des indirekten Exportes wurde bei Hartmann auch die Erfahrung gemacht, dass durch eigene Außen-

[696] [Wolf, W. (09.05.2010)]
[697] [Wolf, F. (10.05.2010)]
[698] [Auer (10.05.2010)]

dienstmitarbeiter mehr Marktwissen und Erfahrung gesammelt werden kann. Überdies kann ein stärkeres Vertrauensverhältnis zu den eigenen Mitarbeitern hergestellt werden, was den Weg für eine langfristige Zusammenarbeit ebnet. Zweitens wurde die Bedeutung von Netzwerken im In-, aber vor allem im Ausland erkannt. Nach Ansicht von Herrn F. Wolf sind Netzwerke gerade dort von Bedeutung, wo man noch nicht oder nicht stark aktiv ist, da ansonsten der Einstieg schwerer fällt. Drittens wurde, durch gemachte Erfahrungen, vermehrt der Umgang mit Andersartigkeit erlernt. So wurde erkannt, dass es wichtig ist, die Kultur im Land und die Eigenheiten zu verstehen, um auf Kunden und Mitarbeiter besser eingehen zu können. Es wurde jedoch eingeräumt, dass dies für die Organisation noch ein Lernfeld darstellt. Auch deutlich wurde, dass die Internationalisierung in Länder mit gleicher Sprache und ähnlicher Kultur, wie z.B. Österreich, leichter fällt als nach Frankreich. Nach Angaben der Gesprächspartner wird in Situationen von Nichtwissen versucht, Informationen von Außendienstmitarbeitern, Kunden und Kontaktpersonen sowie über das Internet zu sammeln.

3. Internationale Organisationsaufstellung

Die derzeitige Organisationsarchitektur des Unternehmens sieht vor, dass alle Auslandsengagements von der Zentrale aus gesteuert und koordiniert werden. Hierbei wird nach Herrn F. Wolf darauf geachtet, dass Abläufe im Ausland an die in der Zentrale angepasst sowie gut steuer- und kontrollierbar sind. Auch auf Grund der Größe des Unternehmens gibt es keine Pläne, diese Organisationsaufstellung in näherer Zukunft zu ändern. Hauptverantwortlicher für die Auslandstätigkeiten der Firma Hartmann ist Herr F. Wolf in seiner Funktion als Geschäftsführer Vertrieb. Zu seinen Hauptaufgaben gehören die geografische Bezirkseinteilung der Außendienstmitarbeiter und Vertreter, die Zielvereinbarungen sowie Kontrolle und Motivation. Für weitere Themenbereiche wie z.B. Personal oder Marketing sind die jeweiligen Ansprechpartner in der Zentrale direkt zuständig. Nach Angaben von Frau Auer herrschen ein reger Austausch sowie eine enge Zusammenarbeit zwischen In- und Ausland, was durch die Größe des Unternehmens begünstigt wird.

4. Auswirkung von Familie und Unternehmenseigenschaften auf die Internationalisierung

Durch die Besetzung der Geschäftsführung mit Familienmitgliedern, denen allein die Entscheidungen bezüglich der Internationalisierung unterliegen, übt die Familie Wolf einen starken, direkten Einfluss auf die ausländischen Geschäftstätigkeiten aus. Zur indirekten Einflussnahme der weiteren Familienmitglieder konstatierte Herr F. Wolf, dass diese der Internationalisierung offen gegenüberstehen und das Risiko mittragen.

Durch die Gespräche ließen sich in mehreren Bereichen typische Merkmale von Familienunternehmen bei der Firma Hartmann feststellen, die Auswirkungen auf die Internationalisierung des Unternehmens haben.

Bezüglich der *Strategie* stellte sich heraus, dass es keinen klaren Strategiefindungsprozess bezogen auf Auslandsaktivitäten gibt. Beide Geschäftsführer sind bemüht, die Internationalisierung voranzutreiben, häufig ist es jedoch auch dem Zufall überlassen, ob im Ausland jemand Passendes gefunden wird. Sehr starken Einfluss hat die eher risikoaverse Haltung der Geschäftsleitung, die kein längerfristiges Wagnis im Ausland eingehen will. So sagte Herr W. Wolf im Gespräch: „Engagements müssen immer so sein, dass man sagt, es ist überschaubar, und wenn man was verbrennt, gefährdet es die Familie nicht. ... Der Wohlstand der Familie steht immer im Vordergrund!“[699] Das langfristige Überleben des Unternehmens sowie die Kontrollerhaltung in Familienhand soll durch die Internationalisierung nicht gefährdet werden. „Ein Engagement, wie das ein angestellter Geschäftsführer im Großkonzern sicher befürwortet, aber er bestenfalls unter dem Aktienwertverlust zu leiden hat, findet bei uns nicht statt.“[700]

Der *Umwelt*, sprich in- und ausländischen Netzwerken, wird große Bedeutung bei der Internationalisierung beigemessen, da Kontakte und Marktinformationen vonnöten sind.

Die *Unternehmensarchitektur* zeichnet sich durch eine flache Hierarchie aus. Hierdurch können Entscheidungen schnell und unbürokratisch getroffen werden, was Flexibilität mit sich bringt. Die Kommunikation gestaltet sich meist direkt und informell.

---

[699] [Wolf, W. (09.05.2010)]

[700] [ebd.]

Sparsamkeit mit *Ressourcen* sowie deren begrenzte Verfügbarkeit macht sich, wie bereits dargelegt, sowohl in finanzieller wie auch personeller Hinsicht bemerkbar. Nach Angaben von Herrn W. Wolf hat man erst in den letzten fünf Jahren die finanziellen Möglichkeiten, sich im Ausland stärker zu engagieren, da davor das Unternehmen sowie der neue Standort abgezahlt werden mussten. Die derzeitigen Mitarbeiter sind bereits voll ausgelastet und auch der Geschäftsleitung fehlt es nach eigenen Angaben häufig an Zeit, um sich stärker strategischen Aspekten wie der Internationalisierung zu widmen.

Auch in Bezug auf *Personal* lassen sich typische Eigenschaften identifizieren. Der Führungsstil ist nach Aussage von Frau Auer familiär und stark durch Herrn W. Wolf geprägt. Verantwortung den Mitarbeitern gegenüber wird sehr ernst genommen. Laut Herrn F. Wolf wird auf die einzelnen Personen und ihre private Situation Rücksicht genommen:

> „Wir tragen Verantwortung für unsere Mitarbeiter und die Familie. … [Ein Mitarbeiter] ist nicht nur eine Zahl oder Umsatzbringer, sondern es geht uns auch um den Menschen an sich. Der Gewinnbringer für das Unternehmen ist letztendlich der einzelne Mensch …, weshalb man auf die Menschen eingehen muss und offen für ihre Probleme sein.“[701]

Die Unternehmenskultur stellt sich nach Frau Auer als offen, herzlich und familiär dar. Nach eigenen Angaben ist vor allem die Geschäftsleitung sehr einsatzbereit und zieht häufig keine klare Trennlinie zwischen Familie und Unternehmen. So sagte Herr F. Wolf: „Die Geschäftstätigkeit hört nicht auf, wenn man abends die Tür zuschließt, sondern man trägt seine Gedanken und Probleme mit in die Familie.“[702] Des Weiteren hat im Unternehmen das Thema Vertrauen zu den einzelnen Mitarbeitern einen hohen Stellenwert und speziell bei den im Ausland arbeitenden wird dies als sehr wichtig empfunden.

Die oben beschriebenen Eigenschaften werden versucht, auf das Ausland auszuweiten. Die Zentrale ist bemüht, speziell zu den Auslandsaußendienstmitarbeitern ein enges Verhältnis aufzubauen, sie so gut wie möglich zu integrieren und auch die Unterneh-

[701] [Wolf, F. (10.05.2010)]
[702] [ebd.]

menskultur an sie weiterzugeben. Beispielsweise werden sie zu Außendiensttagungen, auch wenn diese sich primär um deutschlandbezogene Themen handeln, oder Unternehmensausflügen und Veranstaltungen eingeladen. Herr F. Wolf fährt, nach eigenen Angaben, auch häufig persönlich zu ihnen.

Nach Frau Auer hat die bisherige Erfahrung mit dem Ausland intern einen gewissen Lernprozess und organisationalen Wandel angestoßen. „Als es hieß, es kommt ein Franzose dazu, wir müssen vieles ändern, war das für viele hier erst mal abschreckend … Das war schon ein Lernprozess, der retour zu mehr Offenheit in der Organisation geführt hat.“[703] Auch die Geschäftsführung scheint verändernden Einflüssen durch die Internationalisierung offen gegenüber zu stehen. So konstatierte Herr F. Wolf:

> „Ich würde mir wünschen, dass sich eine gewisse Offenheit ergibt, wir nicht mehr nur über Deutschland nachdenken, sondern gewisse Märkte und Trends europaweit sehen …, dass die Organisation auch offener wird, speziell anderen Kulturen gegenüber. Ein Franzose ist eben anders, speziell während der Mittagszeit … und das muss man verstehen.“[704]

[703] [Auer (10.05.2010)]
[704] [Wolf, F. (10.05.2010)]

Reinigungschemie GmbH & Co. KG

Verstärktes Engagement in den Nachbarländern

Reinigungschemie GmbH & Co. KG (anonymisierte Darstellung)

Verwendete Quellen:

- *Interview mit dem geschäftsführenden Gesellschafter der Reinigungschemie GmbH & Co. KG, am 15. Juni 2010*
- *Interview mit einem Teamleiter der Reinigungschemie GmbH & Co. KG, am 15. Juni 2010*
- *Unternehmensinformationen gemäß Internetauftritt*
- *Broschüre zur Unternehmensgeschichte* [705]
- *Katalog Schwimmbadchemie* [706]
- *Katalog Großküchenhygiene* [707]
- *Jubiläumsmagazin* [708]
- *Mehrere Zeitungsartikel*

1. Unternehmens- und Familienhistorie

Die Reinigungschemie GmbH & Co. KG ist in Deutschland eines der führenden Unternehmen auf dem Gebiet der chemischen Schwimmbad- und Großküchenreinigung. 1945 in Bayern gegründet, verkaufte das Unternehmen zu Beginn Dachplatten sowie Schmierseife. Nur durch den Zufall eines Fasses Fettsäure, aus dem Seife gekocht wurde, kam man zur Chemie. Fachberater gaben 1967 den Anstoß zur Entwicklung von Wasseraufbereitungsprodukten für öffentliche und Hotelschwimmbäder. 1984 trat der Sohn des Gründers in das Unternehmen ein. Sieben Jahre später kamen chemische Produkte zur Großküchenhygiene als zweites Standbein hinzu. 1999 wurde der Junior zum alleinigen Geschäftsführer und ist damit bis heute als einziges Familienmitglied aktiv im Unternehmen tätig. Der Generationswechsel ging auch mit der Umfirmierung in GmbH & Co. KG einher.

---

[705] Vgl. [Reinigungschemie-GmbH&Co.KG (2010a), S. 6-11]
[706] Vgl. [Reinigungschemie-GmbH&Co.KG (2010d), S. 4-119]
[707] Vgl. [Reinigungschemie-GmbH&Co.KG (2010c), S. 4-11]
[708] Vgl. [Reinigungschemie-GmbH&Co.KG (2010b), S. 10 f.]

Mit seinen zwei Produktfeldern Schwimmbad und Küche erzielte das Unternehmen 2009 einen Umsatz von 18,2 Millionen Euro und beschäftigte 180 Mitarbeiter. Unternehmensphilosophie ist es, dem Kunden Chemie, Technik und Service aus einer Hand anzubieten. Um diesen integrierten Ansatz umsetzen zu können, liegt der Unternehmensfokus nicht nur auf dem Produktsortiment, sondern auch auf einer ausgeprägten Kundenbetreuung durch die 70 Mann starke Vertriebsmannschaft. Mittlerweile sind neben dem derzeitigen Geschäftsführer, welcher Mehrheitsgesellschafter ist, auch noch seine zwei Brüder Mitgesellschafter. Auf Quartalstreffen, der Gesellschafterversammlung und dem Familientag kommen die drei Gesellschafter zusammen. Hierbei werden die vom geschäftsführenden Gesellschafter vorgeschlagenen Pläne diskutiert.

2. Internationalisierungsprozess

Die Reinigungschemie GmbH & Co. KG ist außer auf dem deutschen Markt noch auf dem österreichischen vertreten und dies bereits seit 1971. Zu Beginn wurden österreichische Außendienstmitarbeiter eingestellt und von Deutschland aus betreut. Da es jedoch immer personelle Probleme gab, wurde dazu übergegangen, Österreich durch deutsche Vertriebsmitarbeiter, die nahe der Grenze stationiert waren, zu betreuen. Da der österreichische Markt für das Unternehmen auf Grund vieler Hotels mit Schwimmbädern sehr interessant ist, wurde beschlossen, sich stärker dort zu engagieren. Aus diesem Grund wurde 2008 eine Tochtergesellschaft mit Sitz in Salzburg gegründet. Bei dieser sind derzeit fünf Außendienstmitarbeiter angestellt. Zwei fungieren als Gebietsleiter für jeweils ein Produktfeld, wobei vorgesehen ist, dass einer in der Zukunft die Geschäftsführung übernimmt. Die österreichische Vertriebsmannschaft wird derzeit noch von fünf deutschen Außendienstmitarbeitern unterstützt, die nahe der Grenze wohnen. Auch andere Markteintrittsstrategien, wie JV oder Firmenkauf, wurden im Unternehmen diskutiert. Jedoch ist die Geschäftsleitung der Überzeugung, dass man das bisherige Vorgehen über eigene Vertriebsmitarbeiter gut beherrscht und es am besten zum integrierten Ansatz des Unternehmens passt.

Die Zukunftsplanung sieht vor, auch auf dem Schweizer Markt aktiv zu werden. Da in Österreich die Erfahrung gemacht wurde, dass es nicht ausreicht, lokale Vertriebsmitarbeiter einzustellen oder den Markt von Deutschland aus zu betreuen, soll Ende 2010 dort eine Vertriebsgesellschaft gegründet werden. Im zweiten Schritt sollen bei dieser

Außendienstmitarbeiter angestellt und ein eigener Geschäftsführer gefunden werden. Darüber hinaus sieht die strategische Planung bis 2017 vor, dass die beiden Tochtergesellschaften profitabel werden und sich am Markt als Wettbewerber etabliert haben.

Gründe für die Entscheidung, die Unternehmenspräsenz über die Landesgrenzen hinaus auszuweiten, sind mehr Unabhängigkeit vom deutschen Markt sowie Wachstumsbestrebungen. Das Marktpotenzial in Österreich und der Schweiz wird als sehr gut eingeschätzt, da es einerseits viele Hotelbetriebe und Großküchen gibt und andererseits die Wasserreinheitsvorschriften ähnlich streng sind wie in Deutschland. Letzterer Aspekt führt zum vermehrten Einsatz spezialisierter und qualitativ hochwertiger Produkte wie die des hier betrachteten Unternehmens. Dies bedeutet aber auch, dass Märkte wie etwa Italien wenig attraktiv für das Unternehmen sind, da es kaum gesetzliche Vorschriften gibt und Kunden somit einfachere und billigere Produkte vorziehen. Des Weiteren sind die beiden Länder Österreich und Schweiz von Bayern aus schnell erreichbar und zumindest zu Beginn müssen in der Schweiz keine Sprachbarrieren überwunden werden. Da das Unternehmen über tiefgründiges Fachwissen verfügt, die Produkte qualitativ hochwertig sind und man seinen Kunden ein integriertes Verkaufskonzept anbietet, sehen die beiden Gesprächspartner gute Chancen für die Reinigungschemie GmbH & Co. KG im Ausland.

Das Unternehmen musste beim Versuch, in Österreich Fuß zu fassen, vor allem personelle Rückschläge hinnehmen. Bisher gestaltete es sich schwierig, qualifizierte Außendienstmitarbeiter in Österreich zu finden, die zudem noch zur deutschgeprägten Unternehmenskultur passen. Auch war es seit Gründung der Gesellschaft nicht möglich, einen Geschäftsführer einzustellen. Überdies mussten personelle Verluste auf Grund der Gründung hingenommen werden. Ein Gebietsleiter ging zusammen mit einem Außendienstmitarbeiter zur Konkurrenz, weil Verunsicherung herrschte und speziell der Gebietsleiter keinen Machtverlust hinnehmen wollte.

Aus diesen Rückschlägen und dem seit 1971 eher langsamen Vordringen auf den österreichischen Markt wurden mehrere Erkenntnisse gezogen. Speziell im Bereich Personal, der für das Unternehmen auf Grund des hohen Dienstleistungsanteils sehr wichtig ist, wurde erkannt, dass in Österreich die Mitarbeitersuche stärker als in Deutschland über

Kontakte abläuft. Auch musste festgestellt werden, dass die österreichische Mentalität sich von der deutschen unterscheidet und es daher häufig schwierig ist, Personal zu finden, das zum Unternehmen passt. So sagte der geschäftsführende Gesellschafter im Gespräch Folgendes:

> „Wir hängen immer sehr stark an den Personen. Wir müssen lernen, was das für Menschen sind und wie die ticken, und wie finden wir da die Personen, die trotzdem zu der Kultur, die wir hier in Deutschland haben, passen ... Die Österreicher sind halt eher locker. Die sagen halt .. Hauptsache meine Zahlen passen und ob ich am Nachmittag ins Kaffeehaus hock, das kann denen egal sein. Und das akzeptieren wir hier aber überhaupt nicht."[709]

Des Weiteren wurde gelernt, dass es nicht zum Erfolg führt, den österreichischen Markt von Deutschland aus zu betreuen oder dort Außendienstmitarbeiter zu haben, die aber von Deutschland aus geführt werden. Beide eben erwähnten Lernaspekte sollen durch die Gründung der Tochtergesellschaft und speziell durch das Einsetzen eines österreichischen Geschäftsführers umgesetzt werden. Jedoch musste auch bei der Gesellschaftsgründung erkannt werden, dass dies auf Grund umfangreicher gesetzlicher und steuerlicher Vorschriften mit viel Aufwand verbunden ist.

Mit Nichtwissen, am Beispiel des Schweizer Marktes, wird umgegangen, indem in einem ersten Schritt Marktrecherche betrieben wird. Zudem soll ein Außendienstmitarbeiter, der am Bodensee stationiert ist, in die Schweiz fahren und eruieren, wo potenzielle Kunden sitzen. Daraufhin soll eine Vertriebsgesellschaft gegründet werden, denn „ich glaube, da können sie nicht ewig Studien machen, da muss man einfach hingehen und mal versuchen zu verkaufen und dann wird man sehen, was passiert"[710], so der geschäftsführende Gesellschafter im Gespräch.

3. Internationale Organisationsaufstellung

Derzeit wird die österreichische Tochtergesellschaft zentral von Bayern aus gesteuert, was aber nur ein vorläufiger Zustand sein soll. Der geschäftsführende Gesellschafter ist momentan zusätzlich noch Geschäftsführer für Österreich und verantwortlich für die kaufmännische Führung. Die personelle und operative Verantwortung liegt derzeit bei einem deutschen Vertriebsleiter, der jedoch nicht gewillt ist, nach Österreich umzusie-

[709] [Geschäftsführender Gesellschafter (15.06.2010)]
[710] [ebd.]

deln. Zu dessen Aufgaben zählt neben dem Aufbau des Personal- und Kundenstamms auch die Vorbereitung von einem der beiden derzeitigen österreichischen Gebietsleiter auf die Geschäftsführungsposition. Dieser Mann soll die Tochtergesellschaft zukünftig möglichst dezentral, selbstständig und unternehmerisch führen. Seine neue Rolle wird es mit sich bringen, nicht mehr nur auf den Umsatz, sondern auch auf den Gewinn zu achten und die Vertriebsmannschaft auszubauen. Die Hauptaufgabe der Tochtergesellschaft sowie der dort angestellten Außendienstmitarbeiter ist der Vertrieb mit derzeitigem Fokus auf den Ausbau des Kundenstamms. Unterstützungsfunktionen wie Marketing, Logistik und Rechnungsstellung werden in der deutschen Zentrale durchgeführt.

4. Auswirkung von Familie und Unternehmenseigenschaften auf die Internationalisierung

Die Eigentümerfamilie hat starken direkten und indirekten Einfluss auf das Unternehmen, da es sich zu 100% in ihrer Hand befindet und ein Mitglied alleiniger Geschäftsführer ist. Nach Aussage des geschäftsführenden Gesellschafters stehen die restlichen Familienmitglieder, vor allem die Gesellschafter, den internationalen Ambitionen des Unternehmens positiv gegenüber. Sie sind aber mahnender und vorsichtiger als er selbst.

Im Gespräch mit den zwei Interviewpartnern ließ sich feststellen, dass das Unternehmen typische Eigenschaften eines Familienunternehmens aufweist, die sich auch auf die österreichische Tochtergesellschaft, die als vollständig integriert beschrieben wird, auswirken.

Im Merkmalsbereich *Strategie* lässt sich feststellen, dass langfristiges Denken sowohl bei der Familie, dem Management als auch bei den Mitarbeitern verankert ist. Das Unternehmen ist darauf ausgelegt, über lange Zeit hinweg einerseits den Wohlstand der Familie, aber andererseits auch die Arbeitsplätze der meist langjährigen Mitarbeiter und damit deren Einkommen zu sichern.

> „Die Langfristigkeit [ist sehr wichtig] … Es gibt einen Haufen Leute, die arbeiten nur bei uns, .. [deren] Weh und Glück hängt von der Firma ab, weil sie da alle ihre Euros davon herbekommen. Infolgedessen schauen wir alle gemeinsam .., dass Entscheidungen in die Zukunft gerichtet sind und nicht

> bloß auf Quartalszahlen … wir schauen halt, dass die Firma langfristig funktioniert, weil uns das unser Auskommen sichert.“[711]

Auch die Unternehmensstrategie ist auf Langfristigkeit und Nachhaltigkeit ausgerichtet. Bei Vorhaben, wie etwa der Internationalisierung, weist das Unternehmen daher viel Durchhaltevermögen auf.

> „Wir lassen uns nicht abschrecken, wenn was nicht funktioniert, sondern dann dauert es eben etwas länger. Wir sind einfach langfristiger ausgelegt.“[712] „Wir sind keine Sprinter, sondern absolute Langstreckenläufer … Auf die lange Distanz sind wir sehr gut unterwegs. Wir haben die Kondition, die Ausdauer, wir kommen an.“[713]

Der geschäftsführende Gesellschafter beschreibt das Unternehmen als eher risikoscheu, da man konservativ und vorsichtig agiert. „Wir gehen nichts ein, wo wir keinen Plan B haben.“[714] Auf Diversifizierung wird viel Wert gelegt, daher auch die beiden Produktstandbeine und der derzeitige Fokus auf die Ausweitung des Auslandsgeschäfts.

Ebenso spielt die *Umwelt*, speziell die enge Beziehung zu den Kunden, für das Unternehmen eine sehr wichtige Rolle. So sagte der geschäftsführende Gesellschafter: „der Kontakt zu den Kunden ist extrem wichtig.“[715] Das erweiterte Netzwerk, sprich die Konkurrenten und Zulieferer werden jedoch nicht als wichtig erachtet.

Bezüglich der *Unternehmensarchitektur* lässt sich feststellen, dass die Kommunikation auf einer persönlichen und direkten Ebene stattfindet. „Wir sitzen ja alle in einem Großraumbüro, das bedingt schon mal einen sehr persönlichen Kontakt, indem sie den anderen sehen. Wir sitzen [auch] alle beim Mittagessen … das hat schon einen familiären Anstrich.“[716] Es wird zwar versucht, diese persönliche Kommunikation auch mit Österreich aufrechtzuerhalten, nur erweist sich dies mit dem Außendienst allgemein, auf Grund der Distanz als schwierig.

Besonders bei personellen *Ressourcen* zeigt sich Sparsamkeit. Hierdurch soll die Produktivität der Mitarbeiter gesteigert werden. Fremdkapital wird, wenn möglich, nicht aufgenommen. Stattdessen soll organisch gewachsen werden, da man unabhängig von

[711] [ebd.]
[712] [Teamleiter (15.06.2010)]
[713] [Geschäftsführender Gesellschafter (15.07.2010)]
[714] [ebd.]
[715] [ebd.]
[716] [ebd.]

externen Geldgebern bleiben möchte. Auch im Bereich *Personal* zeigen sich typische Merkmale. So war der Führungsstil, vor allem zu Zeiten des Gründers, stark patriarchisch geprägt, was der Sohn versucht abzumildern. Die Unternehmenskultur ist, nach Aussage der Interviewpartner, familiär geprägt. So kommen z.B. die Eltern und Brüder des derzeitigen Geschäftsführers auch öfter noch zu Weihnachtsfeiern. Wie bereits erwähnt, fühlt sich die Familie ihren Mitarbeitern im In- und Ausland gegenüber in der Verantwortung. Sie engagiert sich aber auch außerhalb des Unternehmens. Beispielsweise wird seit 2008 jährlich ein mit 10.000 Euro dotierter Jugendförderpreis vergeben.

Bezüglich der *Selbsteinschätzung* ist festzustellen, dass es zwar keine ausgewiesene Controllingabteilung gibt, jedoch ein Team, welches unter anderem für die Generierung der Unternehmenskennwerte verantwortlich ist. Hierbei werden auch weiche Faktoren, die als wichtig erachtet werden, wie Mitarbeiterfluktuation oder Kundenzufriedenheit, gemessen. Generell ist die Firma nicht auf maximale Gewinnerzielung ausgerichtet.

Ein rückkoppelnder Einfluss der österreichischen Tochtergesellschaft auf die Unternehmenseigenschaften der Muttergesellschaft ist derzeit kaum zu spüren. Dies könnte daran liegen, dass die Firma schon sehr lange auf diesem Markt aktiv ist und sich bereits daran gewöhnt hat, mit Österreich Geschäfte zu machen. „Entstehen wird das jetzt vielleicht mit der Schweiz, weil des was Neues ist und weil des Unternehmen lernt, sich mit .. einem neuen Markt auseinander zu setzen."[717]

[717] [ebd.]

Bibliographieverzeichnis

Adenäuer, C., Hoffmann, M., Kayser, G. et al. (2008). *BDI-Mittelstandspanel: Ergebnisse der Online-Mittelstandsbefragung Frühjahr 2008*, [elektronischer Artikel]. Bund Deutscher Industrie (BDI), abgerufen von http://www.bdi-panel.emnid.de/Ergebnisse_Fruehjahr_2008.htm am

Agrawal, D. & Lal, R. (1995). Contractual Arrangements in Franchising: An Empirical Investigation, *Journal of Marketing Research,* 32(2), 213-221.

Al-Laham, A. & Souitaris, V. (2008). Network embeddedness and new-venture internationalization: Analyzing international linkages in the German biotech industry, *Journal of Business Venturing,* 23(5), 567-586.

Albraum, G., Strandskov, J. & Duerr, E. (2001). *Internationales Marketing und Exportmanagement,* München: Pearson Studium.

Allio, M. K. (2004). Family business: their virtues, vices, and strategic path, *Strategy & Leadership,* 32(4), 24-33.

Ambos, T. C. & Ambos, B. (2009). The impact of distance on knowledge transfer effectiveness in multinational corporations, *Journal of International Management,* 15(1), 1-14.

Andersen, O. (1993). On the internationalization process of firms: A critical analysis, *Journal of International Business Studies,* 24(2), 209-231.

Anderson, A. R., Jack, S. L. & Dodd, S. D. (2005). The Role of Family Members In Entrepreneurial Networks: Beyond the Boundaries of the Family Firm, *Family Business Review,* 18(2), 135-154.

Anderson, R. C. & Reeb, D. M. (2003). Founding-Family Ownership and Firm Performance: Evidence from the S&P 500, *Journal of Finance,* 58(3), 1301-1328.

Andersson, T., Serger, S. S., Sörvik, J. et al. (2001). *The Cluster Policies Whitebook,* [elektronischer Artikel]. International Organisation for knowledge economy and enterprise development, abgerufen von http://www.google.de/url?sa=t&source=web&cd=1&ved=0CBwQFjAA&url=http%3A%2F%2Fciteseerx.ist.psu.edu%2Fviewdoc%2Fdownload%3Fdoi%3D10.1.1.118.7546%26rep%3Drep1%26type%3Dpdf&rct=j&q=The%20Cluster%20Policies%20Whitebook&ei=wjYGTca2CMrysgbT5OXkCQ&usg=AFQjCNHzoigx_V38r1kuWog-8IVi51KRIg&cad=rja am 13.12.2010.

Anson, W. (2001). 2010: The Future of Licensing, *Licensing Journal,* 27(7), 30.

Arenius, P. (2005). The Psychic Distance Postulate Revised: From Market Selection to Speed of Market Penetration, *Journal of International Entrepreneurship,* 3(2), 115-131.

Armario, J. M., Ruiz, D. M. & Armario, E. M. (2008). Market Orientation and Internationalization in Small and Medium-Sized Enterprises, *Journal of Small Business Management,* 46(4), 485-511.

Astrachan, J. H. (2003). Commentary on the special issue: the emergence of a field, *Journal of Business Venturing,* 18, 567.

Astrachan, J. H. (2009). Using and abusing family business research, *Family Business,* 20(4), 40-42.

Astrachan, J. H., Klein, S. B. & Smyrnios, K. (2006). The F-PEC scale of family influence: a proposal for solving the family business definition problem, in: Poutziouris, P. Z., Smyrnios, K. & Klein, S. B.: *Handbook of Research on Family Business,* Cheltenham: Edward Elgar.

Aswicahyono, H. H. & Hill, H. (1995). Determinants of foreign ownership in LDC manufacturing: An Indonesian case study, *Journal of International Business Studies,* 26(1), 139-158.

Auer (10.05.2010). Interview mit Frau Auer von der Dr. O. Hartmann GmbH & Co. KG.

Aulakh, P. S., Cavusgil, S. T. & Sarkar, M. B. (1998). Compensation in International Licensing Agreements, *Journal of International Business Studies,* 29(2), 409-419.

Axelsson, B. & Johanson, J. (1992). Foreign Market Entry - the Textbook vs. the Network View, in: Johanson, J.: *Internationalization, Relationships and Networks,* Uppsala: Department of Business Studies, University of Uppsala.

Axinn, C. N. & Matthyssens, P. (2001). Limits of internationalization theories in an unlimited world, *International Marketing Review,* 19(5), 436-449.

Backers-Gellner, U. & Huhn, K. (2000). Internationalisierungsformen und ihre Bedeutung für mittelständische Unternehmen, in: Gutmann, J. & Kabst, R.: *Internationalisierung im Mittelstand: Chancen-Risiken-Erfolgsfaktoren,* Wiesbaden: Gabler.

Baird, I. S., Lyles, M. A. & Orris, J. B. (1994). The choice of international strategy by small businesses, *Journal of Small Business Management,* 32(1), 48-59.

Barclay, L. A. (2000). *Foreign Direct Investment in Emerging Economies,* London: Routledge.

Barkema, H. G., Bell, J. H. & Pennings, J. M. (1996). Foreign entry, cultural barriers and learning, *Strategic Management Journal,* 17, 151-166.

Barkema, H. G., Shenkar, O., Vermeulen, F. et al. (1997). Working abroad, working with others: How firms learn to operate international joint ventures, *Academy of Management Journal,* 40(2), 426-442.

Barnes, L. B. & Hershon, S. A. (1976). Transferring power in the family business, *Harvard Business Review,* 54(4), 105-114.

Barney, J. (1991). Firm Resources and Sustained Competitive Advantage, *Journal of Management,* 17(1), 99.

Barontini, R. & Caprio, L. (2006). The Effect of Family Control on Firm Value and Performance: Evidence from Continental Europe, *European Financial Management,* 12(5), 689-723.

Barth, E., Gulbrandsen, T. & Schønea, P. (2005). Family ownership and productivity: the role of owner-management, *Journal of Corporate Finance,* 11(1-2), 107-127.

Bartlett, C. A. & Ghoshal, S. (1988). Organizing for Worldwide Effectiveness: The Transnational Solution, *California Management Review,* 31(1), 54-74.

Bartlett, C. A. & Ghoshal, S. (1995). Changing the Role of Top Management: Beyond Systems to People, *Harvard Business Review,* 73(3), 132-142.

Bartlett, C. A. & Ghoshal, S. (1997). The Myth of the Generic Manager: New Personal Competencies for new management roles, *California Management Review,* 40(1), 92-116.

Bartlett, C. A. & Ghoshal, S. (2002a). Building Competitive Advantage Through People, *MIT Sloan Management Review,* 43(2), 34-41.

Bartlett, C. A. & Ghoshal, S. (2002b). *Managing Across Borders: The Transnational Solution,* Boston: Harvard Business School Press.

Bartlett, C. A. & Ghoshal, S. (2003). What Is a Global Manager, *Harvard Business Review,* 81(8), 101-108.

Basly, S. (2007). The internationalization of family SME: An organizational learning and knowledge development perspective, *Baltic Journal of Management,* 2(2), 154-180.

Baumhauer (07.06.2010). Interview mit Herrn Baumhauer von der E. Merck KG.

Beaudry, C. & Breschi, S. (2003). Are Firms in Clusters Really More Innovative, *Economics of Innovation and New Technology,* 12(4), 325-342.

Beck, U. (2007). *Was ist Globalisierung? Irrtümer des Globalismus - Antworten auf Globalisierung,* Frankfurt am Main: Suhrkamp.

Behr, M. (2004). Im Sog der Internationalisierung - Startpunkte, Wege und Ziele kleiner und mittlerer Unternehmen, in: Behr, M. & Semlinger, K.: *Internationalisierung kleiner und mittlerer Unternehmen,* Frankfurt: Campus Verlag.

Bell, J., McNaughton, R. & Young, S. (2001). `Born-again global' firms: An extension to the `born global' phenomenon, *Journal of International Management,* 7(3), 173-189.

Bell, J., McNaughton, R., Young, S. et al. (2003). Towards an Integrative Model of Small Firm Internationalisation, *Journal of International Entrepreneurship,* 1(4), 339-362.

Bernschneider-Reif (07.06.2010). Interview mit Frau Dr. Bernschneider-Reif von der Merck KGaA.

Bertrand, M. & Schoar, A. (2006). The Role of Family in Family Firms, *Journal of Economic Perspectives,* 20(2), 73-96.

Bird, B., Welsch, H., Astrachan, J. H. et al. (2002). Family Business Research: The Evolution of an Academic Field, *Family Business Review,* 15(4), 337-350.

Birley, S. (2001). Owner-Manager Attitudes to Family and Business Issues: A 16 Country Study, *Entrepreneurship: Theory & Practice,* 26(2), 63-76.

Björkman, I. & Eklund, M. (1996). The Sequence of Operational Modes Used by Finnish Investors in Germany, *Journal of International Marketing,* 4(1), 33-55.

Bogun, L. A. (2008). Determinants of models of foreign entry: Duality in approaches, *Journal of International Business Strategy,* 8(2), 59-71.

Börner, A. F. (2007). Internationalisierungsstrategien des deutschen Mittelstandes - Best Practices, in: Haasis, H., Fischer, T. R. & Simmert, D. B.: *Mittelstand hat Zukunft,* Wiesbaden: Gabler.

Boschma, R. A. (2004). Competitiveness of Regions from an Evolutionary Perspective, *Regional Studies,* 38(9), 1001-1014.

Boudreau, M.-C., Loch, K. D., Robey, D. et al. (1998). Going Global: Using information technology to advance the competitiveness of the virtual transnational organization, *Academy of Management Executive,* 12(4), 120-128.

Braun, G. (1988). *Die Theorie der Direktinvestition,* Köln: Institut für Wirtschaftspolitik an der Universität Köln.

Brickley, J. A., Dark, F. H. & Weisbach, M. S. (1991). An Agency Perspective on Franchising, *Financial Management,* 20(1), 27-35.

Brockhaus, S. R. H. (1994). Entrepreneurship and Family Business Research: Comparisons, Critique, and Lessons, *Entrepreneurship: Theory & Practice,* 19(1), 25-38.

Brockmann, M., Classen, D., Classen, F. et al. (2008). *Handbuch für Familien- und Mittelstandsunternehmen,* Stuttgart: Schäffler-Poeschel.

Brokaw, L. & Murphy, A. (1992). Why family businesses are best, *Inc.,* 14(3), 72.

Brouthers, K. D. & Nakos, G. (2004). SME Entry Mode Choice and Performance: A Transaction Cost Perspective, *Entrepreneurship: Theory & Practice,* 28(3), 229-247.

Brown, K., Burgess, J., Festing, M. et al. (2007). *The Value Adding Web: A Multi-level Framework of Competitive Advantage Realisation in Firm-Clusters,* [elektronischer Artikel]. ESCP-EAP, abgerufen von http://www.ifw-kiel.de/konfer/2007/agks/paper/brown_et_al.pdf am 13.12.2010.

Buckley, P. J. (1983). New theories of international business: some unresolved issues, in: Casson, M. C.: *The Growth of International Business,* London: George Allen & Unwind.

Buckley, P. J. (1992). *Studies in International Business,* London: Academic Press Ltd.

Buckley, P. J. & Casson, M. C. (1979). A Theory of International Operations, in: Buckley, P. J. & Ghauri, P.: *The Internationalization of the firm,* London: Academic Press.

Buckley, P. J. & Casson, M. C. (1991). *The future of the multinational enterprise,* London: McMillan Press Ltd.

Buckley, P. J. & Casson, M. C. (1998). Analyzing Foreign Market Entry Strategies: Extending the Internalization Approach, *Journal of International Business Studies,* 29(3), 539-561.

Budak, P. R. & Susbauer, J. C. (1977). International expansion through licensing: Guidelines for the small firm, *Journal of Small Business Management,* 15(1), 17-21.

Cadbury, A. (2000). Family Firms and their Governance: Creating Tomorrows Company from Today's. London, Egon Zehnder International.

Caligiuri, P. M. & Stroh, L. K. (1995). Multinational corporation management strategies and international human resource practices: bringing IHRM to the bottom line, *International Journal of Human Resource Management,* 6(3), 494-507.

Cappuyns, K. (2006). Internationalization of family business through strategic alliances: an exploratory study, in: Poutziouris, P. Z., Smyrnios, K. & Klein, S. B.: *Handbook of Research on Family Business,* Cheltenham: Edward Elgar.

Carrasco-Hernandez, A. & Sánchez-Marín, G. (2007). The Determinants of Employee Compensation in Family Firms: Empirical Evidence, *Family Business Review,* 20(3), 215-228.

Casillas, J. & Acedo, F. (2007). Evolution of the Intellectual Structure of Family Business Literature: A Bibliometric Study of FBR, *Family Business Review,* 20(2), 141-162.

Casillas, J. C., Acedo, F. J. & Moreno, A. M. (2007). *International Entrepreneurship in Family Business,* Cheltenham: Edward Elgar.

Caspers, R. (1999). Globalisierung der Wirtschaft und Anpassungsdruck in Deutschland, in: Apolte, T., Caspers, R. & Welfens, P. J. J.: *Standortwettbewerb, wirtschaftspolitische Rationalität und internationale Ordnungspolitik,* Baden-Baden: Nomos Verlegergesellschaft.

Caves, R. E. (1971). International Corporations: The Industrial Economics of Foreign Investment, *Economica,* 38(149), 1-27.

Caves, R. E. (1974). Multinational Firms, Competition, and Productivity in Host-Country Markets, *Economica,* 41(162), 176-193.

Chakravarthy, B. S. & Perlmutter, H. V. (1985). Strategic Planning for A Global Business, *Columbia Journal of World Business,* 20(2), 3-10.

Chetty, S. & Campbell-Hunt, C. (2003). Paths to internationalisation among small- to medium-sized firms, *European Journal of Marketing,* 37(5/6), 796-820.

Child, J. & Yan, Y. (1999). Investment and Control in International Joint Ventures: The Case of China, *Journal of World Business,* 34(1), 3-15.

Chng, P.-L. & Pangarkar, N. (2000). Research on global strategy, *International Journal of Management Reviews,* 2(1), 91.

Chrisman, J. J., Chua, J. H. & Kellermanns, F. (2009). Priorities, Resource Stocks, and Performance in Family and Nonfamily Firms, *Entrepreneurship: Theory & Practice,* 33(3), 739-760.

Chrisman, J. J., Chua, J. H. & Litz, R. (2003a). A unified systems perspective of family firm performance: an extension and integration, *Journal of Business Venturing,* 18, 467.

Chrisman, J. J., Chua, J. H. & Sharma, P. (2003b). *Current trends and future directions in family business management studies: Toward a theory of the family firm,* [elektronischer Artikel]. United States Association of Small Business and Entrepreneurship, abgerufen von http://usasbe.org/knowledge/whitepapers/chrisman2003.pdf am

Chrisman, J. J., Chua, J. H. & Sharma, P. (2005). Trends and Directions in the Development of a Strategic Management Theory of the Family Firm, *Entrepreneurship: Theory & Practice,* 29(5), 555-575.

Chua, J. H., Chrisman, J. J. & Sharma, P. (1999). Defining the Family Business by Behavior, *Entrepreneurship: Theory & Practice,* 23(4), 19-39.

Claver, E., Rienda, L. & Quer, D. (2007). The internationalisation process in family firms: choice of market entry strategies, *Journal of General Management,* 33(1), 1-14.

Claver, E., Rienda, L. & Quer, D. (2008). Family firms' risk perception: empirical evidence on the internationalisation process, *Journal of Small Business and Enterprise Development,* 15(3), 457-471.

Cluster (2009). *Kompetenznetze Deutschland - Süddeutschland*, abgerufen von http://www.kompetenznetze.de/regionen/suddeutschland am 16.12.2009.

Coase, R. H. (1937). The Nature of the Firm, in: Williamson, O. E. & Masten, S. E.: *The Economic of Transaction Costs,* Cheltenham: Edward Elgar Publishing.

Coase, R. H. (1988). The Nature of the Firm: Meaning, *Journal of Law, Economics & Organization,* 4(1), 19.

Colucci (2010). *Markenbotschaft*, abgerufen von http://www.carlo-colucci.com/index.php?sid=bafceb6217cb23488d3604fa610fa699&cl=profile am 18.02.2010.

Combs, J. G. & Ketchen Jr, D. J. (1999). Can capital scarcity help agency theory explain franchising? Revising the capital scarcity hypothesis, *Academy of Management Journal,* 42(2), 196-207.

Contractor, F. J. (1981). The Role of Licensing in International Strategy, *Columbia Journal of World Business,* 16(4), 73.

Coviello, N. E. & Martin, K. A. M. (1999). Internationalization of Service SMEs: An Integrated Perspective from the Engineering Consulting Sector, *Journal of International Marketing,* 7(4), 42-66.

Coviello, N. E. & Munro, H. (1995). Growing the entrepreneurial firm, *European Journal of Marketing,* 29(7), 49-61.

Cullen, J. B., Johnson, J. L. & Sakano, T. (2000). Success Through Commitment and Trust: The Soft Side of Strategic Alliance Management, *Journal of World Business,* 35(3), 223.

Dacin, M. T., Hitt, M. A. & Levitas, E. (1997). Selecting Partners for Successful International Alliances: Examination of U.S. and Korean Firms, *Journal of World Business,* 32(1), 3-16.

Davis, P. S. & Harveston, P. D. (2000). Internationalization and Organizational Growth: The Impact of Internet Usage and Technology Involvement Among Entrepreneurial Family Businesses, *Family Business Review,* 8(2), 107-120.

De Clercq, D., Sapienza, H. & Crijns, H. (2005). The Internationalization of Small and Medium-Sized Firms, *Small Business Economics,* 24(4), 409-419.

De Martino, R., Reid, D. M. & Zygliodopoulos, S. C. (2006). Balancing Localization and Globalization: Exploring the Impact of Firm Internationalization on a Regional Cluster, *Entrepreneurship and Regional Development,* 18(1), 1-24.

Deckstein, D. (09.03.2010). Jedes dritte Unternehmen hat modische Finessen, in: *Süddeutsche Zeitung*, abgerufen von (Artikel bereitgestellt von Unternehmen)

Dejo-Oricainı, N. & Ramírez-Alesón, M. (2009). Export Behaviour: a Study of Spanish SMEs, *o.A.,* 3(2), 52-67.

Delios, A. & Henisz, W. J. (2003). Political hazards, experience, and sequential entry strategies: The international expansion of Japanese firms, 1980-1998, *Strategic Management Journal,* 24(11), 1153-1164.

Dhanaraj, C. & Beamish, P. W. (2003). A Resource-Based Approach to the Study of Export Performance, *Journal of Small Business Management,* 41(3), 242-261.

Donckels, R. (2002). Die Internationalisierung von Familien-KMU, in: Pleitner, H. J.: *Internationalisierung europäischer Klein- und Mittelunternehmen,* Berlin: Duncker & Humbolt.

Donnelley, R. G. (1964). The Family Business, *Harvard Business Review,* 42(4), 93-105.

Doz, Y., Santos, J. & Williamson, P. (2001). *From Global to Metanational: How Companies Win the Knowledge Economy,* Boston: Harvard Business School Press.

Drozdow, N. & Schleif, K. (2009). Joint ventures: A fast-track strategy for growth, *Family Business,* 20(1), 63-65.

Dülfer, E. & Jöstingmeier, B. (2008). *Internationales Management: In unterschiedlichen Kulturbereichen,* München: Oldenbourg Wissenschaftsverlag.

Dunning, J. H. (1979). Explaining changing patterns of international production: In defense of the eclectic theory, *Oxford Bulletin of Economics & Statistics,* 41(4), 269-295.

Dunning, J. H. (1980). Toward an eclectic theory of international production: Some empirical tests, *Journal of International Business Studies,* 11(1), 9-31.

Dunning, J. H. (1981). *International Production and the Multinational Enterprise,* London: George Allen & Unwind.

Dunning, J. H. (1988). *Explaining International Production,* London: Unwind Hyman.

Dunning, J. H. (1993). *Multinational enterprises and the global economy,* New York: Addison-Wesley Publishing.

Dunning, J. H. (2000). The eclectic paradigm as an envelope for economic and business theories of MNE activity, *International Business Review,* 9, 163-190.

Dunning, J. H. & McQueen, M. (1981). The Eclectic Theory of International Production: A Case Study of the International Hotel Industry, *Managerial & Decision Economics,* 2(4), 197-210.

Durchflussmesstechnik-GbmH&Co.KG (2010a). Festschrift zum 75-jährigen Jubiläum.

Durchflussmesstechnik-GbmH&Co.KG (2010b). Image Broschüre.

Dussauge, P. & Garrette, B. (1995). Determinants of success in international strategic alliances: Evidence from the global aerospace industry, *Journal of International Business Studies,* 26(3), 505-530.

Dyer Jr, W. G. (2006). Examining the "Family Effect" on Firm Performance, *Family Business Review,* 19(4), 253-273.

Eden, R. (2002). Kleine und mittlere Unternehmen im Prozess der Internationalisierung, in: Krystek, U. & Zur, E.: *Handbuch Internationalisierung: Globalisierung - eine Herausforderung für die Unternehmensführung,* Heidelberg: Springer.

Engelhard, J. & Dähn, M. (1997). Theorien der internationalen Unternehmenstätigkeit - Darstellung, Kritik und zukünftige Anforderungen, in: Macharzina, K. & Oesterle, M.-J.: *Handbuch Internationales Management: Grundlagen - Instrumente - Perspektiven,* Wiesbaden: Gabler.

Eriksson, K., Johanson, J., Majkgard, A. et al. (1997). Experiential knowledge and cost in the internationalization process, *Journal of International Business Studies,* 28(2), 337-360.

Erramilli, M. K. (1991). The experience factor in foreign market entry behavior of service firms, *Journal of International Business Studies,* 22(3), 479-501.

Erramilli, M. K. & Srivastava, R. (1999). Internationalization theory and Korean multinationals, *Asia Pacific Journal of Management,* 16(1), 29.

EU-Kommission (2003a). *Beobachtungsnetz der europäischen KMU - Internationalisierung von KMU,* [elektronischer Artikel]. abgerufen von http://ec.europa.eu/enterprise/policies/sme/files/analysis/doc/smes_observatory_2003_report4_de.pdf am 30.08.2010.

EU-Kommission (2003b). Empfehlung der Kommission vom 6. Mai 2003 betreffend die Definition der Kleinstunternehmen sowie der kleinen und mittleren Unternehmen, *L 124*. Brüssel, EU-Kommission.

Feltham, T. S., Feltham, G. & Barnett, J. J. (2005). The Dependence of Family Businesses on a Single Decision-Maker, *Journal of Small Business Management,* 43(1), 1-15.

Fernández, Z. & Nieto, M. J. (2005). Internationalization Strategy of Small and Medium-Sized Family Businesses: Some Influential Factors, *Family Business Review,* 18(1), 77-89.

Fillis, I. (2001). Small firm internationalisation: an investigative survey and future research directions, *Management Decision,* 39(9), 767-783.

Fink, M., Harms, R. & Kraus, S. (2008). Cooperative internationalization of SMEs: Self-commitment as a success factor for International Entrepreneurship, *European Management Journal,* 26(6), 429-440.

Fink, M. & Kraus, S. (2007). Mutual trust as a key to internationalization of SMEs, *Management Research News,* 30(9), 674-688.

Fischer, H., Spiller, K. & Hucko, M. (16.09.2009). BMW rückt näher an Peugot heran, in: *Financial Times Deutschland,* abgerufen von http://www.ftd.de/unternehmen/industrie/autoindustrie/:kooperation-bmw-rueckt-enger-an-peugeot-heran/50010252.html

Flick, U., Kardoff, E. & Steinke, I. (2009). *Qualitative Forschung: Ein Handbuch,* Hamburg: Rowohlt Taschenbuch Verlag.

Forsgren, M., Hägg, I., Hakansson, H. et al. (1995). *Firms in Networks: A New Perspective on Competitive Power,* Uppsala: Department of Business Studies, Uppsala University.

Franchisemöglichkeiten (2009). *Franchise Direkt - Ihr Portal zum Thema Franchising und Existenzgründung*, abgerufen von http://www.franchisedirekt.com/ am 09.12.2009.

Fritz, W. (1995). *Marketing-Management und Unternehmenserfolg: Grundlagen und Ergebnisse einer empirischen Untersuchung,* Stuttgart: Schäffer-Poeschel.

Froschauer, U. & Lueger, M. (2009). *Interpretative Sozialforschung: Der Prozess,* Wien: Facultas.

Gallo, M. A. & Pont, C. G. (1996). Important Factors in Family Business Internationalization, *Family Business Review,* 9(1), 45-59.

Gallo, M. A. & Sveen, J. (1991). Internationalizing the Family Business: Facilitating and Restraining Factors, *Family Business Review,* 4(2), 181-190.

Gerlach, L. & Brussig, M. (2004). Wenn der Kunde ins Ausland geht - Option einer Globalisierungsstrategie für Zulieferer, in: Behr, M. & Semlinger, K.: *Internationalisierung kleiner und mittlerer Unternehmen,* Frankfurt: Campus.

German-Trade&Invest (2010). *FDI Confidence Index: Investoren sehen Deutschland als Nummer eins in Europa*, abgerufen von http://www.gtai.com/startseite/info-service/pressemitteilungen/maer-apr-10/fdi-confidence-index-investoren-sehendeutschland-als-nummer-eins-in-europa/?backlink=Zur%C3%BCck%20zu%20Pressemitteilungen%202010 am 01.09.2010.

Gersick, K. E., Davis, J. A., Hampton, M. M. et al. (1997). *Generation to Generation: Life Cycle of the Family Business,* Boston: Harvard Business School Press.

Gersick, K. E., Lansberg, I., Desjardins, M. et al. (1999). Stages and Transitions: Managing Change in the Family Business, *Family Business Review,* 12(4), 287-297.

Gerum, E. (2000). Internationalisierung mittelständischer Unternehmen durch Netzwerke, in: Gutmann, J. & Kabst, R.: *Internationalisierung im Mittelstand: Chancen-Risiken-Erfolgsfaktoren,* Wiesbaden: Gabler.

Geschäftsführer (15.07.2010). Interview mit dem Geschäftsführer der Durchflussmesstechnik GmbH & Co. KG.

Geschäftsführer (19.05.2010). Interview mit dem Geschäftsführer der Mechanik GmbH & Co. KG.

Geschäftsführender Gesellschafter (15.07.2010). Interview mit dem geschäftsführenden Gesellschafter der Durchflussmesstechnik GmbH & Co. KG.

Geschäftsführender Gesellschafter (27.05.2010). Interview mit dem geschäftsführenden Gesellschafter der Gewürz GmbH & Co. KG.

Geschäftsführender Gesellschafter (15.06.2010). Interview mit dem geschäftsführenden Gesellschafter der Reinigungschemie GmbH & Co. KG.

Gesellschafterin (19.05.2010). Interview mit der Gesellschafterin der Mechanik GmbH & Co. KG.

Gewürz-GmbH&Co.KG (2010). Imagebroschüre.

Ghemawat, P. (2001). Distance Still Matters. The Hard Reality of Global Expansion, *Harvard Business Review,* 79(8), 137-147.

Ghemawat, P. (2003). The Forgotten Strategy, *Harvard Business Review,* 81(11), 76-84.

Ghemawat, P. (2005). Regional Strategies for Global Leadership, *Harvard Business Review,* 83(12), 98-108.

Ghemawat, P. (2007a). Managing Differences, *Harvard Business Review,* 85(3), 58-68.

Ghemawat, P. (2007b). *Redefining global strategy: Crossing Borders in a world where differences still matter,* Boston: Harvard Business School Publishing.

Ghemawat, P. (2007c). Why the world isn't flat, *Foreign Policy,*(159), 54-60.

Ghemawat, P. (2007d). The World's Biggest Myth, *Foreign Policy,*(163), 52-55.

Ghemawat, P. (2008). Globalization is an option not an imperative. Or, why the world is not flat, *Ivey Business Journal,* 72(1), 1-11.

Gibb, W., Dyer, J. & Sánchez, M. (1998). Current State of Family Business Theory and Practice as Reflected in Family Business Review, *Family Business Review,* 11(4), 287-295.

Glaister, K. W. & Buckley, P. J. (1998). Measures of Performance in UK International Alliances, *Organization Studies,* 19(1), 89-118.

Gläser, J. & Laudel, G. (2009). *Experteninterviews und qualitative Inhaltsanalyse,* Wiesbaden: Verlag für Sozialwissenschaften.

Goffee, R. & Scase, R. (1985). Proprietorial control in family firms: Some functions of `quasi-organic' management systems, *Journal of Management Studies,* 22(1), 53-68.

Gooderham, P. N. & Ulset, S. (2002). 'Beyond the M-form': Towards a Critical Test of the New Form, *International Journal of the Economics of Business,* 9(1), 117-138.

Graves, C. & Thomas, J. (2006). Internationalization of Australian Family Businesses: A Managerial Capabilities Perspective, *Family Business Review,* 19(3), 207-224.

Graves, C. & Thomas, J. (2008). Determinants of the Internationalization Pathways of Family Firms: An Examination of Family Influence, *Family Business Review,* 21(2), 151-167.

Gutmann, J. & Kabst, R. (2000). *Internationalisierung im Mittelstand: Chancen - Risiken - Erfolgsfaktoren,* Wiesbaden: Gabler.

Habbershon, T. G. (2006). Commentary: A Framework for Managing the Familiness and Agency Advantages in Family Firms, *Entrepreneurship: Theory & Practice,* 30(6), 879-886.

Habbershon, T. G., Williams, M. & MacMillan, I. C. (2003). A unified systems perspective of family firm performance, *Journal of Business Venturing,* 18(4), 451.

Habbershon, T. G. & Williams, M. L. (1999). A Resource-Based Framework for Assessing the Strategic Advantages of Family Firms, *Family Business Review,* 12(1), 1-25.

Hack, A. (2009). Sind Familienunternehmen anders? Eine kritische Bestandsaufnahme des aktuellen Forschungsstandes, in: Witt, P.: *Management von Familienunternehmen,* Wiesbaden: Gabler.

Hakansson, H. & Johanson, J. (1992). A Model of Industrial Networks, in: Johanson, J.: *Internationalization, Relationships and Networks,* Uppsala: Department of Business Studies, Uppsala University.

Handler, W. C. (1989). Methodological Issues and Considerations in Studying Family Businesses, *Family Business Review,* 2(3), 257-276.

Hartmann (2010a). *Ihr Spezialist für industrielle Wasserbehandlung*, abgerufen von http://www.dr-hartmann-chemie.eu/index_de.php am 14.05.2010.

Hartmann (2010b). Imagebroschüre: Und wie gut ist Ihr Prozesswasser?

Hartmann (2010c). Jahresabschlüsse 2007-2009.

Hartmann (2010d). Unternehmenshistorie.

Harzing, A.-W. (2002). Acquisitions versus greenfield investments: International strategy and management of entry modes, *Strategic Management Journal,* 23(3), 211-227.

Havnes, P.-A. (2002). Die Dynamik der Internationalisierung von Kleinen und Mittelunternehmen, in: Pleitner, H. J.: *Internationalisierung europäischer Klein- und Mittelunternehmen,* Berlin: Duncker & Humbolt.

Hennart, J.-F. (1986). Internalization in practice: Early foreign direct investments in Malaysia tin mining, *Journal of International Business Studies,* 17(2), 131-143.

Hennerkes, B.-H. (2004). *Die Familie und ihr Unternehmen,* Frankfurt: Campus.

Hering, E., Pförtsch, W. & Wordelmann, P. (2001). *Internationalisierung des Mittelstandes,* Bielefeld: Bertelsmann.

Hill, C. W. L., Hwang, P. & Kim, W. C. (1990). An eclectic theory of the choice of international entry mode, *Strategic Management Journal,* 11(2), 117-128.

Hilton, G. (2005). Knocking Down Export Barriers to Smaller Firms, *Business & Economic Review,* 51(4), 18-20.

Hocking, J. B., Brown, M. & Harzing, A.-W. (2007). Balancing global and local strategic contexts: Expatriate knowledge transfer, applications, and learning within a transnational organization, *Human Resource Management,* 46(4), 513-533.

Hoffman, J., Hoelscher, M. & Sorenson, R. (2006). Achieving Sustained Competitive Advantage: A Family Capital Theory, *Family Business Review,* 19(2), 135-145.

Höhler, G. (27.05.2009). Star Alliance wächst ungebremst weiter, in: *Handelsblatt,* abgerufen von http://www.handelsblatt.com/unternehmen/handel-dienstleister/star-alliance-waechst-ungebremst-weiter;2300657

Hollander, B. S. & Elman, N. S. (1988). Family-Owned Businesses: An Emerging Field of Inquiry, *Family Business Review,* 1(2), 145-164.

Holt, D. T., Rutherford, M. W. & Kuratko, D. F. (o.J.). *F-PEC scale of family influence: A refinement*: Academy of Management.

Holtbrügge, D. (2005). Configuration and Co-ordination of Value Activities in German Multinational Corporations, *European Management Journal,* 23(5), 564-575.

Hoy, F. (2003). Legitimizing Family Business Scholarship in Organizational Research and Education, *Entrepreneurship: Theory & Practice,* 27(4), 417-422.

Hoy, F. & Sharma, P. (2006). Navigating the family business education maze, in: Poutziouris, P. Z., Smyrnios, K. & Klein, S. B.: *Handbook of Research on Family Business,* Cheltenham: Edward Elgar.

Huang, R. R. (2007). Distance and trade: Disentangling unfamiliarity effects and transport cost effects, *European Economic Review,* 51(1), 161-181.

Huggins, R. (2000). The success and failure of policy-implanted inter-firm network initiatives: motivations, processes and structure, *Entrepreneurship & Regional Development,* 12(2), 111-135.

Hymer, S. H. (1976). *The international operations of national firms: A study of direct foreign investment,* Cambridge: MIT Press.

Hymer, S. H. (1979). *The multinational corporation: A radical approach,* Cambridge: Cambridge University Press.

Ibrahim, N. A., Angelidis, J. P. & Parsa, F. (2008). Strategic Management of Family Businesses: Current Findings and Directions for Future Research, *International Journal of Management,* 25(1), 95-110.

Director Industry (27.05.2010). Interview mit dem Director Industry der Gewürz GmbH & Co. KG.

Inkpen, A. C. (1996). Creating Knowledge through Collaboration, *California Management Review,* 39(1), 123-140.

Inkpen, A. C. (1998). Learning and knowledge acquisition through international strategic alliances, *Academy of Management Executive,* 12(4), 69-80.

Inkpen, A. C. (2001). Chapter 15: Strategic alliances, *Oxford Handbook of International Business*, 402-427.

Inkpen, A. C. & Beamish, P. W. (1997). Knowledge, bargaining power, and the instability of international joint ventures, *Academy of Management Review,* 22(1), 177-202.

Inkpen, A. C. & Currall, S. C. (2004). The Coevolution of Trust, Control, and Learning in Joint Ventures, *Organization Science,* 15(5), 586-599.

Inkpen, A. C. & Ross, J. (2001). Why Do Some Strategic Alliances Persist Beyond Their Useful Life, *California Management Review,* 44(1), 132-148.

Itaki, M. (1991). A critical assessment of the eclectic theory of the multinational enterprise, *Journal of International Business Studies,* 22(3), 445-460.

James, H. S. (1999). Owner as Manager, Extended Horizons and the Family Firm, *International Journal of the Economics of Business,* 6(1), 41-55.

Jaskiewicz, P., González, V. M., Menéndez, S. et al. (2005). Long-Run IPO Performance Analysis of German and Spanish Family-Owned Businesses, *Family Business Review,* 18(3), 179-202.

Johanson, J. & Mattsson, L.-G. (1987). Interorganizational Relations in Industrial Systems: A Network Approach Compared with the Transaction-Cost Approach, *International Studies of Management & Organization,* 17(1), 34-48.

Johanson, J. & Mattsson, L.-G. (1988). Internationalization in Industrial Systems - A Network Approach, in: Buckley, P. J. & Ghauri, P. N.: *The Internationalization of the Firm,* London: Academy Press.

Johanson, J. & Vahlne, J.-E. (1977). The internationalization process of the firm - A model of knowledge development and increasing foreign market commitments, *Journal of International Business Studies,* 8(1), 25-34.

Johanson, J. & Vahlne, J.-E. (2003). Business Relationship Learning and Commitment in the Internationalization Process, *Journal of International Entrepreneurship,* 1(1), 83-101.

Johanson, J. & Wiedersheim-Paul, F. (1975). The Internationalization of the Firm - Four Swedish Cases, in: Buckley, P. J. & Ghauri, P. N.: *The Internationalization of the Firm,* London: Academic Press.

Jorissen, A., Laveren, E., Martens, R. et al. (2005). Real Versus Sample-Based Differences in Comparative Family Business Research, *Family Business Review,* 18(3), 229-246.

Kayser, G., Wallau, F. & Adenäuer, C. (2005). *BDI-Mittelstandspanel Ergebnisse der Online-Mittelstandsbefragung Frühjahr 2005-Langfassung,* [elektronischer Artikel]. Institut für Mittelstandsforschung Bonn, abgerufen von http://www.ifm-bonn.org/assets/documents/IfM-Materialien-163.pdf am

Kehoe, M. R. (1996). Franchising, Agency Problems, and the Cost of Capital, *Applied Economics,* 28(11), 1485-1493.

Kepner, E. (1983). The Family and the Firm: A Coevolutionary Perspective, *Organizational Dynamics,* 12(1), 57-70.

Kirby, D. A. & Kaiser, S. (2003). Joint Ventures as an Internationalisation Strategy for SMEs, *Small Business Economics,* 21(3), 229-242.

Klein, S. B. (2000). *Familienunternehmen: Theoretische und empirische Grundlagen,* Wiesbaden: Gabler.

Klein, S. B. (2008). Internationale Familienunternehmen - Definition und Selbstbild, in: Rödl, C., Scheffler, W. & Winter, M.: *Internationale Familienunternehmen,* München: Verlag C.H. Beck.

Klein, S. B., Astrachan, J. H. & Smyrnios, K. X. (2005). The F-PEC Scale of Family Influence: Construction, Validation, and Further Implication for Theory, *Entrepreneurship: Theory & Practice,* 29(3), 321-339.

Kless, S. & Veldhues, B. (2005). *Ausgewählte Ergebnisse für kleine und mittlere Unternehmen in Deutschland 2005*, [elektronischer Artikel]. Statistisches Bundesamt, abgerufen von http://www.destatis.de/jetspeed/portal/cms/Sites/destatis/Internet/DE/Content/Publikationen/Querschnittsveroeffentlichungen/WirtschaftStatistik/UnternehmenGewerbeanzeigen/ErgebisseUnternehmen032008,property=file.pdf am 25.09.2009.

Kormann, H. (2005). Grundfragen des Familienunternehmens, in: Scherer, S., Blanc, M., Kormann, H. et al.: *Familienunternehmen: Erfolgsstrategien zur Unternehmenssicherung,* Frankfurt am Main: Verlag Recht und Wirtschaft.

Kostal (14.07.2010). Interview mit Herrn A. Kostal von der Kostal GmbH & Co. KG.

Kostal (2010c). Kostal - Company Presentation.

Kostal (2010d). *Kostal - Mechatronik für Menschen*, abgerufen von http://www.kostal.com/ am 19.07.2010.

Kostal (2010e). Kostal - Mechatronik für Menschen!

Kostal (2010f). Team Kostal - Global Integration.

Kotey, B. (2003). Goals, management practices, and performance of family SMEs, *International Journal of Entrepreneurial Behaviour & Research,* 11(1), 3-24.

KPMG (2007). *Wachstum und Internationalisierung mittelständischer Unternehmen - Deutschland im europäischen Vergleich - eine Studie*, [elektronischer Artikel]. abgerufen von https://www.kpmg.de/docs/Wachstum_Internationalisierung_im_Mittelstand_eine_Studie_November_2007_s.pdf am 30.08.2010.

Kreikebaum, H., Gilbert, D. & Reinhardt, G. (2002). *Organisationsmanagement internationaler Unternehmen: Grundlagen und moderne Netzwerkstrukturen,* Wiesbaden: Gabler.

Kühl, S. & Strodtholz, P. (2002). *Methode der Organisationsforschung: Ein Handbuch,* Hamburg: Rowohlt Taschenbuch Verlag.

Kutschker, M. & Schmid, S. (2008). *Internationales Management,* München: Oldenbourg Wissenschaftsverlag.

Lafontaine, F. (1992). Agency Theory and Franchising: Some Empirical Results, *RAND Journal of Economics,* 23(2), 263-283.

Lamnek, S. (2005). *Qualitative Sozialforschung,* Weinheim: Beltz.

Lansberg, I. S. (1983). Managing Human Resources in Family Firms: The Problem of Institutional Overlap, *Organizational Dynamics,* 12(1), 39-46.

Leach, P. (1994). *The stoy hayward guide to the family business,* London: Kogan Page.

Lee, C.-Y. (2009). Do firms in clusters invest in R&D more intensively? Theory and evidence from multi-country data, *Research Policy,* 38(7), 1159-1171.

Levitt, T. (1983). The globalization of markets, *Harvard Business Review,* 61(3), 92.

Lin, S.-L. & Hsieh, A.-T. (2010). International strategy implementation: Roles of subsidiaries, operational capabilities, and procedural justice, *Journal of Business Research,* 63(1), 52-59.

Litz, R. A. (1995). *The family business: Toward definitional clarity*: Academy of Management.

López-Gracia, J. & Sánchez-Andújar, S. (2007). Financial Structure of the Family Business: Evidence From a Group of Small Spanish Firms, *Family Business Review,* 20(4), 269-287.

Lorch (06.07.2010). Interview mit Herrn Lorch von der Mey GmbH & Co. KG.

Lu, J. W. & Beamish, P. W. (2001). The internationalization and performance of SMEs, *Strategic Management Journal,* 22(6/7), 565.

Lu, J. W. & Beamish, P. W. (2006). SME Internationalization and Performance: Growth Profitability, *Journal of International Entrepreneurship,* 4(1), 27-48.

Mattson, L.-G. & Johanson, J. (2004). Discovering Market Networks, *European Journal of Marketing,* 40(3/4), 259-274.

Mayer, H. (2002). *Interview und schriftliche Befragung,* München: Oldenbourg.

Mayrhofer, W. & Brewster, C. (1996). In Praise of Ethnocentricity: Expatriate Policies in European Multinationals, *International Executive,* 38(6), 749-778.

Mayring, P. (2002). *Einführung in die qualitative Sozialforschung: Eine Anleitung zu qualitativem Denken,* Weinheim: Beltz Studium.

Mayring, P. (2007). *Generalisierung in qualitativer Forschung*, [elektronischer Artikel]. Forum Qualitative Social Research, abgerufen von http://search.ebscohost.com/login.aspx?direct=true&db=sih&AN=27536325&site=ehost-live am

Mayring, P. (2008). *Qualitative Inhaltsanalyse: Grundlagen und Technik,* Weinheim: Beltz.

McCann, J. E., Leon-Guerrero, A. Y. & Haley Jr, J. D. (2001). Strategic Goals and Practices of Innovative Family Businesses, *Journal of Small Business Management,* 39(1), 50-59.

McDougall, P. P., Oviatt, B. M. & Shrader, R. C. (2003). A Comparison of International and Domestic New Ventures, *Journal of International Entrepreneurship,* 1(1), 59-82.

Mechanik-GmbH&Co.KG (2010a). Katalog Antriebstechnik.

Mechanik-GmbH&Co.KG (2010b). Katalog Drucküberwachung.

Merck (2009a). Corporate Responsibility Bericht 2009.

Merck (2009b). Geschäftsbericht 2009.

Merck (2009c). Übersicht Unternehmensstruktur.

Merck (2010a). Die Merck-Werte: Was unser Heute und Morgen zusammenhält.

Merck (2010b). *Merck – innovativ, spezialisiert, international*, abgerufen von http://merck.de/de/unternehmen/merck_im_ueberblick.html am 03.06.2010.

Merck (2010c). Merck University.

Merck (2010d). *Unternehmensprofil*, [elektronischer Artikel]. abgerufen von http://www.merck.de/company.merck.de/de/images/Merck_Profile_DE_tcm83_16393.pdf?Version= am 03.06.2010.

Merck (2010e). Verändern. Bewahren. Wachsen.

Meschi, P.-X. & Riccio, E. L. (2008). Country risk, national cultural differences between partners and survival of international joint ventures in Brazil, *International Business Review,* 17(3), 250-266.

Mey (2010a). Mey bodywear - Chronologie, oder die außerordentliche Entwicklung eines Familienunternehmens.

Mey (2010b). *Mey bodywear - Me, Myself and Mey*, abgerufen von http://www.mey.de/index.php?id=304&language_id=7 am 30.06.2010.

Mey (2010c). Unternehmensinformationsblätter.

Mey (06.07.2010). Interview mit Herrn A. Mey von der Mey GmbH & Co. KG.

Miles, E. & Snow, C. (1986). *Unternehmensstrategie,* Hamburg: McGraw-Hill.

Mishra, C. S. & McConaughy, D. L. (1999). Founding Family Control and Capital Structure: The Risk of Loss of Control and the Aversion to Debt, *Entrepreneurship: Theory & Practice,* 23(4), 53-64.

Moon, H. C. (1994). A Revised Framework of Global Strategy: Extending the Coordination-Configuration Framework, *International Executive,* 36(5), 557-573.

Morrison, A. & Roth, K. (1993). Relating Porter's Configuration/Coordination Framework to Competitive Strategy and Structural Mechanisms: Analysis and Implications, *Journal of Management,* 19(4), 797.

Müller, K. (2007). *Die Bedeutung der außenwirtschaftlichen Aktivitäten für den deutschen Mittelstand,* [elektronischer Artikel]. Institut für Mittelstandsforschung Bonn, abgerufen von http://www.ifm-bonn.org/assets/documents/IfM-Materialien-171.pdf am

Müller, S. & Kornmeier, M. (2002). *Strategisches Internationales Management,* München: Franz Vahlen.

Nagel, R. (2008). Strategieentwicklung in Familienunternehmen, in: Von Schlippe, A., Nischak, A. & El Hachimi, M.: *Familienunternehmen verstehen: Gründer, Gesellschafter und Generationen,* Göttingen: Vandenhoeck & Ruprecht.

Naldi, L., Nordqvist, M., Sjöberg, K. et al. (2007). Entrepreneurial Orientation, Risk Taking, and Performance in Family Firms, *Family Business Review,* 20(1), 33-47.

Novicevic, M. M. & Harvey, M. G. (2001). The emergence of the pluralism construct and the inpatriation process, *International Journal of Human Resource Management,* 12(3), 333-356.

O'Donnell, A., Gilmore, A., Carson, D. et al. (2000). Motivations for Foreign Direct Investment in the Periphery of Europe, *Journal of Euromarketing,* 9(4), 5.

o.V. (2004). *OECD Compendium II on SME and entrepreneurship related activities,* [elektronischer Artikel]. Organization for Economic Co-operation and Development (OECD), abgerufen von http://www.oecd.org/dataoecd/27/20/36402632.pdf am

o.V. (2008a). *KMU-Anteile in Deutschland 2008 laut KMU-Definition des IfM Bonn,* abgerufen von http://www.ifm-bonn.org/index.php?id=540 am 25.09.2009.

o.V. (2008b). *Wertschöpfung durch Kontinuität: Familienunternehmen sind Zukunft,* [elektronischer Artikel]. Bund Deutscher Industrie (BDI), abgerufen von http://www.bdi.eu/download_content/Publikation_Wertschoepfung_durch_Kontinuitaet_-_Familienunternehmen_sind_Zukunft.pdf am

Ohle, F. (2009). *Das Strategiehandbuch für Familienunternehmen,* Bonn-Bad Godesberg: INTES Akademie für Familienunternehmen.

Ohmae, K. (1989). Managing in a Borderless World, *Harvard Business Review,* 67(3), 152-161.

Ojala, A. & Tyrväinen, P. (2007). Market Entry and Priority of Small and Medium-Sized Enterprises in the Software Industry: An Empirical Analysis of Cultural Distance, Geographic Distance, and Market Size, *Journal of International Marketing,* 15(3), 123-149.

Okoroafo, S. C. (1999). Internationalization of Family Businesses: Evidence from Northwest Ohio, U.S.A., *Family Business Review,* 7(2), 147-158.

Osarenkhoe, A. (2009). An integrated framework for understanding the driving forces behind non-sequential process of internationalisation among firms, *Business Process Management Journal,* 15(2), 286-316.

Oviatt, B. M. & McDougall, P. P. (1994). Toward a theory of international new ventures, *Journal of International Business Studies,* 25(1), 45-64.

Oviatt, B. M. & McDougall, P. P. (2005). Defining International Entrepreneurship and Modeling the Speed of Internationalization, *Entrepreneurship: Theory & Practice,* 29(5), 537-553.

Palazuelos, M. (2005). Clusters: Myth or realistic ambition for policy-makers, *Local Economy,* 20(2), 131-140.

Panetta, F. (2003). *Ausländische Direktinvestitionen und Welthandelsordnung: Inauguraldissertation,* [elektronischer Artikel]. Universität Heidelberg, abgerufen von http://archiv.ub.uni-heidelberg.de/volltextserver/volltexte/2003/3281/pdf/02_26_03_DissGes_Endversion.pdf am

Parkhe, A. (1998). Building Trust in International Alliances, *Journal of World Business,* 33(4), 417.

Pearson, A. W., Carr, J. C. & Shaw, J. C. (2008). Toward a Theory of Familiness: A Social Capital Perspective, *Entrepreneurship: Theory & Practice,* 32(6), 949-969.

Perlmutter, H. V. (1969a). *Some Management Problems In Spaceship Earth: The Megafirm And The Global Industrial Estate*: Academy of Management.

Perlmutter, H. V. (1969b). The Tortuous Evolution of the Multinational Corporation, *Columbia Journal of World Business,* 4(1), 9.

Perlmutter, H. V., Douglas, S. P. & Wind, Y. (1973). Guidelines for Developing International Marketing Strategies, *Journal of Marketing,* 37(2), 14-23.

Pickernell, D., Rowe, P. A., Christie, M. J. et al. (2007). Developing a framework for network and cluster identification for use in economic development policy-making, *Entrepreneurship & Regional Development,* 19(4), 339-358.

Pieper, T. M. & Klein, S. B. (2007). The Bulleye: A Systems Approach to Modeling Family Firms, *Family Business Review,* 20(4), 301-319.

Plattner, D. (2007). *Mittelstandsmonitor 2007*, [elektronischer Artikel]. Institut für Mittelstandsforschung Bonn (IfM), abgerufen von http://www.ifm-bonn.org/assets/documents/Mimo-2007.pdf am 13.12.2010.

Popper, K. (1994). Logik der Forschung, in: Boettcher, E.: *Die Einheit der Gesellschaftswissenschaften: Studien in den Grenzbereichen der Wirtschafts- und Sozialwissenschaften: Band 4,* Tübingen: J.C.B. Mohr.

Porter, M. E. (1986). Changing Patterns of International Competition, *California Management Review,* 28(2), 9-40.

Porter, M. E. (1990). The Competitive Advantage of Nations, *Harvard Business Review,* 68(2), 73-93.

Porter, M. E. (1991). *Nationale Wettbewerbsvorteile: Erfolgreich konkurrieren auf dem Weltmarkt,* München: Droemer Knaur.

Porter, M. E. (1998). Cluster and the new economics of competition, *Harvard Business Review,* 76(6), 77-90.

Porter, M. E. (2000). Locations, Clusters, and Company Strategy, in Clark, G. L., Feldman, M. P. & Gertler, M. S., *The Oxford handbook of economic geography.* New York: Oxford University Press.

Poutziouris, P. Z. & Fletcher, D. E. (2002). Part II: A resource-based discourse in studies of the small family business: Chapter 7: The financial affairs of smaller family companies, *Understanding the Small Family Business*, 111-126.

Preuß, S. (10.03.2010). Ohne Wühltische an die Wäsche gehen, in: *Frankfurter Allgemeine Zeitung*, abgerufen von (Artikel bereitgestellt von Unternehmen)

Reid, R., Dunn, B., Cromie, S. et al. (1998). Family orientation in family firms: A model and some empirical evidence, *Journal of Small Business and Enterprise Development,* 6(1), 55-67.

Reinigungschemie-GmbH&Co.KG (2010a). Broschüre zur Unternehmensgeschichte.

Reinigungschemie-GmbH&Co.KG (2010b). Jubiläumsmagazin.

Reinigungschemie-GmbH&Co.KG (2010c). Katalog Großküchenhygiene.

Reinigungschemie-GmbH&Co.KG (2010d). Katalog Schwimmbadchemie.

Reuber, A. R. & Fischer, E. (1997). The influence of the management team's international experience on the internationalization behaviors of SMEs, *Journal of International Business Studies,* 28(4), 807-825.

Richards, J. (2007). International Considerations in IP Licensing, *Licensing Journal,* 27(2), 19-32.

Rob, R. & Vettas, N. (2003). Foreign Direct Investment and Exports with Growing Demand, *Review of Economic Studies,* 70(244), 629-648.

Roessl, D. (2005). Family Businesses and Interfirm Cooperation, *Family Business Review,* 18(3), 203-214.

Roth, K. (1992). International configuration and coordination archetypes for medium-sized firms in global industries, *Journal of International Business Studies,* 23(3), 533-549.

Rugman, A. M. (1980). Internalization Theory and Corporate International Finance, *California Management Review,* 23(2), 73-79.

Rugman, A. M. (1981). A Test of Internalization Theory, *Managerial & Decision Economics,* 2(4), 211-219.

Rutherford, M. W., Kuratko, D. F. & Holt, D. T. (2008). Examining the Link Between "Familiness" and Performance: Can the F-PEC Untangle the Family Business Theory Jungle, *Entrepreneurship: Theory & Practice,* 32(6), 1089-1109.

Ruzzier, M., Hisrich, R. D. & Antoncic, B. (2006). SME internationalization research: past, present, and future, *Journal of Small Business and Enterprise Development,* 14(4), 476-497.

Sanchez-Peinado, E., Pla-Barber, J. & Hébert, L. (2007). Strategic Variables That Influence Entry Mode Choice in Service Firms, *Journal of International Marketing,* 15(1), 67-91.

Sanders (14.07.2010). Interview mit Herrn Sanders von der Kostal GmbH & Co. KG.

Schauerte, H. (2007). *Der Mittelstand in der Bundesrepublik Deutschland: Eine volkswirtschaftliche Bestandsaufnahme,* [elektronischer Artikel]. Bundesministerium für Wirtschaft und Technologie, abgerufen von http://www.bmwi.de/BMWi/Redaktion/PDF/Publikationen/Dokumentationen/doku-561,property=pdf,bereich=bmwi,sprache=de,rwb=true.pdf am

Schmidt, A., Menke, A., Hespe, A. et al. (1995). *Die Internationalisierung Mittelständischer Industrieunternehmen unter besonderer Berücksichtigung der Rolle der Banken,* Bonn: Institut für Mittelstandsforschung.

Schwass, J. (2005). *Wachstumsstrategien für Familienunternehmen,* München: Franz Buch.

Sciascia, S. & Mazzola, P. (2008). Family Involvement in Ownership and Management: Exploring Nonlinear Effects on Performance, *Family Business Review,* 21(4), 331-345.

Shanker, M. C. & Astrachan, J. H. (1996). Myths and Realities: Family Businesses' Contribution to the US Economy: A Framework for Assessing Family Business Statistics, *Family Business Review,* 9(2), 107-123.

Sharma, P. (2006). An overview of the field of family business studies: current status and directions for the future, in: Poutziouris, P. Z., Smyrnios, K. & Klein, S. B.: *Handbook of Research on Family Business,* Cheltenham: Edward Elgar.

Sharma, P., Chrisman, J. J. & Chua, J. H. (1997). Strategic Management of the Family Business: Past Research and Future Challenges, *Family Business Review,* 10(1), 1-35.

Sharma, P., Hoy, F., Astrachan, J. H. et al. (2007). The practice-driven evolution of family business education, *Journal of Business Research,* 60(10), 1012-1021.

Shenkar, O. & Li, J. (1999). Knowledge Search in International Cooperative Ventures, *Organization Science,* 10(2), 134-143.

Siedenbiedel, G. (2008). *Internationales Management: Einflussgrößen, Erfolgskriterien, Konzepte,* Stuttgart: Lucius & Lucius.

Simon, F. B. (2002a). Einleitung: Zwischen Gefühl und Geschäft - Familie und ihr Unternehmen, in: Simon, F. B.: *Die Familie des Familienunternehmens: Ein System zwischen Gefühl und Geschäft,* Heidelberg: Carl-Auer-Systeme Verlag.

Simon, F. B. (2002b). Familien und Unternehmen: Überlegungen zu Unterschieden, Gemeinsamkeiten und den Folgen, in: Simon, F. B.: *Die Familie des Familienunternehmens: Ein System zwischen Gefühl und Geschäft,* Heidelberg: Carl-Auer-Systeme Verlag.

Simon, F. B. (2009). Ambivalenzen des Familienunternehmens. Idealtypische Chancen und Risiken für Familien und Unternehmen, in: Steinbeis, M.: *Familienfirma: Erfolge, Krisen, Fortbestand,* Brannenburg: Steinbeis.

Simon, F. B., Wimmer, R. & Groth, T. (2005). *Mehr-Generationen-Familienunternehmen,* Heidelberg: Carl-Auer Systeme Verlag.

Simon, H. (1990). *Hidden Champions - Speerspitze der deutschen Wirtschaft (Working Paper 02-90).* Mainz: Lehrstuhl für BWL und Marketing, Universität Mainz.

Simon, H. (1992). Lessons from Germany's midsize giants, *Harvard Business Review,* 70(2), 115-122.

Simon, H. (1996). *Die heimlichen Gewinner "Hidden Champions": Die Erfolgsstrategien unbekannter Weltmarktführer,* München: Wilhelm Heyne.

Simon, H. (2006). Erfolgsfaktoren - Was zeichnet die "Stillen Stars" im Mittelstand aus, in: Krüger, W., Klippstein, G., Merk, R. et al.: *Praxishandbuch des Mittelstands: Leitfaden für das Management mittelständischer Unternehmen,* Wiesbaden: GWV Fachverlag.

Sirmon, D. G. & Hitt, M. A. (2003). Managing Resources: Linking Unique Resources, Management, and Wealth Creation in Family Firms, *Entrepreneurship: Theory & Practice,* 27(4), 339-358.

Smyrnios, K., Tanewski, G. & Romano, C. (1998). Development of a Measure of the Characteristics of Family Business, *Family Business Review,* 11(1), 49-60.

Spekman, R. E., Forbes Iii, T. M., Isabella, L. A. et al. (1998). Alliance management: A view from the past and a look to the future, *Journal of Management Studies,* 35(6), 747-772.

Spence, M. (2003). International Strategy Formation in Small Canadian High-Technology Companies--A Case Study Approach, *Journal of International Entrepreneurship,* 1(3), 277-296.

Steger, U. & Kummer, C. (2002). Auswirkungen der Globalisierung auf das strategische Management, in: Krystek, U. & Zur, E.: *Handbuch Internationalisierung - eine Herausforderung für die Unternehmensführung,* Heidelberg: Springer.

Steier, L. (2007). New venture creation and organization: A familial sub-narrative, *Journal of Business Research,* 60(10), 1099-1107.

Steinkirchner, P. (16.02.2009). Nicht nur Apokalypse, in: *Wirtschaftswoche*, abgerufen von (Artikel bereitgestellt von Unternehmen)

Strunz, H. & Dorsch, M. (2001). *Internationalisierung der mittelständischen Wirtschaft: Instrumente zur Erfolgssicherung,* Frankfurt am Main: Peter Lang.

Sundaram, A. K. & Black, J. S. (1992). The environment and internal organization of multinational enterprises, *Academy of Management Review,* 17(4), 729-757.

Swartz, S. (1989). The Challenges of Multidisciplinary Consulting to Family-Owned Businesses, *Family Business Review,* 2(4), 329-331.

Swinth, R. L. & Vinton, K. L. (1993). Do Family-Owned Businesses Have a Strategic Advantage in International Joint Ventures?, *Family Business Review,* 6(1), 19-30.

Taggart, J. H. (1998a). Configuration and Coordination at Subsidiary Level: Foreign Manufacturing Affiliates in the UK, *British Journal of Management,* 9(4), 327.

Taggart, J. H. (1998b). Strategy and control in the multinational corporation: Too many recipes, *Long Range Planning,* 31(4), 571-585.

Tagiuri, R. & Davis, J. (1996). Bivalent Attributes of the Family Firm, *Family Business Review,* 9(2), 199-208.

Tallman, S. (2001). Global Strategic Management, *Blackwell Handbook of Strategic Management*, 464-490.

Teamleiter (15.06.2010). Interview mit dem Teamleiter der Reinigungschemie GmbH & Co. KG.

Teegen, H. (2000). Examining strategic and economic development implications of globalising through franchising, *International Business Review,* 9(4), 497.

Tokarczyk, J., Hansen, E., Green, M. et al. (2007). A Resource-Based View and Market Orientation Theory Examination of the Role of " Familiness" in Family Business Success, *Family Business Review,* 20(1), 17-31.

Trade (2009). *International Trade Statistics 2008*, abgerufen von http://www.wto.org/english/res_e/statis_e/its2008_e/its08_world_trade_dev_e.pdf am 02.12.2009.

Tsang, E. W. K. (1999). Internationalization as a learning process: Singapore MNCs in China, *Academy of Management Executive,* 13(1), 91-101.

Turnbull, P. W. (1987). A Challenge to the Stages Theory of the Internationalization Process, in: Buckley, P. J. & Ghauri, P. N.: *The Internationalization of the Firm,* London: Academic Press.

Uhlaner, L. M. (2005). The Use of the Guttman Scale in Development of a Family Orientation Index for Small-to-Medium-Sized Firms, *Family Business Review,* 18(1), 41-56.

Van Witteloostuijn, A., Dikova, D. & Parker, S. C. (2008). Does international strategy matter, *Academy of Management Proceedings*, 1-6.

Vernon, R. (1966). International investment and international trade in the product cycle, *Quarterly Journal of Economics,* 80(2), 190-207.

Vought, K. L., Baker, L. T. & Smith, G. D. (2008). Practitioner Commentary: Moving From Theory to Practice in Family Business Research, *Entrepreneurship: Theory & Practice,* 32(6), 1111-1121.

Waldron, D. G. (2008). Transnationality: An index of strategic success, *Journal of International Business Strategy,* 8(2), 152-163.

Wallau, F. (2007). *Internationalisierung der mittelständischen Wirtschaft - Chancen und Risiken*, abgerufen von http://www.ifm-bonn.org/assets/documents/Wallau-06-11-2007.pdf am 25.09.2009.

Wallau, F. (2009). *Geschäfte mit NRW - Deutschland*, [elektronischer Artikel]. Institut für Mittelstandsforschung Bonn, abgerufen von http://www.ifm-bonn.org/assets/documents/Wallau-27-03-2009.pdf am

Wallau, F. & Haunschild, L. (2007). *Die volkswirtschaftliche Bedeutung der Familienunternehmen*, [elektronischer Artikel]. Stiftung Familienunternehmen und Institut für Mittelstandsforschung Bonn, abgerufen von http://www.familienunternehmen.de/media/public/pdf2007/Volkswirtschaftl_Bedeutung_FU.pdf am 12.10.2009.

Weber, W. & Kabst, R. (2000). Internationale Joint Ventures, in: Gutmann, J. & Kabst, R.: *Internationalisierung im Mittelstand: Chancen-Risiken-Erfolgsfaktoren,* Wiesbaden: Gabler.

Weissman, A. & Schultheiss, B. (2006). Familienunternehmen - Auslaufmodelle oder Hoffnungsträger, in: Krüger, W., Klippstein, G., Merk, R. et al.: *Praxishandbuch des Mittelstands: Leitfaden für das Management mittelständischer Unternehmen,* Wiesbaden: GWV Fachverlage.

Welter, F. (2004). *Internationalisierung im Mittelstand,* Essen: Rheinisch-Westfälisches Institut für Wirtschaftsforschung.

Westhead, P. & Cowling, M. (1998). Family Firm Research: The Need for a Methodological Rethink, *Entrepreneurship: Theory & Practice,* 23(1), 31-56.

Westhead, P. & Howorth, C. (2007). 'Types' of private family firms: an exploratory conceptual and empirical analysis, *Entrepreneurship & Regional Development,* 19(5), 405-431.

Whitelock, J. (2002). Theories of internationalisation and their impact on market entry, *International Marketing Review,* 19(4), 342-347.

Whiteside, M. F. & Brown, F. H. (1991). Drawbacks of a Dual Systems Approach to Family Firms: Can We Expand Our Thinking, *Family Business Review,* 4(4), 383-395.

Wiesner, K. (2005). *Internationales Management,* München: Oldenbourg Wissenschaftsverlag.

WIFU (2010). *Definition von Familienunternehmen*, abgerufen von http://wifu.uni-wh.de/kos/WNetz?art=Compilation.show&id=828&mid=197&pagenr=0 am 02.03.2010.

Williamson, O. E. (1975). *Markets and Hierarchies: Analysis and Antitrust Implications,* New York: Macmillan.

Williamson, O. E. (1985). *The economic institutions of capitalism: Firms, Markets, Relational Contracting,* New York: Macmillan.

Wilson, K. (2006). Chapter 2: Encouraging the internationalisation of SMEs, *OECD Papers,* 6(12), 43-66.

Wimmer, R. (2003). *Die Steigerung der Lernfähigkeit von Organisationen*, Heft Nr. 126. Witten/Herdecke: Wirtschaftsfakultät (Lehrstuhl für Führung und Organisation).

Wimmer, R. (2008). Das Selbst- und Fremdbild von Familienunternehmen - die besondere Produktivkraft dieser Differenz, in: von Schlippe, A., Nischak, A. & El Hachimi, M.: *Familienunternehmen verstehen: Gründer, Gesellschafter und Generationen,* Göttingen: Vandenhoeck & Ruprecht.

Wimmer, R., Domayer, E., Oswald, M. et al. (2005). *Familienunternehmen - Auslaufmodell oder Erfolgstyp,* Wiesbaden: Gabler.

Wimmer, R. & Gebauer, A. (2004). *Nachfolge in Familienunternehmen: Theoretische Überlegungen für die erfolgreiche Gestaltung des Übergangs*, Heft Nr. 135. Witten/Herdecke: Wirtschaftsfakultät (Lehrstuhl für Führung und Organisation).

Wimmer, R. & Glatzel, K. (2009). Strategieentwicklung in Theorie und Praxis, in: Wimmer, R., Meissner, J. O. & Wolf, P.: *Praktische Organisationswissenschaft: Lehrbuch für Studium und Beruf,* Heidelberg: Carl-Auer Systeme Verlag.

Wimmer, R. & Groth, T. (2005). Erfolgsmuster des Gesellschafterkreises langlebiger Familienunternehmen, in: Scherer, S., Blanc, M., Kormann, H. et al.: *Familienunternehmen: Erfolgsstrategien zur Unternehmenssicherung,* Frankfurt am Main: Verlag Recht und Wirtschaft.

Wimmer, R., Groth, T. & Simon, F. B. (2004). *Erfolgsmuster von Mehrgenerationen-Familienunternehmen*, Sonderheft Nr. 2. Witten/Herdecke: Wirtschaftsfakultät (Lehrstuhl für Führung und Organisation).

Witt, H. (2001). *Forschungsstrategien bei quantitativer und qualitativer Sozialforschung*, [elektronischer Artikel]. Forum: Qualitative Sozialforschung, abgerufen von http://www.qualitative-research.net/index.php/fqs/article/view/969/2115 am 20.06.2010.

Witzel, A. (2000). *Das problemzentrierte Interview*, [elektronischer Artikel]. Forum: Qualitative Sozialforschung, abgerufen von http://www.qualitative-research.net/index.php/fqs/article/view/1132/2520 am 20.06.2010.

Wolf, F. (10.05.2010). Interview mit Herrn F. Wolf von der Dr. O. Hartmann GmbH & Co. KG.

Wolf, W. (09.05.2010). Interview mit Herrn W. Wolf von der Dr. O. Hartmann GmbH & Co. KG.

Wort (2009). *Wort des Jahres 1996*, abgerufen von http://www.gfds.de/aktionen/wort-des-jahres/ am 02.12.2009.

Wortman, M. S. (1994). Theoretical Foundations for Family-Owned Business: A Conceptual and Research-Based Paradigm, *Family Business Review,* 7(1), 3-27.

Wu, Z., Chua, J. H. & Chrisman, J. J. (2007). Effects of family ownership and management on small business equity financing, *Journal of Business Venturing,* 22(6), 875-895.

Xiao, J. J., Alhabeeb, M. J., Gong-Soog, H. et al. (2001). Attitude toward Risk and Risk-Taking Behavior of Business-Owning Families, *Journal of Consumer Affairs,* 35(2), 307-325.

Yan, A. (1998). Structural Stability and Reconfiguration of International Joint Ventures, *Journal of International Business Studies,* 29(4), 773-795.

Yan, A. & Gray, B. (2001). Antecedents and effects of parent control in international joint ventures, *Journal of Management Studies,* 38(3), 393-416.

Yan, Y. & Child, J. (2004). Investors' Resources and Management Participation in International Joint Ventures: A Control Perspective, *Asia Pacific Journal of Management,* 21(3), 287-304.

Yin, R. K. (2009). *Case Study Research: Design and Methods,* Los Angeles: Sage.

Zahra, S. A. (2003). International expansion of U.S. manufacturing family businesses: the effect of ownership and involvement, *Journal of Business Venturing,* 18(4), 495.

Zahra, S. A. (2005). Entrepreneurial Risk Taking in Family Firms, *Family Business Review,* 18(1), 23-40.

Zahra, S. A., Hayton, J. C., Neubaum, D. O. et al. (2008). Culture of Family Commitment and Strategic Flexibility: The Moderating Effect of Stewardship, *Entrepreneurship: Theory & Practice,* 32(6), 1035-1054.

Zahra, S. A. & Sharma, P. (2004). Family Business Research: A Strategic Reflection, *Family Business Review,* 17(4), 331-346.

Zain, M. & Ng, S. I. (2006). The impacts of network relationships on SMEs' internationalization process, *Thunderbird International Business Review,* 48(2), 183-205.

Zucchella, A., Palamara, G. & Denicolai, S. (2007). The drivers of the early internationalization of the firm, *Journal of World Business,* 42(3), 268-280.